波转子增压循环发动机

李建中 巩二磊 金 武 等编著

国防工业出版社

·北京·

内 容 简 介

本书以未来航空动力需求为背景，以波转子增压循环发动机为对象，结合国内外研究进展，首先，详细论述了波转子技术的发展历史与现状；其次，介绍了波转子结构特征、工作原理、分类及应用领域，梳理了与波转子相关的气动热力学基础理论、设计方法和波转子发动机性能计算方法；再次，基于项目组研究基础，系统描述了内燃波转子非定常流动特性与混气形成特性、点火匹配特性及复杂波系运动条件下火焰传播特性等，探讨了内燃波转子点火、燃料填充、泄漏密封、强化燃烧等关键技术，并给出了阶段性研究成果，同时分析了外燃波转子的非定常流动特性与增压特性；最后对波转子实验测量技术及数值模拟方法进行了总结，并凝练出波转子技术发展方向与面临的挑战。

本书可作为飞行器动力工程、工程热物理和航空宇航推进理论与工程等专业的本科生的课程教材，也可作为有志于从事新型发动机研究的科研人员、工程技术人员以及高校教师和研究生的参考用书。

图书在版编目（CIP）数据

波转子增压循环发动机 / 李建中等编著. -- 北京：国防工业出版社, 2024.10. -- ISBN 978-7-118-13431-5

Ⅰ. V231.96

中国国家版本馆 CIP 数据核字第 20240JP756 号

※

国防工业出版社出版发行
（北京市海淀区紫竹院南路23号　邮政编码100048）
三河市天利华印刷装订有限公司印刷
新华书店经售

*

开本 710×1000　1/16　插页6　印张 18½　字数 323 千字
2024 年 10 月第 1 版第 1 次印刷　印数 1—1500 册　定价 128.00 元

（本书如有印装错误，我社负责调换）

国防书店：（010）88540777　　书店传真：（010）88540776
发行业务：（010）88540717　　发行传真：（010）88540762

序

李建中教授等撰写的《波转子增压循环发动机》一书即将出版，嘱我作序。

2009年，李建中教授来我供职的中国航空动力机械研究所博士后工作站工作，工作内容就是开展波转子发动机关键技术研究。本书是对他及其同事多年来在这一领域辛勤耕耘、创新攻关的一个总结。

波转子增压循环发动机是新型高效热力循环装置的研究热点之一，它通过激波、压缩波和膨胀波显著提升增压能力，显著提高热效率并降低耗油率，具有很大的技术优势。

本书作者在多年研究工作的基础上，全面、系统地叙述了波转子增压循环发动机的结构及热力循环过程，介绍了设计方法、各类特性、实验测量技术以及数值模拟，并指出当前面临的技术挑战。因此，本书对相关动力工程研发人员有很大的参考作用，也可供相关专业师生作为教材使用。

相信以本书的出版为契机，本书作者及更多动力工作者在今后波转子发动机的研究及应用中会取得更大成绩。

2023年5月

尹泽勇，航空发动机专家，中国工程院院士。

前言

近半个多世纪以来,以布雷顿循环为主导的传统燃气涡轮发动机已取得巨大进步,不仅是现役军用、民用航空器的主要动力类型,而且是未来二三十年的主要动力。然而,燃气涡轮发动机在目前的性能基础上进一步大幅提升面临巨大的困难和挑战。提高燃气涡轮发动机性能的途径包括提高部件性能和提高热力循环性能,但是叶轮机械的部件效率已经达到90%以上,提高热力循环峰值温度面临着材料性能的限制。因此为了实现航空动力系统的跨越式发展,传统燃气涡轮发动机被新循环、新动力、新能源取代是必然趋势。

波转子增压循环发动机是目前新型高效热力循环装置研究领域关注的热点,它是典型的非定常流动装置,采用简单的结构,通过激波、压缩波和膨胀波直接在不同流体中传递能量而不需要其他叶轮机械,非定常流动装置相比稳态装置具有显著的压力增益能力。将波转子技术应用于燃气涡轮发动机的新概念发动机,在不提高旋转部件温度的情况下,可以将热效率提高20%~50%,峰值循环温度提高25%~30%,总压比提高300%,耗油率降低15%~20%;同时能够降低发动机的污染物排放量,与涡轮机械相比转速低,材料的应力小;结构上比涡轮机械简单,制造成本相对低;波转子通道内流体的速度更低(只有典型涡轮机械内流速的1/3),使得其通道比涡轮机械的叶片耐腐蚀性好;高温燃气在波转子通道内与新鲜空气能量交换,具有自冷却能力,不需要额外冷却。

本书是作者在多年的研究基础上,结合大量文献撰写而成,系统介绍了波转子增压循环发动机的结构和工作原理,结合非定常流动理论,深入分析了波转子发动机热力循环过程和设计方法。综合国内外大量实验和数值模拟的数据,阐述了波转子增压循环发动机的关键问题和挑战,引导读者对波转子研究和发展趋势有清晰的认识。

前言

本书共12章,第1章概述波转子的定义、分类、应用,并用了相当长篇幅介绍波转子技术的发展历史,目的是使读者对波转子增压循环发动机的应用范围有一个较为全面的认识;第2章介绍了波转子基础理论,这些基础理论是理解和掌握波转子工作过程的基础;第3章专门针对在推进系统中的波转子结构和工作原理进行了介绍;第4章和第5章是关于波转子发动机的热力循环和波转子设计方法,两者相辅相成,是波转子几何尺寸和气动参数确定的原则;第6~9章针对波转子存在的关键科学问题研究进行了阐述,包括波转子非定常流动特性和波系特征,以及内燃波转子特有的点火匹配特性和增压燃烧特性等;第10章和第11章介绍了研究波转子问题的两种方法——实验测试技术和数值模拟,这是理论和实践研究的有效途径。第12章立足当下,结合发展趋势,给出了波转子关键技术挑战及展望,为读者提供了相关研究思路。

本书第1、3、4、9、12章由李建中编写,第2、5章由秦琼瑶、姚倩、金武编写,第6~8章由巩二磊编写,第10、11章由郑仁传编写。全书由巩二磊统稿。

本书旨在对多年的国内外波转子增压循环发动机研究成果进行总结,希望其出版对我国进一步研究波转子发动机和该学科的发展具有推动作用。

波转子增压循环发动机的研究尚处于发展阶段。研制出实际可用的波转子增压循环发动机尚面临着许多挑战和难题。由于作者水平有限,书中疏漏和不足之处在所难免,恳请读者批评指正。

作者

2023年5月

目录

第1章 绪论 ... 1
- 1.1 什么是波转子 ... 1
- 1.2 波转子技术发展历史 ... 3
- 1.3 波转子分类 ... 19
- 1.4 波转子技术的应用 ... 22
  - 1.4.1 内燃波转子 ... 22
  - 1.4.2 外燃波转子 ... 25
  - 1.4.3 车用波转子 ... 29
  - 1.4.4 波转子制冷机 ... 32
  - 1.4.5 引射增压波转子 ... 34
- 参考文献 ... 35

第2章 波转子基础理论 ... 39
- 2.1 激波与小扰动波理论 ... 39
- 2.2 一维激波管理论 ... 44
- 2.3 燃烧波理论 ... 50
- 2.4 激波与火焰相互作用理论 ... 55
- 参考文献 ... 62

第3章 推进系统波转子结构特征及工作原理 ... 63
- 3.1 内燃波转子结构特征 ... 63
- 3.2 内燃波转子工作原理 ... 67

目录

    3.3 外燃波转子结构特征 …………………………………………… 68
    3.4 外燃波转子工作原理 …………………………………………… 70
    参考文献 ……………………………………………………………… 71

第4章 波转子发动机热力循环及性能计算 ………………………… 73
    4.1 内燃波转子发动机热力循环 …………………………………… 73
    4.2 内燃波转子发动机性能计算模型 ……………………………… 76
    4.3 外燃波转子顶层热力循环 ……………………………………… 85
    4.4 外燃波转子发动机性能计算 …………………………………… 86
    参考文献 ……………………………………………………………… 95

第5章 推进系统波转子设计方法 …………………………………… 96
    5.1 内燃波转子气动方案设计方法 ………………………………… 96
    5.2 外燃波转子气动方案设计方法 ………………………………… 105
    参考文献 ……………………………………………………………… 112

第6章 内燃波转子非定常流动与燃料掺混特性 …………………… 113
    6.1 内燃波转子非定常流动特性 …………………………………… 113
        6.1.1 理想内燃波转子流动组织 …………………………… 113
        6.1.2 内燃波转子进出口压差对流动特性的影响 ………… 116
        6.1.3 波转子转速对流动特性的影响 ……………………… 117
        6.1.4 端口渐开渐闭对流动特性的影响 …………………… 119
        6.1.5 泄漏对内燃波转子流动特性的影响 ………………… 119
    6.2 内燃波转子燃料填充与混气形成特性 ………………………… 121
        6.2.1 波转子通道内混气分布 ……………………………… 121
        6.2.2 内燃波转子燃料填充方案 …………………………… 123
    参考文献 ……………………………………………………………… 126

第7章 内燃波转子点火匹配技术 …………………………………… 127
    7.1 内燃波转子点火技术 …………………………………………… 127
    7.2 内燃波转子射流点火器设计 …………………………………… 129
        7.2.1 预燃室设计 …………………………………………… 129

7.2.2 喷管设计 ·· 131
  7.3 内燃波转子热射流点火匹配特性研究 ·· 133
  参考文献 ·· 143

第8章 内燃波转子增压燃烧特性 144

  8.1 内燃波转子燃烧特性研究实验系统 ··· 144
    8.1.1 单通道实验系统 ·· 144
    8.1.2 双通道实验系统 ·· 148
    8.1.3 多通道实验系统 ·· 149
    8.1.4 射流点火实验系统 ··· 152
  8.2 内燃波转子稳定工作范围 ··· 153
  8.3 内燃波转子燃烧过程特点分析 ··· 156
  8.4 内燃波转子燃烧性能变化规律 ··· 162
    8.4.1 预压缩效果变化规律 ·· 162
    8.4.2 燃烧波强度变化规律 ·· 164
    8.4.3 火焰传播速度及火焰结构变化规律 ·· 168
    8.4.4 进排气端口相位差对燃烧性能的影响 ·· 176
    8.4.5 泄漏对内燃波转子燃烧性能的影响 ·· 182
    8.4.6 离心力对内燃波转子燃烧特性的影响 ·· 184
  8.5 内燃波转子激波与火焰相互作用机制 ··· 188
  8.6 内燃波转子强化燃烧技术 ··· 194
  8.7 内燃波转子不协调工作特性分析 ··· 200
  参考文献 ·· 209

第9章 外燃波转子非定常流动特性 210

  9.1 非定常流场结构特征 ··· 210
  9.2 二维波转子通道内波系发展规律与流动特性 ··· 211
  9.3 三维波转子通道内波系发展规律与流动特性 ··· 213
  参考文献 ·· 219

第10章 波转子测试技术 220

  10.1 高频动态压力测试技术 ··· 220

10.2 可视化测量技术 …………………………………………………………… 226
参考文献 ……………………………………………………………………… 229

第11章 波转子数值模拟方法 …………………………………………… 230

11.1 控制方程 …………………………………………………………………… 231
11.2 滑移网格技术 ……………………………………………………………… 232
11.3 数值方法 …………………………………………………………………… 234
11.4 化学反应模型 ……………………………………………………………… 238
11.5 二维简化内燃波转子数值仿真算例 ……………………………………… 241
    11.5.1 波与火焰相互作用过程 ……………………………………………… 241
    11.5.2 扰流片堵塞比对波与火焰的影响 …………………………………… 244
    11.5.3 氧化剂中 N_2 稀释度对波与火焰的影响 …………………………… 249
    11.5.4 热射流组分对波与火焰的影响 ……………………………………… 251
参考文献 ……………………………………………………………………… 254

第12章 波转子关键技术挑战及展望 …………………………………… 256

12.1 高效密封技术 ……………………………………………………………… 256
12.2 液态燃料快速混气形成技术 ……………………………………………… 261
12.3 低损失过渡段匹配技术 …………………………………………………… 265
12.4 超紧凑径向流波转子技术 ………………………………………………… 267
参考文献 ……………………………………………………………………… 278

Contents

Chapter 1 Introduction ... 1

1.1 What is Wave Rotor ... 1
1.2 Development History of Wave Rotor ... 3
1.3 Classification of Wave Rotors ... 19
1.4 Applications of Wave Rotor Technology ... 22
    1.4.1 Wave Rotor Combustor ... 22
    1.4.2 External Combustion Wave Rotor ... 25
    1.4.3 Automotive Wave Rotor ... 29
    1.4.4 Wave Rotor Refrigerator ... 32
    1.4.5 Ejector – Boosted Wave Rotor ... 34
Reference ... 35

Chapter 2 Basic Theory of Wave Rotor ... 39

2.1 Theory of Shock Wave and the Small Disturbance Waves ... 39
2.2 One – Dimensional Shock Tube Theory ... 44
2.3 Combustion Wave Theory ... 50
2.4 Theory of Shock Wave and Flame Interaction ... 55
Reference ... 62

Chapter 3 Structural Characteristics and Working Principle of Wave Rotor in Propulsion System ... 63

3.1 Structural Characteristics of Internal Combustion Wave Rotor ... 63

3.2　Working Principle of Internal Combustion Wave Rotor ……………… 67
3.3　Structural Characteristics of External Combustion Wave Rotor ……… 68
3.4　Working Principle of External Combustion Wave Rotor ……………… 70
Reference ……………………………………………………………………… 71

Chapter 4　Thermodynamic Cycle and Performance Calculation of Wave Rotor Engine …………………………………… 73

4.1　Thermodynamic Cycle of Internal Combustion Wave Rotor ………… 73
4.2　Performance Calculation Model of Internal Combustion Wave
　　 Rotor Engine ……………………………………………………………… 76
4.3　Top-Level Thermal Cycle of External Combustion Wave
　　 Rotor Engine ……………………………………………………………… 85
4.4　Performance Calculation of External Combustion Wave
　　 Rotor Engine ……………………………………………………………… 86
Reference ……………………………………………………………………… 95

Chapter 5　Design of Wave Rotor in Propulsion System …………… 96

5.1　Aerodynamic Design Method of Internal Combustion Wave Rotor …… 96
5.2　Aerodynamic Design Method of External Combustion Wave Rotor …… 105
Reference ……………………………………………………………………… 112

Chapter 6　Unsteady Flow and Fuel Mixing Characteristics of Internal Combustion Wave Rotor ……………………… 113

6.1　Unsteady Flow of Internal Combustion Wave Rotor ………………… 113
　　 6.1.1　Ideal Flow Organization of Wave Rotor Combustor …………… 113
　　 6.1.2　Influence of Inlet and Outlet Pressure Differential on
　　　　　　Flow Characteristics of Wave Rotor Combustor ……………… 116
　　 6.1.3　Influence of Rotor Speed on Flow Characteristics of Wave
　　　　　　Rotor Combustor ………………………………………………… 117
　　 6.1.4　Influence of Gradual Opening and Closing of Ports on
　　　　　　Flow Characteristics ……………………………………………… 119

6.1.5　Influence of Leakage on Flow Characteristics of Wave Rotor Combustor ……………………………………………… 119
6.2　Characteristics of Fuel Filling and Gas Mixing in Internal Combustion Wave Rotor ……………………………………… 121
　　6.2.1　Gas Mixture Distribution within Wave Rotor Channels ……… 121
　　6.2.2　Fuel Filling Scheme for Wave Rotor Combustor …………… 123
Reference ……………………………………………………………… 126

Chapter 7　Ignition Matching Technology of Internal Combustion Wave Rotor ………………………………………… 127

7.1　Ignition Technology of Internal Combustion ……………………… 127
7.2　Design of Internal Combustion Wave Rotor Jet Igniter …………… 129
　　7.2.1　Pre-Combustion Chamber Design ……………………… 129
　　7.2.2　Nozzle Design ………………………………………… 131
7.3　Study on Matching Characteristics of Internal Combustion Wave Rotor Jet Ignition …………………………………………… 133
Reference ……………………………………………………………… 143

Chapter 8　Pressurized Combustion Characteristics of Internal Combustion Wave Rotor ……………………… 144

8.1　Experimental System for Combustion Characteristics of Internal Combustion Wave Rotor ………………………………… 144
　　8.1.1　Single-Channel Experimental System ………………… 144
　　8.1.2　Dual-Channel Experimental System …………………… 148
　　8.1.3　Multi-Channel Experimental System …………………… 149
　　8.1.4　Jet Ignition Test System ……………………………… 152
8.2　Stable Operating Range of Internal Combustion ………………… 153
8.3　Analysis of Combustion Process Characteristics of Internal Combustion Wave Rotor …………………………………………… 156
8.4　Variation of Combustion Performance of Internal Combustion Wave Rotor ………………………………………………………… 162
　　8.4.1　Variation Patterns of Pre-Compression Effect …………… 162

  8.4.2 Variation Patterns of Combustion Wave Intensity ············ 164
  8.4.3 Flame Propagation Speed and Flame Variation Patterns ········ 168
  8.4.4 Influence of Inlet and Exhaust Port Phase Difference on Combustion Performance ············ 176
  8.4.5 Influence of Leakage on Combustion Performance of Wave Rotor Combustor ············ 182
  8.4.6 Influence of Centrifugal Force on Combustion Characteristics of Wave Rotor Combustor ············ 184
8.5 Mechanism of Interaction between Shock Wave and Flame in Internal Combustion Wave Rotor ············ 188
8.6 Combustion Enhancement Technology of Internal Combustion Wave Rotor ············ 194
8.7 Analysis of Uncoordinated Operation Characteristics of Internal Combustion Wave Rotor ············ 200
Reference ············ 209

Chapter 9 Unsteady Flow Characteristics of External Combustion Wave Rotor ············ 210

9.1 Characteristics of Unsteady Flow Field Structure ············ 210
9.2 Development and Flow Characteristics of Wave Systemin Two – Dimensional Wave Rotor Channel ············ 211
9.3 Development and Flow Characteristics of Wave Systemin Three – Dimensional Wave Rotor Channel ············ 213
Reference ············ 219

Chapter 10 Testing Technology of Wave Rotor ············ 220

10.1 High Frequency Dynamic Pressure Testing Technique ············ 220
10.2 Visual Measurement Technique ············ 226
Reference ············ 229

Chapter 11 Numerical Simulation Method of Wave Rotor ············ 230

11.1 Governing Equation ············ 231

11.2	Sliding Grid Technique	232
11.3	Numerical Method	234
11.4	Chemical Reaction Model	238
11.5	Numerical Simulation Example of Two-Dimensional Simplified Internal Combustion Wave Rotor	241
	11.5.1 Interaction Process Between Waves and Flames	241
	11.5.2 Influence of Turbulator Blockage Ratio on Waves and Flames	244
	11.5.3 Influence of N_2 Dilution in Oxidizer on Waves and Flames	249
	11.5.4 Influence of Hot Jet Components on Waves and Flames	251
Reference		254

Chapter 12 Key Technical Challenges and Prospects of Wave Rotor ... 256

12.1	High Efficiency Sealing Technique	256
12.2	Rapid Gas Mixing Technology of Liquid Fuel	261
12.3	Low Loss Transition Section Matching Technology	265
12.4	Technology of Ultra-Compact Radial Wave Rotor	267
Reference		278

第1章 绪 论

根据飞行器的种类不同,其动力装置包括活塞式发动机、燃气涡轮发动机、冲压发动机等多种形式。其中,燃气涡轮发动机因其输出功率大、工作稳定性好、高空性能好等优势,自20世纪40年代以来,逐步在推进系统中占统治地位。然而,由于燃气涡轮发动机受热力循环的限制,大幅提升推进系统性能遇到了瓶颈。目前,各个国家均在积极探索更先进的推进技术,探索经验告诉我们,在替代能源发展成熟之前,探寻更高循环热效率的燃气涡轮发动机是必然趋势。波转子增压循环发动机便是在此背景下产生的一种增压循环动力装置。

本章介绍波转子增压循环发动机的概念、国内外研究现状,以及波转子面临的关键技术挑战等内容,使读者对波转子技术建立宏观认识。

1.1 什么是波转子

燃气涡轮发动机在推进系统和能源系统中有着广泛的应用,近年来,燃气涡轮发动机的高能量产出密度和低消耗的特点得到了越来越多的关注,吸引了大量的研究人员从事其发展和应用工作。当前,增强燃气涡轮发动机性能的途径有两条:①提高部件性能,特别是提高压气机和涡轮性能;②通过提高涡轮进口温度改善循环的热力学过程。叶轮机械的气动设计已达到一个相当高的水平,部件的效率几乎达到了90%,在这种情况下部件性能大幅提高几乎不可能。从热力学角度来看,增加涡轮进口温度是改善整体热效率和功率系数的最有效的方法。然而,燃气进入涡轮的最高温度受到材料特性的限制。因此,燃气涡轮发动机性能的跨越式提高只能通过应用不受这种限制的先进的热力学过程来实现。波转子(wave rotor)技术和燃气涡轮发动机的结合就是这样一种先进的热力学过程。采用波转子的发动机可以在提高燃烧室工作温度的情况下保持涡轮进口温度不变或略有降低,同时在压气机增压比基础上获得一个额外的压升。因此,通过提高总效率和单位功率改善了性能,降低了耗油率,这一点对用在小型推力系统或分布式能源系统中的小发动机尤其重要。从1942年首次提出波转子增压循环发动机的概念至今,对波转子技术的研究已有80多年的历史[1],图1-1展示了美国航空航天局(NASA)研发的波转子增压循环发动机样机[2]。

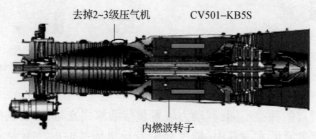

图1-1 NASA波转子增压循环发动机样机

波转子利用压力波来传递能量,通过产生压缩波和膨胀波在不同流体之间直接交换能量,能够在很短的距离或时间内产生很大的压力变化而不依靠叶轮机械部件。从本质上说,波转子就是一种围绕圆柱轴旋转的若干通道的结构,由两个固定端板密封,端板上有若干流量控制端口或支管。由于波转子转轴的高速旋转,端口的突然打开和关闭分别在旋转的波转子通道中产生膨胀波和压缩波,从而实现能量交换,图1-2所示为波转子的典型结构示意图。

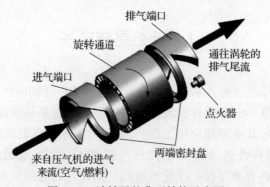

图1-2 波转子的典型结构示意图

波转子是一种自冷却的动态压力交换设备,具有提高各种发动机、机械装置性能和运行特性的独特优势。波转子可以嵌入燃气涡轮发动机中,大大提高发动机的效率和单位功率,从而减少燃油消耗和降低污染,而发动机仍可采用普通的材料和冷却技术。波转子技术已被认为是满足综合高性能涡轮发动机技术(IHPTET)计划第三阶段及其以后目标的替代途径。

1.2 波转子技术发展历史

下面大致按照时间顺序对波转子研究历史进行回顾,总结国内外波转子主要研究机构的工作,让读者对波转子的研究历史有初步的认识。

1. 早期概念提出(1906—1940 年)

最初的波转子是作为压力交换器在1906年由Knauff[3]提出的,它是由两端布置的几个进排气端口和旋转通道组成的,旋转通道由弯曲叶片构成,两端的进排气端口通过具有一定斜角的喷口来实现轴功输出,在此压力交换器中没有利用压力波交换能量,属于"静态"压力交换器。1928年,Burghard[4]提出了利用压力波交换能量的压力交换器的概念,它属于"动态"压力交换器,此"动态"指的是利用发生在旋转通道内的压缩波和膨胀波组成的复杂压力波系实现能量交换,此压力交换器内的流动为非定常流动,由于当时对非定常流动相关知识的缺乏,直到第二次世界大战期间,瑞士的Seippel才将"动态"压力交换器的概念在实际的发动机中实现。

2. 英国勃朗-鲍威利研发商用波转子增压器Comprex®(1940—1989 年)

从1940年开始,法国阿尔斯通公司的前身(最初的英国勃朗-鲍威利(BBC)公司,后来的瑞士阿西亚-布朗-勃法瑞(ABB)公司)开始致力于将波转子作为压力波增压器应用于1640kW的火车用燃气涡轮发动机上[5],如图1-3所示,波转子有30个通道,转速为6000r/min,波转子增压比为3:1,波转子压缩和膨胀效率为83%,基于Seippel的波转子专利[6],预期功率提高80%,效率提高25%,进行波转子试验获得的总效率提高了69%,结果非常理想,然而,将波转子安装在发动机上后,没有达到预期效果,主要是因为设计和加工出现了一些问题。

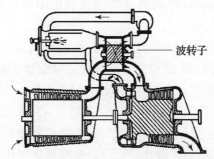

图1-3 波转子技术应用于火车用燃气涡轮发动机

Seippel 最初的想法是将波转子作为压力波增压器应用在柴油发动机上,借助 BBC 公司积累的大量波转子燃气涡轮发动机研究经验,在 1947—1955 年,成功研制了应用于柴油发动机的压力交换器,并直接安装在交通工具的发动机上进行试验验证,成功的验证使 BBC 公司决定从 1955 开始集中精力发展应用于柴油发动机的压力交换器,第一台原型机在 1971 年被安装在卡车发动机上应用,1978 年在 Opel 2.1L 排量的柴油发动机上成功应用,这就是市场上名为 Comprex® 的增压器[7],它每旋转一周工作循环 2 次,这样缩短了长度,减小了热载荷,相对于传统的涡轮增压器,Comprex® 的主要优势是能够快速应变以适应发动机工作条件的改变状况,另外,Comprex® 的效率与其量级不存在依赖关系,重量轻、尺寸小、结构紧凑等优点使得对小型增压发动机(75kW)极具诱惑力。1987 年,Comprex® 第一次被广泛应用在大客车发动机 Mazda 626 Capella 上[8],此后,ABB 公司的 Comprex® 压力波增压器在几种大客车发动机和柴油发动机上被商业化,如 Mazda 公司一次性生产了 15 万台匹配了压力波增压器的客车柴油发动机,Comprex® 在其他汽车发动机上也得到成功应用,如 Mercedes – Benz 柴油机车、Peugeot 机车和 Ferrari 机车等。

20 世纪 80 年代末,Comprex® 的业务转移到日本的马自达公司[9],这时 ABB 公司的研究人员又开始考虑将波转子技术用于燃气涡轮发动机。90 年代,一些团体继续研究压力波增压器[10]。Nour Eldin 及其同事在德国伍珀塔尔大学开发了一种利用特征值理论的波转子数值方法。华沙大学的 Piechna 等开发了一维和二维的数学代码。日本索菲亚大学的 Oguri 等对由压力波增压器增压的汽油发动机进行了测量。瑞士联邦理工学院(ETH)的 Guzzella 等开发了一个控制导向模型,该模型描述了压力波增压的发动机,特别强调了瞬态废气再循环的建模。实验验证的模型引入了一种优化策略,用来操作具有良好驾驶性能的增压发动机。关于 Comprex® 增压的柴油机的散热情况的研究最近在土耳其展开,研究表明 Comprex® 有降低柴油发动机中氮氧化合物(NO_x)排放的潜能。

迄今为止,Comprex® 已成为商业化程度最高的波转子装置。BBC 公司/ABB 公司开发的 Comprex® 还建立了商业化批量波转子的制造技术,并生产出成熟可靠的内燃机增压器。对于这种应用,BBC 公司/ABB 公司解决了密封泄漏、噪声和热应力方面的困难。例如,通过将转子封闭在加压壳体中并使用在工作温度范围内具有低热膨胀系数的转子材料,将泄漏保持在可接受的水平。此外,在发动机转速范围内的非设计性能通过在端板中使用凹穴来控制波反射而得到改善。近年来,瑞士的 Swissauto WENKO 股份公司开发了一种更复杂的压力波增压器[11],称为 Hyprex®,用于小型汽油发动机。它得益于新的控制部件,可在发动机低速时实现更高的压力比,进一步降低噪声水平,并在发动机中速或高速时提高压缩效率。Hyprex® 已在改装的双缸汽油发动机上成功展示,实现了极低的耗油率和低排放量。

3. 美国康奈尔航空实验室和康奈尔大学的研究(1948—2001 年)

受到20世纪40年代末与BBC公司合作的启发,康奈尔航空实验室(CAL)开始了非定常流概念的研究。在包括开发用于燃气涡轮机循环和各种固定式电力应用的能量交换器的几个新概念中,CAL 波过热器建于 1958 年,一直应用到 1969 年。图 1-4 所示的直径为 2m 的波过热器,使用加热的氦气作为小分子驱动气体,为高超声速风洞试验设备提供稳定的高焓空气流。它将空气压缩和加热到 4000K 以上,压力最高可达 12.15MPa,运行时间长达 15s。CAL 波过热器是波转子装置高温性能的里程碑式示范[12]。

图 1-4 CAL 波过热器

1985 年前后,CAL 波过热器小组的前成员 Resler 在康奈尔大学重新开始进行波转子研究[13]。他和他的团队引领了三端口波转子扩压器、双波转子循环、五端口波转子和使用波转子的超声速燃烧室飞机发动机的新波转子概念和分析方法的发展。数值模拟表明,通过使用波转子使富燃料燃烧产物快速膨胀,在燃气涡轮发动机应用中具有显著减少 NO_x 排放的潜力。图 1-5 所示为燃气涡轮发动机双波转子循环示意图。

4. 英国动力喷气有限公司的研究(1949—1967 年)

1940 年,不同于 Seippel 努力的成果,匈牙利布达佩斯 Gantz 柴油机公司的前总工程师 Jendrassik,正致力开发用于燃气涡轮机的波转子机器。他很快意识到它对飞机发动机的作用,提出将波转子应用到早期飞机发动机中[14]。他的想法激发了英国动力喷气有限公司在 1949 年对波转子领域的兴趣。最初对内燃机增压的兴趣后来扩展到其他几种应用领域,包括空气循环制冷机、燃气涡轮发

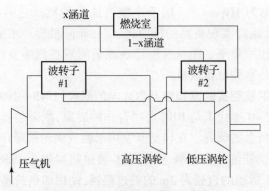

图1-5 双波转子循环示意图

动机、压力均衡器和分配器。例如,印度和南非的金矿使用了两台波转子空气循环制冷机原型,其优点是重量轻、体积小。1954年,Jendrassik去世后,在帝国理工学院的Ricardo和伦敦大学的Spalding、Barnes继续进行理论和实验工作。图1-6所示为英国帝国理工学院的波转子分压器实验测试装置。

图1-6 英国帝国理工学院的波转子分压器实验测试装置

5. 英国Ruston-Hornsby涡轮机公司研发Pearson转子(20世纪50年代中期至1960年)

同样在20世纪50年代中期的英国,柴油发动机和工业燃气轮机制造商Ruston-Hornsby涡轮机公司支持Pearson设计了另一种波转子的建造和测试工作[15]。这种独特的波转子,被称为波涡轮发动机,简称波发动机,具有改变气流方向的螺旋通道,产生类似于传统涡轮叶片的轴功。Pearson在不到一年的时间设计和测试了他的波转子,如图1-7所示。其转子直径为23cm,长度为7.6cm。这台波发动机在没有可变端口条件下,在很宽范围的操作条件下成功地工作了几百小时(例如,3000~18000r/min),在其设计点时可产生高达26kW

的功率，循环峰值温度为1070K，热效率约为10%。由于过度泄漏和不完全排气，机器所表现的性能多少低于所期望的设计性能，若有更加详细的设计将获得更好的性能表现。发动机的设计基于复杂的波形图，采用特征线法，考虑了内部波的反射。每转只有一个循环，发动机的长度只有其直径的1/3。考虑到转子热膨胀，密封和轴承经过仔细调整。最后，由于燃油管路连接不当导致发动机超速而被损坏，该项目不幸被取消。尽管在技术上取得了成功，Pearson却未能为这一激进的想法吸引到额外的资金。

图1-7 Pearson转子

在波转子技术的早期历史中，Pearson转子和Comprex®已在广泛的运行条件下高效运行，证明了良好的非设计点性能，而波过热器在其小范围的用途上也同样成功。此外，除了成功的压力交换器，Pearson转子还因产生显著的功率输出而引人注目。

6. 美国通用电气公司的研究（1956—1963年）

美国通用电气（GE）公司于1956年启动了波转子计划[16]。这项工作的开展主要是受NASA的一些早期工作的影响。NASA在19世纪50年代早期和1954—1956年，由Kantrowitz和Huber先后开发波发动机和增压燃烧室。GE公司研究了这种波转子的新配置，其中燃烧发生在转子通道内（内燃波转子）。这种布置消除了在燃气涡轮机循环中使用的外部燃烧室，从而保证显著的更低的质量、更少的管道和紧凑的尺寸。1956—1959年，GE公司对NASA使用的方法进行了分析、改进，并应用于第一台内燃波转子的设计和制造。试验台首先对GE公司的加利福尼亚州先进推进系统操作（CAPSO）进行了试验，运行20s后，波转子卡在端板之间。该实验证明了在不均匀热膨胀期间端板和转子之间的间隙控制的困难。虽然端板和转子之间的运行间隙必须尽可能小，但是转子由于热气体而趋向于热膨胀，同时端板可能弯曲变形。这在具有局部加热和温度梯度的燃烧波转子的设计中是特别具有挑战性的问题。此后，GE公司采用了简单的摩擦密封技术，并在1960—1961年间测试了压力交换结构。尽管存在流量泄漏，但在低压入口和出口之间测得的波形转子总压比为1.2~1.3，总温比为1.9~2.6。同时，开始了用波转子替代T-58、GE-06发动机压气机的可行性研究。结果表明,发动机总质量和成本显著降低,耗油率降低15%,这促进了这种先进发动机的概念布局设计。

GE公司也在从事输出轴功的波转子的研究。1961—1963年,Klapproth和他在俄亥俄州GE公司的同事制造并测试了一台使用气隙密封的波发动机[17]。

Klapproth转子的理想波形图如图1-8所示。发动机可以连续工作,但没有产生预期的净输出功率。据说是由于对内部波反射的考虑不够充分,因此流场计算不准确。在当时,简化是不可避免的,手工生成波形图需要相当长的时间和很多精力,设计中的小更改需要长时间的重新计算。虽然Klapproth转子没有产生预期的性能,但清楚地说明了在波转子中进行能量的完全交换是可能的。GE公司对波转子的研究在1963年中止,因为其将对涡轮发动机的研究资金转移到了宇宙空间探索和火箭推动研究上面,GE公司开始了专门对大发动机的研究。

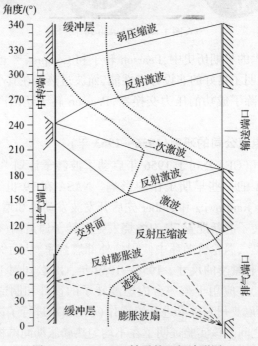

图1-8 Klapproth转子的理想波形图

7. 美国通用动力公司的研究(20世纪60年代中期至1984年)

在20世纪60年代中期,通用动力(GD)公司启动一个波转子计划,最初是为车辆发动机应用而设计的。在大约20年的时间里,GD公司花费了大量的时间和金钱来设计和开发波转子[18]。这项工作最初得到美国福特汽车公司的支持,后来得到美国能源部(DOE)和国防高级研究计划局(DARPA)的支持。GD

公司转子与 Klapproth 转子和 Pearson 转子有很多相似之处,但也有差异。GD 公司转子旨在利用弯曲叶片产生反作用轴功率,但由于叶片弯曲过度、反射波控制不力,以及进气支管对转子缺乏强烈冲击载荷等原因,导致性能不佳。相反,Pearson 转子严重依赖于对转子叶片的强冲击载荷来实现功率输出。此外,GD 公司转子偏离设计点的性能不足。虽然 GD 公司开发了一个计算机代码来消除手动波型设计的误差,但精确的计算仍然是不太容易实现的。

最终,福特公司撤回了对波转子研究的资金支持,GD 公司在 20 世纪 80 年代早期停止了波发动机的开发。1994 年,GD 公司发动机被转移到美国佛罗里达大学进行进一步测试、精确测量和密封改进。图 1-9 所示为 GD 公司波转子的分解图。在各种运行条件下进行测试后,在发动机成为一个性能良好的实验测试台之前,确定启动系统、密封和冷却以及转子设计为主要修改内容。

图 1-9 GD 公司波转子的分解图

8. 英国罗尔斯·罗依斯公司的研究(1965—1972 年)

20 世纪 60 年代中期,英国的罗尔斯·罗依斯(RR)公司开始了波转子的数值和实验研究[17]。BBC 公司与 RR 公司合作开发了压力交换波转子,作为燃气涡轮机应用中的顶层设计,如图 1-10 所示,将波转子应用到小型直升机发动机中(艾利森 250 型)。BBC-RR 发动机采用了一个逆流波转子,并将其安装在一台涡轮发动机上。

当时,BBC 公司对波转子的兴趣主要与汽车用小型燃气涡轮机的开发有关,这些小型燃气涡轮机在 100kW 及以下时受到效率低下的困扰。虽然增强型发动机的运行几乎与长期人工设计方法预测的一样,然而存在泄漏的问题,同时也有其他困难,如启动、轴承耐久性、燃料系统的复杂性和控制等。1972 年,由于公司严重的财务困难,该计划突然被取消。需要强调的是,像 GE 公司、ABB 公司和 RR 公司这样的大公司对已发表的文献所做的努力相对较少,基本的商业战略也很少被揭示。公司内部记录如果保存下来,可能会包含更多技术细节。

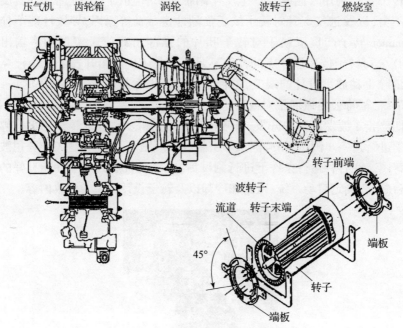

图 1-10　RR 公司的逆流波转子

9. 美国数学科学西北公司的研究(1978—1985 年)

20 世纪 70 年代末,美国数学科学西北公司(MSNW,后来的美国光谱技术公司)研究了波转子的各种应用。在美国能源部和国防高级研究计划局的赞助下,该公司研究了波转子在各种固定式动力系统中的应用,如磁流体动力循环、与气化装置结合的联合循环、加压流化床(PFB)动力系统以及推进和运输应用。重要的数值和实验工作包括开发波转子实验装置,如图 1-11 所示。其转子直径为 45cm,由 100 个通道组成,每个通道的长度为 40cm。它采用 1 个四端口波转子,带有 2 个额外的小端口,用于消除关键转子位置的压力波,从而提供更均匀的端口流量和更高的传输效率。在改变结构参数(间隙、喷口的大小等)和操作参数的情况下,成功地完成了试验。另外,试验的目的是通过小的实验机预测大型设备的性能。MSNW 波转子最初是根据特征线法设计的,但后来使用一维非定常流动计算机代码(FLOW 代码)进行了优化。修改后的数值计算结果与试验结果在很大范围的工作条件下非常吻合。FLOW 程序是专门为纯压力交换器波转子和波发动机分析而开发的,它使用通量校正传输算法求解欧拉方程,考虑了热传递、黏性、端口逐渐打开和流动泄漏,分析了设计工况和非设计工况下波转子性能对叶尖速度、端口位置和尺寸、入口和出口流动条件、通道几何形状、通道数量、泄漏和热传递的敏感性。结果表明,传热损失可以忽略不计,泄漏是波转子高效运行的关键问题。数值工作提出了一个九端口波转子概念,以解决不均匀的端口流动和扫气差的问题。

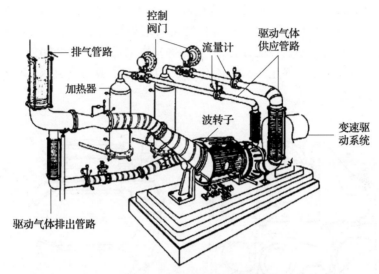

图1-11　MSNW 波转子实验装置

MSNW 还为在海平面条件下产生 600 磅力(2668.93N)推力的小型涡扇发动机设计了初步的波转子,如图1-12 所示。使用循环性能代码和 FLOW 代码模拟对设计和非设计飞行条件下的性能计算预测了这种增强型发动机的显著性能改进,这种组合发动机不需要开发新材料。MSNW 的波转子研究在 20 世纪 80 年代中期停止,原因不得而知。

10. 美国海军研究生院的研究(1981—1986 年)

1981 年,美国海军研究办公室(ONR)同意对 DARPA/ONR 联合项目进行测试,以评估波转子概念及其在推进系统中的潜在应用[18]。根据这一决定,美国海军研究生院(NPS)的涡轮推进实验室(TPL)开发了更详尽的模拟波转子的程序。为了支持计算结果的准确性,将 GE 公司的 Klapproth 以前使用的波转子装置转移到 TPL,并进行了一些初步试验。据报道,转子在转速为 5000～6000r/min 时产生了一些轴功。之后没有进一步的试验细节报道。对于数值模拟,在整个程序中检查了两种不同的非定常欧拉方程求解方法。首先,Eidelman 基于 Godunov 方法开发了二维代码,用于分析波转子通道中的流动。与当时的一维代码不同,二维代码显示了通道逐渐开放的效果。这些研究的主要结论是,如果通道是直的,流动保持接近一维,这反过来又导致通道中旋流引起的混合损失最小。然而,当波转子的通道弯曲时,甚至通道的瞬时打开也不会导致具有小损失的一维流的发展。为了加快计算速度,Mathur 基于求解欧拉方程的随机选择方法引入了一维一阶时间精度代码。用无条件稳定的代码 WRCOMP(波转子组件)来计算波转子内部的非稳定流过程、入口和出口打开时间以及初步设计所需的其他有用设计参数。WRCOMP 的输出结果被用于第二个程序 ENGINE 中,用于涡扇喷气发动机性能计算,并预测涡扇发动机的显著性能改进。但波转子研究在 1986 年左右终止。NPS 还在 1985 年主办了波转子会议,会议回顾了当时的大部分历史[19]。

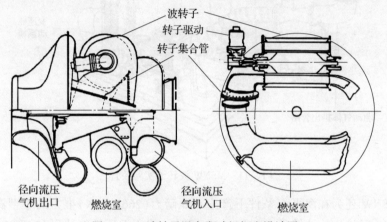

图 1-12 波转子涡扇发动机概念设计图

11. 美国 NASA 格伦研究中心的研究(1988 年至今)

自 20 世纪 80 年代末以来,美国航空航天局刘易斯(现为格伦)研究中心(GRC)与美国陆军研究实验室(ARL)和罗尔斯·罗伊斯公司合作,开展了一项持续的研究计划,旨在开发和验证波转子技术在未来飞机推进系统中的优势[20]。1993 年,Wilson 和 Paxson 采用热力学方法计算热效率和比功率,发表了一份关于波转子嵌入喷气发动机的可行性研究。应用于马赫数为 0.8 的飞机,他们指出,与总压比和涡轮机进口温度相同的简单喷气发动机相比,波转子发动机的效率可提高 1%~2%,比功率可提高 10%~16%。1995 年,Welch 等预测,与基准发动机相比,小型(300~500kW)和中型(2000~3000kW)波转子增强型涡轮轴发动机的功率增加 19%~21%,比油耗减少 16%~17%。推力与基准发动机相当的大型波转子增强涡扇发动机的油耗减少了 6%~7%。Welch 还研究了弯曲通道的可能性,以创造一个波力涡轮发动机。

在该计划的早期,Paxson 开发了准一维气体动力学模型和计算代码,以设计几何形状和计算非设计点波转子性能。该程序使用基于 Roe 方法的显式二阶 Lax – Wendroff 型 TVD 格式,求解时变入口和出口条件下轴向通道内的非定常流场。它采用简化模型来说明由通道逐渐打开和关闭、黏性、热传递效应、泄漏、气流入角不匹配和不均匀端口流场混合而引起的损失。为了验证波转子中流体的预测结果和评估各种耗散机理的效应,在 GRC 实验室中建造和测试一台三端口波分压器。同时,Welch 和 Larosiliere 研究了由多维效应引起的波转子不理想的表现和损失。Welch 还建立了宏观模型和通道平均模型,以评估波转子的性能增强。根据实验数据,Paxson 进一步改进了一维模型,并将其用于评估动态特性、启动瞬态和通道面积变化。然后,将该模型用作初步设计工具,以评估和优化燃气涡轮机中的四端口波转子循环。基于这些研究结果,一台新的四端口波转子在 NASA 被设计和成功建造,如图 1 – 13 所示。然而,罗尔斯·罗依斯公司的研究显示 NASA 波转子循环存在的热负荷和配管问题在实际的发动机中很难实现。作为回应,Nalim 和 Paxson 设计了另一种结构,它采用燃烧室旁路显著地降低了热负荷。

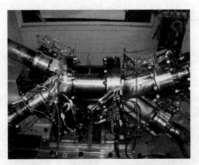

图 1 – 13　NASA 四端口波转子

1995 年,NASA 的 Nalim 发表了一份关于波转子通道内燃烧的可行性评估报告,该报告将波转子用作增压燃烧室[21]。Nalim 和 Paxson 将燃烧预测能力添加到波转子程序中,从而能够探索包含爆震和爆燃燃烧模式的波循环。单一反应进程变量用于均匀混合物,而多种物质用于爆燃模式的分层混合物。单步混合控制反应与简单的涡流扩散模型、着火温度动力学和简单的基于总能量的可燃极限相结合。采用计算流体力学和系统模拟相结合的方法研究了爆震和爆燃循环的性能。结果表明,在波转子中,纵向燃料分层的爆燃燃烧可以在合理的时间内完成。该程序的一维爆震预测能力后来在脉冲爆震发动机(PDE)的研究中得到广泛应用。NASA 最近的工作集中在实验测试上,特别关注密封技术[22],这是高压波转子设计中的一个关键挑战。20 世纪 90 年代,全世界对 PDE 技术的兴趣重新高涨,这激发了人们对波转子研究的兴趣,并发现了波转子研究的协同作用,特别是 NASA 的内燃波转子研究。

12. 瑞士 ABB 公司的研究(1989—1994 年)

继英国 BBC 公司研发 Comprex® 增压器取得成功之后,1989 年 BBC 公司/ABB 公司开发了一个三阶段的研究项目,将波转子概念应用于燃气涡轮机发动机。该项目第一阶段的目的是测试外部燃烧的压力交换波转子。与基准发动机相比,验证发动机的效率和比功率分别提高了 17% 和 25%[23]。所取得的显著性能改进,促使 ABB 公司从 1991 年开始研究制造集成燃烧波转子的可能性。为了探索这种定容燃烧装置的基本参数,建造并测试了一个旋转阀单通道内燃波转子。使用预热和预压缩的空气 – 丙烷作为工作流体,燃烧测量表明,由于停留时间短(1~6ms),废气中的 NO_x 值低至 $20\mu L/L$。在固定单通道装置成功运行之后,1992 年开始设计具有 36 个通道的内燃波转子。图 1 – 14 所示为 ABB 公司的内燃波转子试验装置和转子通道(包括旋转轴)横截面。转子的内径为 20cm,每个通道的长度为 16.5cm,横截面为 15mm×15mm。转子由高达 5000r/min 的电动机驱动。单管和 36 通道波转子发动机均采用火花塞点火和热气喷射自持点火方式。按照 Keller 的建议,通过从相邻通道喷射已经燃烧的气体来实现自持点火[24]。

图 1 – 14 ABB 公司的内燃波转子试验装置和转子通道横截面

这种点火技术使得燃烧过程基本上连续,而不需要具有点火延迟的脉冲方法,具有提高点火可靠性和燃烧速率的良好潜力,并且能够导向自维持发动机。在试验过程中,试验了各种燃料,燃料混合物通过 4 个喷嘴分层。发动机每转运行 2 个循环,每个循环有高压和低压流出,使其能够在 1 个循环中清除废气。

由于市场关注,原型发动机成功运行,直到 1994 年项目结束。在其运行过程中,暴露了一些问题。这些问题包括:①装置中的混合物不均匀,导致火焰扩散缓慢;②达到的最大压力为 $9×10^5 Pa$,泄漏导致在较高的燃烧室压力下过早点火和不点火;③点火环上的热应力;④悬臂单轴承转子支撑不充分;⑤用于控制泄漏间隙的机电装置变得非常复杂和敏感。主要的补救措施及使系统更好的建议包括引用导管去除泄漏气体、通过空气冷却转子、双边转子支架和机械控制热膨胀。

13. 美国罗罗-艾利森公司的研究(1990至今)

艾利森引擎公司(之后的罗罗-艾利森,如今是罗尔斯·罗依斯公司)是美国航空航天局紧密伙伴。1996年,艾利森引擎公司的Snyder和Fish评估了艾利森250涡轮轴发动机作为一个潜在的波转子示范平台,预计比功率增加18%~20%,比燃料消耗减少15%~22%。他们使用了Wilson和Paxson完成的波转子循环性能的详细图纸。艾利森引擎公司还研究了过渡管设计与涡轮机械集成,以及被艾利森先进开发公司研究之后新形成的脉冲爆震波转子。他们还为超声速涡扇发动机提出设计一种新型的四端口设备,并且和美国印第安纳-普渡联合大学(IUPUI)的Nalim合作研究[25]。

14. 美国佛罗里达大学的研究(1992—1998年)

受到NASA波转子成功研发的激励,佛罗里达大学的Lear等[26]用数值分析方法来研究不同配置的波转子。他的团队开发了一种非定常二维数值代码,使用欧拉方程的直接边值方法来分析波转子及其相邻管道中的流动,将直通道壁或弯通道壁视为通过体积力施加的约束。利用该程序对NASA三端口波转子和GD公司波发动机进行了流场模拟。他们还介绍了选择波发动机流入和流出叶片角度的初步设计方法,以及分析热力学模型,该模型预测比功率比常规燃气涡轮发动机可能增加69%,热效率比常规燃气涡轮发动机可能增加6.8%。他们还报告了波转子压缩过程中逐渐打开效应的参数研究。

15. 法国国家航空航天研究院的研究(1995—1999年)

法国国家航空航天研究院(ONERA)的Fatsis和Ribaud研究了辅助动力装置、涡轴发动机、涡喷发动机和涡扇发动机中燃气涡轮的波转子集成[27],说明了压缩和膨胀效率以及管道中的混合和压力损失。他们的研究结果表明,低压气机压比和高涡轮入口温度发动机(如涡轮轴发动机和辅助动力装置)的增益最大,这与NASA GRC研究一致。他们还根据近似黎曼解算器开发了一维数值代码,考虑了黏性、热和泄漏损失,并将其应用于三端口、通流和逆流波转子装置。

16. 美国印第安纳-普渡联合大学的研究(1997年至今)

Nalim及其同事最近在印第安纳-普渡联合大学(IUPUI)进行的研究集中在内燃波转子概念上[28],这是继前面描述的NASA的初步工作之后进行的。纵向分层燃烧的爆震/爆燃产生的波转子的几何尺寸可以与采用单独燃烧室的压力交换设计相媲美。Nalim 强调了泄漏流温度和端壁温度热管理的重要性,说明了热点火气体和冷缓冲区对端壁的影响。这与 ABB 公司的试验揭示的主要挑战一致。径向分层结构采用一种燃烧前隔板以在泄漏间隙附近引入相对较冷的缓冲区,从而减少热气或燃料泄漏到转子腔。图 1-15 是模拟化学计量分隔区域中的爆燃燃烧传播到主燃烧室中的较贫混合物中的温度等值线图。隔板的上方和下方没有燃料,气体可以流入和流出,而不会有过热或提前点火的危险。利用广泛的循环设计研究和分析,这些热管理方法是可行的,并寻求减轻 ABB 公司和 NASA 先前认识到的挑战。该技术还有助于燃烧更稀薄的混合物,从而减少 NO_x 排放,类似于传统发动机中的其他引燃燃烧或稀薄燃烧技术。对于这种方法,已经详细研究了径向泄漏流和不同的燃烧模型。这些想法还没有经过实验的检验。

图 1-15 隔板出口气流的温度分布

研究者对推进发动机的爆震燃烧循环也进行了研究,对爆震燃烧的兴趣最初集中在脉冲爆震发动机(PDE)上[29],如今已经发展到将波转子视为一个概念来有效实施,因为波转子提供自动高速阀门、几乎稳定的流入和流出以及对多管使用一个或几个稳定点火装置。然而,爆震燃烧基本上仅限于高能量混合物和足够大的通道宽度,并产生强压力波。这导致流出物在压力、速度和可能的温度方面高度不均匀。为了更好地利用波转子 PDE 的输出,有人建议在波转子上增加一个喷射器元件。旋转波喷射器允许爆震管后的旁通空气传递能量和动量。使用准一维代码进行的数值模拟表明,与等效无损失 PDE 循环相比,在考虑了流动转向和冲击损失后,静推力条件下的比冲可以加倍。图 1-16 给出了一个波形图和喷射器示意图,其中冷态喷射器气流清晰可辨。

IUPUI 还研究了联合航空航天发展公司(AADC)(现为罗尔斯·罗依斯公司的"Liberty Works")提出的四端口爆震波转子[30],其中的再循环管道允许被爆震波冲击压缩的空气与燃料一起重新注入。在燃料/空气-燃烧气体界面之间和出口端板处的空气缓冲区是循环设计中固有的,允许壁面自冷却。如图 1-17 所示,与传统的旋转爆震循环相比,这种发动机方案的进气和排气设计得几乎是均匀的,并能为现代涡轮所接受。

IUPUI 目前正在与罗尔斯·罗依斯公司合作实施一项计算和实验计划,以研究爆震和近似爆震内部燃烧的波转子的燃烧过程和性能。基于一系列计算模型的初步设计方法被开发出来,以设计实验装置中波的传播过程。

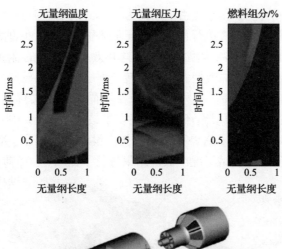

图 1-16 旋转波喷射器脉冲爆震发动机

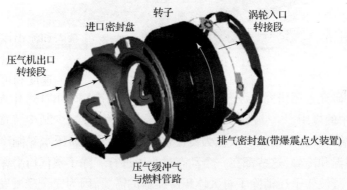

图 1-17 波转子脉冲爆震发动机

17. 日本东京大学的研究(2000 年至今)

日本东京大学的 Nagashima 等开发了一维数值代码和二维数值代码,以模拟直流四端口波转子内部的流场,包括通道间泄漏的影响[31]。利用单通道波转子试验获得的试验数据对程序进行了验证。图 1-18 所示的试验装置由一根固定的单管和两个与电动机驱动的轴相连的旋转板组成。该小组还探索了使用微型制造技术制造的超微型燃气涡轮发动机使用波转子的想法。

18. 美国密歇根州立大学的研究(2002 年至今)

密歇根州立大学(MSU)的波转子组已经展开研究,以评估波转子技术在几种热循环应用中的优势[32]。使用压缩比为1.8的四端口波转子,两个非回热微型涡轮机(30kW 和60kW)执行各种波转子嵌入循环,预计小型发动机的总热效率和比功的增加高达34%,大型发动机的总热效率和比功的增加高达25%。类似的方法预测,使用30kW微型涡轮的波转子顶层循环,涡轮喷气发动机的整体效率和比推力将提高15%。此外,还生成了不同波转子实现的多参数性能图,为无顶层循环发动机和顶层循环发动机指定了最佳工作点。利用预测的性能结果,建立了四端口波浪转子临界高压相的初步设计分析程序。为了验证和支持分析结果的准确性,与测试工况的数值结果进行了比较。

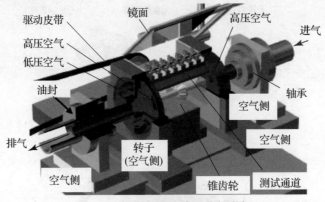

图1-18 东京大学单通道实验台

近来,研究者还研究了波转子在使用水(国际制冷编号R718)作为制冷剂的制冷循环中的应用[33]。波转子的使用可以提高效率,并减少制冷装置的尺寸和成本。三端口波转子已被引入作为冷凝波转子,其采用加压水对制冷剂蒸气进行加压、降温和冷凝,这些都在一个动态过程中进行。除了蒸气压力额外升高的可能性,冷凝波转子还消除了对大体积冷凝器的需要,因为完全冷凝发生在转子通道内。此外,在水制冷循环中添加冷凝波转子可以降低压缩机的压力比,这对于R718制冷机技术至关重要。图1-19展示了使用三端口冷凝波转子(CWR)的水制冷循环的示意图。

密歇根州立大学也在继续研究集成波转子在微型燃气涡轮中的可行性和潜力[34]。超微型燃气涡轮发动机(UμGT)在获得高的整体热效率和输出功率方面有困难,可以采用波转子技术来提高超微型燃气涡轮发动机的性能。基于密歇根州立大学的研究,波转子可以提高总体热效率和比功输出量,密歇根州立大学的研究表明超微波转子中的压缩效率可达到70%~80%。报道了几种不同的概念设计,用于将四端口波转子集成到基准超微型燃气涡轮发动机中。此外,在密歇根州立大学和波兰华沙理工大学的合作下,介绍了用于各种燃气涡轮发动机应用的径流波转子配置概念,重点介绍了超微型燃气涡轮发动机。图1-20是同时起到压缩机、涡轮机和发电机作用的超微波转子的示意图。

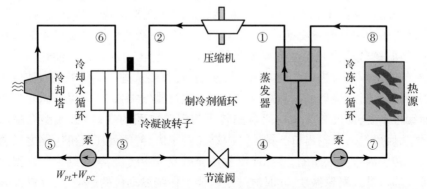

图1-19　三端口冷凝波转子热力学模型

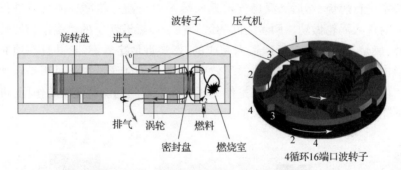

图1-20　采用径流波转子的超微波转子

密歇根州立大学和华沙工业大学也采用商业软件FLUENT研究轴向和径向波转子内部的详细气体动力学现象[35]。FLUENT能够解决波转子通道内发生的主要损失,包括黏性和热传递损失、旋转通道之间的流动泄漏、通道到端口的逐渐打开/关闭以及其他多维特征。为了验证计算结果,密歇根州立大学建立了波转子实验台。华沙科技大学的Piechna提出了将压力交换器与内燃波转子整合,创造一个自主的压力波压缩机。

1.3　波转子分类

1. 按燃烧模式分类

波转子根据其在组合发动机中,燃烧是否发生在波转子通道内,可以分为内燃波转子和外燃波转子两种类型。如图1-21所示,箭头的方向代表工作流程。在外燃波转子中,气流从压气机进口0进入压气机压缩后,从低压空气进口1进入波转子,在波转子内与高压燃气端口3进入的高压燃气进行能量交换,获得一定的压力增益从高压空气出口2流入燃烧室组织燃烧形成高压燃气,而高压燃气在波转子内进行能量交换后,以相对较低的压力从低压燃气端口4流入涡轮膨胀做功,燃气压力和温度大幅度降低之后从涡轮出口5排出。而在内燃波转子中,气流从压气机进口0进入压气机压缩后,直接从进气端口1进入波转子内组织增压燃烧,燃烧后的高温高压燃气直接通过排气端口2(为保证涡轮出口站位面编号不变,此处2、3、4均代表波转子与涡轮之间的端口)进入涡轮膨胀做功,做功后燃气从涡轮出口5排出。内燃波转子内,气流经压气机压缩之后直接进入波转子内进行预压缩,并完成燃料填充以及等容燃烧,燃烧结束后高温燃气经排气端口进入涡轮做功,此时波转子取代了传统发动机的燃烧室;外燃波转子内,气流经压气机压缩后进入转子通道与高温燃气进行能量交换之后进入独立的燃烧室进行燃烧,然后高温燃气再返回转子内与新一轮循环的气流进行能量交换之后进入涡轮做功。两者之间的区别在于内燃波转子的燃烧室和波转子集于一体,燃烧过程是在转子通道内完成的,燃烧近似定容燃烧,并且在填充时实现通道内预增压,具有更高的热循环效率;而外燃波转子的燃烧过程是在独立的燃烧室内完成的,此时波转子只是作为压力交换器起到能量交换的作用,可以在相同涡轮进口温度下,获得更高的涡轮进口压力。

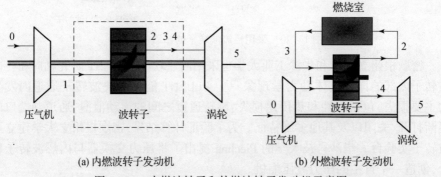

(a) 内燃波转子发动机　　　　　(b) 外燃波转子发动机

图1-21　内燃波转子和外燃波转子发动机示意图

2. 按端口流动方向差异分类

外燃波转子根据燃气和空气入口是否处于同一侧,还可细分为通流波转子和回流波转子,其工作流程如图1-22所示。通流波转子的燃气和空气进口位于转子的同一侧,回流波转子的新鲜空气的进排气端口都在波转子的同一侧,而燃气进出波转子的端口位于波转子的另一侧。这两种结构的波转子都能改善发动机的性能,但内部的流动过程完全不同。在通流四端口波转子中,热燃气和相对冷空气在整个转子通道内来回移动,使转子壁面保持相对均匀的中间温度。通流波转子的这种自冷却特性使其非常适用于燃气温度非常高的燃气涡轮发动机。回流波转子不具有这种自冷却的特点,多用于相对低温的汽车发动机增压器上。

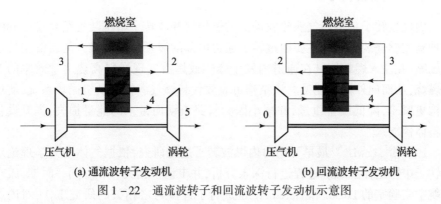

(a) 通流波转子发动机　　　　(b) 回流波转子发动机

图 1-22　通流波转子和回流波转子发动机示意图

3. 按通道流动方向分类

根据气流在通道内流动方向不同,波转子又可以分为轴向流波转子和径向流波转子,如图 1-23 所示。顾名思义,在轴向流波转子通道中,气流方向沿着旋转轴方向,而在径向流波转子中,气流方向沿着与转轴垂直的方向,因此具有更紧凑的结构。此外,径向结构可以利用离心力大大改善扫气过程。在径向结构中,通道形状可以设计成弯曲通道,在相同的直径下,弯曲通道能提供更长的燃烧时间以及波系的发展时间,而且可以利用流体在弯曲通道内角动量的变化提取更多的轴功,甚至可以实现自驱动。径向波转子在 21 世纪初期提出,旨在应用于 500kW 量级以下的动力装置。

(a) 轴向流波转子　　　　(b) 径向流波转子

图 1-23　轴向流波转子与径向流波转子示意图

1.4　波转子技术的应用

1.4.1　内燃波转子

内燃波转子是将燃气涡轮发动机的燃烧室和波转子增压装置结合在一起的一种新型燃烧装置。其主要通过转子通道内部的波系运动对吸入的新鲜空气进行压缩,并注入燃料使其在通道内发生爆燃或爆震实现燃料高热力学效率的等容燃烧,从而向外输出能量。该结构可有效代替燃气涡轮发动机循环系统,使得结构更紧凑,降低设备重量,并减小因为管路流动而带来的能量损失,提升设备的整体性能。

1955 年,Lewis[36]最早开始对内燃波转子进行研究,依据气体动力学理论对波转子中恒定体积燃烧过程进行深入分析,并申请了相关专利。同一时期,康奈尔航空实验室的 Logan 和 Hertzberg 也进行了许多与之相关的研究工作,对内燃波转子中的气体流动损失、掺混损失、壁面导热、间隙泄漏、通道渐开渐闭以及瞬态的燃烧行为进行了研究。之后,伦斯勒理工大学的 Foa[37]对内燃波转子结构进行了优化,提出利用排气喷嘴代替出口阀的构想,有效解决上述 Hertzberg 和 Logan 等研发的内燃波转子存在的问题,但是也指出,针对内燃波转子,由于通道内部同时具有流体流动过程和燃烧过程,因此压力波的传递变得更加复杂,微小扰动就会对性能带来很大的影响。

1956—1959 年,GE 公司设计、制造和试验了一台内燃波转子验证机[16],研究表明,发动机的总质量和成本可大大减少,耗油率可减少 15%。

1995—1997 年,NASA 开展了波转子作为未来燃气涡轮发动机核心机的内燃波转子相关研究[2],以 CB501 – KB5S 发动机为基准发动机进行了内燃波转子取代核心机的技术验证,相对于基准机,验证机的压气机压比降低,压气机可以减少 2~3 级,轴功提高 17.7%,耗油率降低 10.5%。

1989—1994 年,ABB 公司分三个阶段对波转子进行了研究,第一阶段完成了外燃波转子发动机的研究,研究表明外燃波转子发动机与基准发动机相比,总效率提高了 17%,做功能力提高了 25%;在第二、三阶段,分别完成了内燃波转子单通道和多通道实验研究,图 1 – 24 为其多通道内燃波转子试验系统及转子截面,试验以空气/丙烷为工质,研究表明排出的燃气中 NO_x 的含量明显下降,同时验证了采用波转子技术实现等容燃烧的可行性。由于在研究中暴露出一系列的问题,该研究于 1994 年终止。

 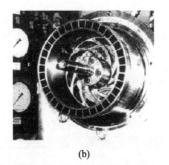

(a)　　　　　　　　　　　　(b)

图1-24　ABB公司多通道内燃波转子试验系统(a)及转子截面(b)

1994年之后,NASA重新启动内燃波转子相关研究项目。Akbari等建立了热力循环模型,对内燃波转子应用于燃气涡轮发动机进行了性能计算,研究结果表明,应用内燃波转子后,燃气涡轮发动机的热循环效率提高了20%,耗油率(SFC)降低了17%。另外,Akbari等采用数值模拟的方法对波转子内的流动过程进行了研究,并对PDE和波转子进行了比较,研究结果表明,在相同的温升比下,波转子可以获得更高的压力增益,而且波转子出口的流场和温度分布更均匀,更适合与燃气涡轮发动机组合。

2007年,Baronia和Nalim等[38]对内燃波转子的点火及火焰传播特性进行了数值模拟研究,研究表明,在一定的范围内,较高的点火温度可以获得较高的峰值压力,并且火焰锋面的温度梯度较小,火焰传播更快。

2009年以来,印第安纳-普渡联合大学(IUPUI)采用爆震和接近爆震的内燃波转子的燃烧过程和性能进行计算和试验研究[39],其建立的内燃波转子实验系统如图1-25所示,电机转速范围为2200~4200r/min,燃料为丙烷等气体燃料,空气为氧化剂,采用热射流进行点火。

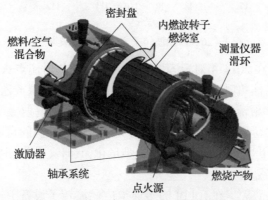

图1-25　IUPUI建立的内燃波转子实验系统

Matsutomi 等[40]于 2010 年在上述实验台上进行了数据采集,以乙烯为燃料,在 2100r/min 的转速下采集了通道不同位置处的压力数据和离子探针信号。离子探针的测量结果如图 1-26 所示,Y 轴对应角度位置,X 轴对应电压信号。将每个位置测量数据在 X 轴上偏移,以表示沿着转子长度的物理位置。反应区的离子探针信号表明,火焰传播速度比预期的快得多。根据峰值测量数据,轴向火焰速度约为 183m/s,这是声速的一半以上,达到爆燃状态。用离子探针在靠近转子长度的中间位置记录到了最强的信号。

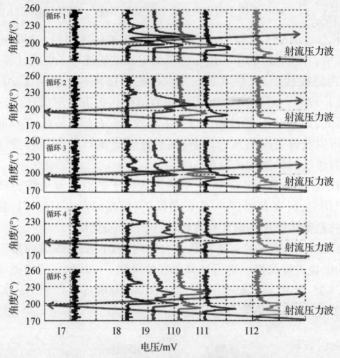

图 1-26 内燃波转子离子探针的采集信号

Karimi 等[41]在 2014 年对定容燃烧室(CVC)的热射流点火进行了数值模拟研究,采用化学活性热射流点燃 CVC 内化学恰当比的甲烷或乙烯预混燃料。研究发现,对于横移射流,射流进入通道后首先表现为附壁射流,随后表现为壁面撞击射流,而中心位置的静止射流表现为类似于带有细涡的自由射流,掺混效果下降。同时发现甲烷的点火延迟时间更难量化,其对夹带率、射流涡运动和瞬态气动波动更加敏感。

2017 年,Nalim 等[42]在 IUPUI 的多通道内燃波转子设备上进行了试验研究,试验在常压下进行,给定固定的流量,忽略泄漏的影响,在波转子转速 2100r/min

和进气流量 4.31kg/s 的条件下进行了数百次试验,得到了超过 30 个成功的测试数据,包括一个 3s 的运行数据。试验结果展示了良好的燃烧特性,没有出现回火现象,以及近乎爆燃的快速燃烧状态,通过对进出口压力的监测,间接表明净压力增益非常高,进一步阐明了内燃波转子作为压力增益燃烧室的可行性。

近年来,国内南京航空航天大学也开展了内燃波转子技术的研究,主要对通道内气体的非定常燃烧特性、点火装置的射流特性以及通道内的波系和火焰传播过程等方面进行了相关研究,建立了横移射流单通道、旋转阀式单通道、旋转双通道等实验系统[43],于 2020 年建立了多通道内燃波转子样机系统,如图 1-27 所示。

图 1-27 南京航空航天大学多通道内燃波转子样机系统

1.4.2 外燃波转子

将波转子应用于燃气涡轮发动机顶层循环,压气机后的新鲜空气进入燃烧室之前,在波转子中与高温高压燃气进行压力交换,被进一步压缩,提高了燃烧室内工作压力和燃烧峰值温度,大幅提高整个发动机的循环热效率。尽管燃烧室出口温度升高,但其在波转子内的膨胀过程可对其有效降温,保证涡轮进口温度不变。因此,波转子可以提高循环的总压比和循环峰值温度,突破常规涡轮机械的性能极限,有效提高其热效率和输出轴功,降低循环的耗油率。

压力交换技术的研究最早源于对燃气涡轮机热力学效率提升的探索。1940年,Claude Seippel 设计制造的首台压力交换装置用于一台 1600kW 的火车发动机的燃烧顶部循环系统中,1942 年开展了相关的测试实验,在压缩比为 3 的工况下,单个波转子增压效率达到 69%,膨胀和压缩的效率为 83%,波转子首次稳定运转证明了该技术的可行性。但是由于其设计工况不匹配等问题,波转子加入热机系统的性能未达到预期效果[6]。

同一时期,许多柴油机公司也开始从事相关方向的研究。其中 Gantz 柴油机公司的前总工程师 Jendrassik 提出利用波转子增压特性为飞机发动机提供高压气体[14],之后,伦敦帝国理工学院在此基础上进行大量理论和实验研究。Pearson 也在英国柴油发动机和工业燃气涡轮发动机制造商 Ruston – Hornsby 涡轮机公司的支持下,设计开发一种具有螺旋通道的波转子结构[44],通过改变气流流向,实现与涡轮叶片一样的轴功输出,针对长度为 76mm、直径为 230mm 的转子进行设计加工,之后通过试验测得在循环温度为 1070K 条件下,设备输出轴功为 26kW,但后续该项目由于资金不足而被取消。

随后,康奈尔航空实验室也开展了压力交换技术研究,并于 1958 年搭建了直径为 2m 的波转子过热器[45],利用加热后的氦气作为驱动气体为高超声速风洞提供高焓气流,过热后的气体温度超过 4000K,压力达 12MPa,并维持 15s 的稳定运行,实现了压力交换技术里程碑式的进步。

20 世纪 90 年代初,NASA Glenn 研究中心搭建了三端口分压波转子试验台,通过改变转子通道的长度、宽度、循环数、转速、间隙尺寸等条件,重点研究了端口开启、沿程摩擦和间隙泄漏等损失对性能的影响。基于试验数据,将效率拟合成关于无量纲开启时间、摩擦系数和间隙宽度的多项式函数,指出间隙宽度是影响性能的主要因素,随着间隙宽度的增大,效率线性降低[46]。研究者对转子通道内部压力的周向分布进行了详细测量,验证了一维预测模型的准确性。基于三端口试验台的建设和使用经验,又搭建了四端口通流波转子实验台,见图 1 – 28。为了降低电加热器功率和最高运行温度,同时保证增温比相等,低压进气端口通入约 – 50℃的低温空气。最初实验台采用闭式结构(高压排气端口排出的空气加温后再从高压进气端口供回波转子),由于损失过大,装置并未正常工作。改为开式结构(高压进气端口和排气端口不直接连通,流动参数可独立调节)后,通过减小间隙宽度,并采用双轴承支承可移动端板和石墨密封,增温比 2.0 时增压比达到 1.17[47]。

图 1 – 28　NASA 四端口通流波转子实验台

21世纪初,东京大学搭建了微型四端口波转子冷态实验台,无加热装置,仅保证增压比相同。研究了间隙宽度的影响,发现泄漏量与间隙宽度近似呈线性关系,且间隙宽度越大,空气的增压比越低,低压端口的进气量越少[48]。同时搭建了三通道和单通道旋转端口实验台,其特点是通道静止而端口旋转,以便采用纹影和LDA等手段对内部流场进行精细测量。端口渐开主要影响主激波,而间隙泄漏主要影响反射激波[49]。激波未出现明显的耗散,也未产生与边界层强烈的相互作用,边界层的厚度较小,不超过0.5mm。

2002年,美国密歇根州立大学的Florin Iancu等[34]开始从事微型燃气涡轮发动机波转子的可行性研究,并且在原有轴向波转子的基础上提出径向流波转子以及弯曲通道径向流波转子结构,如图1-29所示。通过试验研究发现,此弯曲流道结构可有效提升气体最低膨胀深度,并实现转子的自驱动甚至是轴功输出,得到的压缩效率在70%~80%,有效提高燃气涡轮发动机的热效率和轴功输出量。之后,其还同华沙理工大学合作,使用商业软件Fluent来研究轴向和径向波转子内部气体流动过程,模拟转子内部气流黏性和传热损失,并且考虑通道的渐开渐闭和间隙泄漏等问题对性能的影响。

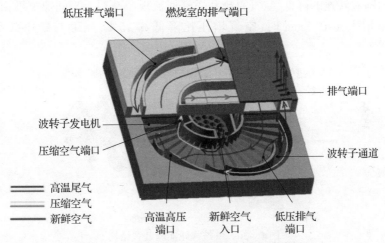

图1-29 径向流波转子结构示意图(附彩插)

自2012年起,美国空军理工学院与空军研究实验室合作,搭建了微小型四端口通流波转子闭式试验台。为了保证燃烧室能够顺利点火,设计了辅助空气系统提供初始足量空气。试验中低压排气端口排气异常,大量黑烟反而从低压进气端口排出,将密封法兰的石墨垫片烧蚀。装置增温比仅达到1.17,远低于设计要求的2.74[50]。在四端口回流波转子试验研究中,尽管单独测试的压缩效率达到76%,但与内燃机联合运行后,波转子未能达到最优效率状态,实际的压缩效率仅有25%~30%[51]。

2016年,赖特－帕特森空军研究实验室Mark R. Mataczynski和美国航空航天局的Daniel E. Paxson等[52]合作,针对气波增压设备进行了大量试验研究,得到在室温条件下,波转子最大压缩效率为76%,并通过试验结果对设计和模拟的正确性进行了验证。后续针对Kubota 722工业柴油机,通过一维计算程序对其所采用的气波增压设备进行设计,得到不同工况下性能图谱[53],并在试验的基础上证明其正确性。

2018年,普渡大学航空航天学院的Ravichandra Jagannath、Sally Bane和IUPUI的Razi Nalim合作[54],采用数值模拟的方法对弯曲通道波转子进行设计,依据一维计算模型对流道进出口叶片倾角进行优化,从而有效减小气流入射损失。在此基础上,基于角动量和能量守恒来计算气流运动过程中与转子之间的能量传递,得到不同曲率叶片在轴功输出上的差别。

近年来,英国巴斯(Bath)大学对具有对称弯曲通道、直径为60mm的波转子进行了试验,气波涡轮实验装置结构见图1－30。成功实现了功率输出,最大约为450W,压缩与膨胀的最高效率达到80%以上。在设计转速下,存在空气直排现象,而随着转速的降低,空气直排和燃气回流现象减弱。当间隙宽度由0.2~0.25mm增大至0.3mm时,空气增压比降低约15%,压缩与膨胀效率降低约1%[55]。

图1－30 气波涡轮实验装置结构

国内北京航空航天大学针对系统化设计提出的不同层面的实验验证需求,建立了破膜驱动式单通道、三端口分压波转子、四端口回流波转子和四端口通流波转子等多个实验台。通过测量和比对进排气流量、平均总温和总压,以及壁面静压、排气静温的周向分布等数据,验证了所发展的波转子解析设计方法和数值仿真校验方法的有效性[56]。

1.4.3 车用波转子

涡轮增压技术利用涡轮机械对燃烧尾气的压力能回收并对新鲜进气压缩,或直接利用发动机轴功对新鲜进气进行压缩。车用波转子增压技术与涡轮增压技术作用相同,通过回收发动机尾气的压力能实现对新鲜进气的压缩,提高发动机燃烧室的进气量和燃烧效率,从而提高发动机的功率和输出扭矩,或同等功率下实现更低的油耗,波转子增压发动机示意图如图 1-31 所示。车用气波增压器也通常为四端口结构,为减少尾气对新鲜气体的污染,通常采用回流波转子。车用气波增压器有响应速度快、低速性能好以及整体尾气排放性能好等优点,但设备比较笨重、在工作过程中噪声严重[57]。

最早在 1913 年,Burghard 就提出过将气波压力交换器用作增压器的设想,但直到 Seippel 将其在燃气涡轮发动机上成功应用,才使研究人员提出同样应用于柴油发动机的研究方向。1949 年,美国费城 ITE 断路器公司在美国航空航天和康奈尔大学的合作支持下,首次通过实验验证气波动态压力交换设备作为增压器时的性能参数,针对直径 4in(1in=25.4mm)、长度 6in 的小型测试波转子,在总压比为 4.5 的工况条件下,得到其能量利用效率为 16%。基于上述实验结果,研究人员将此种形式的压力交换波转子用作车辆柴油发动机的增压单元,并将其命名为 Comprex[12],其实物如图 1-32 所示。通过实际的道路测试发现,采用气波压力交换增压设备的柴油发动机尾气排放更加清洁,同时燃油消耗较小。后续,针对低转速下压力不足等问题,瑞士联邦理工学院与瑞士(Asea)Brown Boveri 公司合作进行了大量完善研究工作。

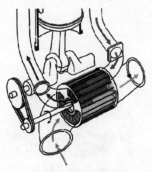

图 1-31 波转子增压发动机示意图

图 1-32 车用增压波转子结构示意图

20世纪60年代中期,通用电气公司开始针对波转子在车用发动机循环中的应用进行大量研究,这个过程中投入了大量的精力和金钱,并持续了将近20年的时间[58]。起初,这个项目受到了福特汽车公司、美国能源部以及国家研究高级计划局的支持,通过烦琐的程序对波转子内部波系运动过程进行了设计。但是在实验中发现性能不是十分理想,最终项目因为福特公司停止赞助而终止。

19世纪40年代,(Asea) Brown Boveri公司在波转子性能试验中得到满意的结果,经历带有波转子的燃气涡轮发动机性能试验的失败后,开始转向波转子技术应用于车用发动机的研究。1971年,(Asea) Brown Boveri公司实现了将第一台车用气波增压器Comprex®成功应用于卡车发动机循环中,截至1974年9月已经实现4000h的稳定运转,试验中发动机的性能得到显著提升,CX 180波转子增压器如图1-33所示。随后开展了将CX 125等型号波转子增压器集成到小型的柴油发动机系统的研究[59]。1978年后,该结构拓展到乘用车领域,并测试成功,在之后10年中分别应用于马自达、梅赛德斯-奔驰、标致、法拉利以及一些重型发动机中。同时期,Saurer汽车公司、ITE Circuit Breaker公司和ETH Zurich等也开展了波转子增压技术在车用发动机领域的相关研究。

1978年,(Asea) Brown Boveri公司实现了波转子增压器应用于柴油发动机,实验过程中波转子可在较大的转速范围内对气体进行有效增压,并推出了商业化产品Comprex®,如图1-34所示。该公司基于多年对波转子增压技术的探索,在波转子的结构设计、材料、加工制造、设备减重、减噪以及密封等领域取得了丰硕成果,也促进了车用波转子技术的快速发展和应用。同时,该公司对波转子材料也开展了相关研究,波转子采用一种热膨胀系数较小的合金实现运转过程中对间隙的精确控制,提高波转子的增压性能和发动机输出的动力。在降噪领域,通过选用非等间距隔板结构,使射气和排气过程中强噪声产生干涉并达到降噪的效果。

图1-33 Comprex® CX 180 波转子增压器

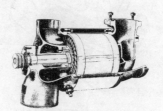

图1-34 Comprex® 气波增压器结构

1980 年,Comprex® 被用于 Finish 的 Valmet 系列拖拉机上,发动机在低温环境下仍可实现稳定运转。1983 年,德国大众公司将 CX 85 Comprex® 与其 Passat 轿车柴油发动机进行匹配,在道路试验中,轿车的动力性能和燃油率得到明显提升,随后在 Polo 系列轿车试验中也表现出良好的性能。1985 年,德国 Adam Opel 公司将基于波转子的增压技术应用于轿车的发动机,并在德国进行了商业销售,发动机的加速性能、燃油经济性方面得到了市场的高度评价。1987 年,日本 Mazda 公司将 Comprex® 波转子增压器应用于汽车发动机[60],并实现了 626 Capella 型汽车批量化生产,并在日本国内进行销售。

从 1990 年开始,随着流体力学理论及计算机运算能力的大幅度提升,车用气波增压设备的研究更加深入。根据特征理论,德国伍珀塔尔大学的 Eldin 与其同事合作开发了一种针对波转子内部气体流动过程的数值计算方法;与此同时,华沙工业大学的 Piechna 也开发出相应针对气波增压器的一维和二维计算代码;佛罗里达大学的研究人员在上述通用公司所设计的车用气波增压发动机循环系统上进行改进和测试,对于其中启动系统、密封冷却以及转子形式进行修改,从而实现对发动机性能的优化;日本上智(Sophia)大学的 Oguri 等对气波增压汽油发动机进行大量的试验研究;瑞士苏黎世联邦理工学院的 Guzzella 等合作开发一种针对气波增压发动机的控制系统,通过对整体的瞬态气体流动进行建模,并在实验的基础上不断优化,从而提升发动机的性能;土耳其的研究人员对采用气波增压装置的发动机进行尾气检测,证明该结构可有效减少氮氧化合物排放[61]。

1998 年,瑞士的 SWE 公司设计开发一种更先进的针对小型汽油发动机的气波增压器,命名为 Hyprex,但依旧采用苏黎世联邦理工学院开发设计的控制系统。基于其研究成果,该结构可以有效保证发动机在不同转速下循环气体均可以保持较高的压比,从而降低发动机的油耗比、排放量及噪声。自 2000 年起,瑞士苏黎世联邦理工学院成功将 SWE 公司的 Hyprex 波转子增压器应用于汽油发动机,并对气道及控制系统进行改进,该机构在车用波转子增压技术的研究中处于领先水平[62]。

国内对波转子压力交换技术相关研究起步稍晚,1963 年,西安交通大学蒋德明等对额定工况和部分负荷工况下的波图进行研究,并对增压器的设计方法进行简化。1979 年,中国科学院力学研究所与南通地区工业局合作,将气波增压器与 6315Z 柴油机进行了配套联合实验,在增压比 1.92 时实现动力提升 75%,1983 年相关技术通过部级技术验收。1980 年,上海内燃机研究所和复旦大学基于非定常非等熵理论建立了气波增压数学模型,并通过特征线法对增压过程参数进行预测,随后开展了 CB - 200 型性能实验及与 6 - 135D3 柴油发动机配套实验的相关研究。1995 年起,北京工业大学先后与北内集团、南汽集团等开展系列合作,对进排气管道、油泵等结构进行改进,有效解决了涡轮增压发动机加速过程中 NO_x 排放量大,以及低转速下性能差等问题,并开展了系列关于增压性能数值和实验研究[63]。

1.4.4 波转子制冷机

气波制冷机是利用高压气体与原始气体的压力差,产生激波和膨胀波,利用波系的运行和相互作用,实现制冷目的的一种制冷设备。根据波转子运行方式其可分为单开口式和双开口式两种。

早在 20 世纪初,德国学者哈德曼就发现,当高速气流从开口射入只有一端开口的短管中时,管内的气体会出现振荡现象[64],1954 年,斯普林格发现气体振荡时会释放大量热量,因此基于二人以上的发现,H-S 管[65]诞生,最初多用于点火器,它的工作过程是使管内气体产生剧烈波动,并伴随强烈的热效应,而基于 H-S 管结构设计的热分离机,振荡管入口侧喷嘴主要是间歇脉动射流,在射流间隙,管内气体膨胀温度降低,实现冷热分离,主要用于气体制冷,称作气波制冷技术。

1928 年,首次提出将压力交换技术应用于制冷领域,Lebre 基于半静态压力交换理论设计出制冷流程,并申请专利。在 1943 年,(Asea)Brown Boveri 公司将其作为造纸干燥的热泵,实现该项技术的首次商用[66]。

1959 年,美国 Gifford 公司成功研制出气波制冷器,实现 84℃的温降,当选用氢气为制冷介质时,温降可达 114℃。1965 年,英国动力喷气机研发有限公司 (Power Jets R & D Limited) 首次将压力交换技术应用于南非地下 3000m 的金矿的空气循环制冷系统[67],如图 1-35 所示,并且高压气体以 10°的倾角入射波转子,利用射流与通道的切向作用力实现波转子自转。1972 年,法国国家电力公司(ELF)和法国 Bertin & Cie 两家机构完成了气波制冷机的研制,并应用于油气田的火炬系统中进行汽油的回收。1978 年,上述两家机构与法国石油研究所联合组建了新技术应用(NAT)公司,该公司完成了几十套气波制冷机的研制,主要用于油气田中伴生气以及火炬系统中轻烃等组分的回收。1970 年后,日本三菱重工将气波制冷机应用于化工尾气的处理。美国和苏联等国也相继开展了气波制冷技术的研究。

Akbari 等[68]将四端口波转子用于压缩制冷循环中,并将水(R718)作为制冷剂。图 1-36 是四端口波转子强化 R718 制冷循环原理图,波转子位于压缩机与膨胀阀之间,与冷凝器平行。在波转子内,由泵增压得到的高压低温液态水对从压缩机出来的低压高温水蒸气进行增压,水蒸气被增压后经冷凝器将热量释放到环境中并变为液体,经过一个泵后,作为高压低温液体进入波转子;液态水在波转子内膨胀过程中,可能会发生部分闪蒸,离开波转子时绝大部分仍以液体的状态进入膨胀阀,经等焓膨胀变成气液两相流体,再在蒸发器内释放冷量,变成气态后经过压缩机加压,作为低压高温气体进入波转子重新参与循环。波转子起到将蒸发器循环与冷凝器循环耦合在一起的作用。在制冷循环中嵌入波转子后,其优点主要体现在,因为波转子的增压作用,在不需要提高压缩机压比的条件下,循环中的冷凝温度更高了,这样能保证整个制冷循环系统在高的温差下工作,并与普通低温差制冷循环达到一样高的能效比(coefficient of performance,COP)。

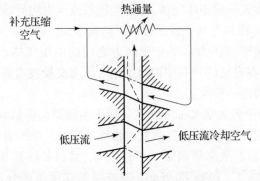

图1-35 英国动力喷气机研发有限公司的制冷循环系统

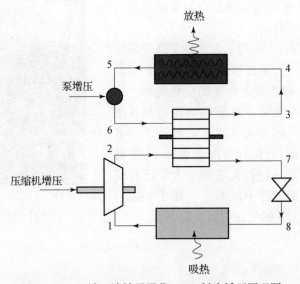

图1-36 四端口波转子强化R718制冷循环原理图

国内关于波转子在制冷中的应用主要集中于大连理工大学,胡大鹏等在气波膨胀制冷领域积累了很多研究经验。在2008年[69]提出了一种外循环耗散式气波制冷机,利用外部的循环结构将内部的压力波和循环气引出机体外进行能量耗散或者利用,具有设备体积小、充分回收过程中的能量、使波转子制冷效果提升等优点。

1.4.5 引射增压波转子

波转子压力交换可实现压力能的"分离"和"混合"。将一股中压气体中部分气体膨胀形成低压气体,剩余气体被压缩形成高压气体,称为分压器。将两股压力不同的气体形成一股中压气体,称为均压器或压力均衡器。

1948年,Faure在其专利中首次提出了均衡器,将一股高压气体和一股低压气体通过压力交换形成压力水平介于两者之间的中压气体。1958年,Spalding和Jendrassik分别在自己的专利中提出了基于压力交换技术的分压器模型结构,并对均衡器的结构进一步改进。

1963年,英国伦敦大学Kentfield在其博士期间对均衡器和分压器进行了深入的理论分析,并通过试验研究各参数对性能的影响。结果表明:在合适的压比下,均衡器和分压器的最高等熵效率可达75%,且设备转速仅为5000r/min,远低于透平设备转速[70]。1995年,NASA对波系结构简单的分压器进行研究,通过实验和数值模拟研究了间隙泄漏、流体黏性、通道壁面传热和端口的非均匀流动等对气波力学性能的影响[71]。

2010年左右,大连理工大学赵文静等开始研究气波引射[72],通过数值模拟计算分析设备在不同压比、膨胀比下性能的变化规律。并搭建实验平台对波转子流道流动特点及轨迹进行探究。赵一鸣等又在直通道波转子的基础上考虑流线拟合,设计弯曲流道转子,使得其性能大幅提升,目前,大连理工大学已有成熟的设计轴向流波转子技术[73]。图1-37给出了大连理工大学的气波引射实验平台。

图1-37 大连理工大学的气波引射实验平台

参考文献

[1] AKBARI P, NALIM R, MUELLER N. A Review of Wave Rotor Technology and Its Applications[J]. Journal of Engineering for Gas Turbines and Power, 2006, 128(4): 81-103.

[2] WELCH G E. Overview of wave-rotor technology for gas turbine engine topping cycles[C]. Novel Aero Propulsion Systems International Symposium, The Institution of Mechanical Engineers, London, 2000.

[3] KNAUFF R. Converting pressures of liberated gas energy into mechanical work: British Patent 2818[P]. 1906-11-2.

[4] BURGHARD H. Method for Manufacturing Boilers and Tubes from Iron or Steel: German Patent 485386[P]. 1929-1-26.

[5] ROSE P H. Potential Applications of Wave Machinery to Energy and Chemical Processes[C]// Proceedings of the 12th International Symposium on Shock Tubes and Waves, Jerusalem, 1979.

[6] SEIPPEL C. Pressure Exchanger: Swiss Patent 225426[P]. 1943-10-31.

[7] ZEHNDER G, MAYER A. Comprex® pressure-wave supercharging for automotive diesels-state-of-the-art[C]. International Congress & Exposition Detroit, Michigan, 1984.

[8] MAYER A, ODA J, KATO K, HAASE W, et al. Extruded ceramic-a new technology for the comprex®-rotor[R]. SAE Technical Paper, Detroit: Michigan, 1989.

[9] HITOMI M, YUZURIHA Y, TANAKA K. The characteristics of pressure wave supercharged small diesel engine[R]. SAE paper, Detroit: Michigan, 1989.

[10] NOUR ELDIN H A, OBERHEM H, SCHUSTER U. The variable grid-method for accurate animation of fast gas dynamics and shock-tube like problems[C]//Proceeding of the IMACS/IFAC International Symposium on Modeling and Simulation of Distributed Parameter Systems. Hiroshima, 1987.

[11] GUZZELLA L, MARTIN R. The Save Engine Concept[R]. MTZ Report, 1998.

[12] WEATHERSTON R C, HERTZBERG A. The Energy Exchanger, a New Concept for High-Efficiency Gas Turbine Cycles[J]. Journal of Engineering for Power. 1967, 89(2): 217-227.

[13] Hendricks J R. Wave Rotor Diffusers. 1991, Cornell University, Ithaca, New York.

[14] BOSZORNIENYI A G, CLARA J. Jet reaction propulsion units utilizing a pressure exchanger: United States patent US 2757509[P]. 1956-8-7.

[15] PEARSON R D. A Pressure Exchange Engine for Burning Pyroil as the End User in a Cheap Power from Biomass System[C]// 15th International Congress of Combustion Engines, Paris. 1983.

[16] MATHUR A. A Brief Review of the GE Wave Engine Program Proceedings ONR/NAVAIR Wave Rotor Research and Technology Workshop[R]. Monterey: Naval Postgraduate School, 1985.

[17] BERCHTOLD M. The Comprex as a Topping Spool in a Gas Turbine Engine for Cruise Missile Propulsion[C]// Proceedings ONR/NAVAIR Wave Rotor Research and Technology Workshop. Monterey, 1985.

[18] SHREEVE R P, MATHUR A B, EIDELMAN S, et al. Wave rotor technology status and research progress report[R]. Monterey, 1982.

[19] SHREEVE R, MATHUR A. Proceedings of the 1985 ONR/NAVAIR Wave Rotor Research and Technology Workshop[D]. Monterey: Naval Postgraduate School, 1985.

[20] WELCH G E, WELCH G. Wave engine topping cycle assessment[C]. 35th Aerospace Sciences Meeting and Exhibit, Reno, 1997.

[21] NALIM M R. Preliminary assessment of combustion modes for internal combustion wave rotors[C]. 31st Joint Propulsion Conference and Exhibit, San Diego, 1995.

[22] HENDRICKS R C, WILSON J, WU T, et al. Bidirectional brush seals[C]. International Gas Turbine & Aeroengine Congress & Exhibition, Orlando, 1997.

[23] ZAUNER E, CHYOU Y, WALRAVEN F, et al. Gas Turbine Topping Stage Based on Energy Exchangers: Process and Performance[C]//Proceedings of the ASME 1993 International Gas Turbine and Aeroengine Congress and Exposition. Cincinnati, 1993.

[24] KELLER J. Asea Brown Boveri AG Switzerland, assignee. Method for preparing the working gas in a gas turbine installation: United States Patent 5,197,276[P]. 1993-3-30.

[25] SMITH C, SNYDER P, EMMERSON C, et al. Impacts of the Constant Volume Combustor on a Supersonic Turbofan Engine [C]. 38th AIAA/ASME/SAE/ASEE Joint Propulsion Conference & Exhibit, Indianapolis, 2002.

[26] LEAR J W, CANDLER G. Direct boundary value solution of wave rotor flow fields[C]. 31st Aerospace Sciences Meeting, Reno, 1993.

[27] FATSIS A, RIBAUD Y. Thermodynamic analysis of gas turbines topped with wave rotors[J]. Aerospace Science and Technology, 1999, 3(5):293-299.

[28] NALIM M R, PEKKAN K. Internal combustion wave rotors for gas turbine engine enhancement[C]//Proceedings of the International Gas Turbine Congress. Tokyo, 2003.

[29] NALIM M, JULES K. Pulse combustion and wave rotors for high-speed propulsion engines[C]. 8th AIAA International Space Planes and Hypersonic Systems and Technologies Conference, Norfolk, 1998.

[30] SNYDER P, ALPARSLAN B, NALIM R. Gas Dynamic Analysis of the CVC, A Novel Detonation Cycle[C]. 38th AIAA/ASME/SAE/ASEE Joint Propulsion Conference & Exhibit, Indianapolis, 2002.

[31] OKAMOTO K, NAGASHIMA T, YAMAGUCHI K. Rotor-Wall Clearance Effects upon Wave Rotor Passage Flow[C]. ISOABE, ISABE - International Symposium on Air Breathing Engines, 15th, Bangalore, 2001.

[32] AKBARI P, MÜLLER N. Performance Improvement of Small Gas Turbines Through Use of Wave Rotor Topping Cycles[C]//Proceedings of the ASME Turbo Expo 2003, Atlanta, 2003.

[33] AKBARI P, KHARAZI A A, MÜLLER N. Utilizing Wave Rotor Technology to Enhance the Turbo Compression in Power and Refrigeration Cycles[C]//Proceedings of the ASME 2003 International Mechanical Engineering Congress and Exposition. Process Industries. Washington, DC, 2003.

[34] FLORIN I, AKBARI P, MUELLER N. Feasibility study of integrating four-port wave rotors into ultra-micro gas turbines(UmGT) [C]. 40th AIAA/ASME/SAE/ASEE Joint Propulsion Conference and Exhibit, Fort Lauderdale, 2004.

[35] PIECHNA J, AKBARI P, IANCU F, et al. Radial-flow wave rotor concepts, unconventional designs and applications[C]//Proceedings of IMECE04 2004 ASME International Mechanical Engineering Congress. Anaheim, 2004.

[36] LEWIS R B. Engine Having a Rotor With a Plurality of Circumferentially-Spaced Combustion Chambers: United States Patent 2,705,867[P]. 1955-4-12.

[37] FOA J V. Elements of flight propulsion[M]. New York: Wiley, 1960.

[38] BARONIA D, NALIM M, AKBARI P. Numerical study of wave rotor ignition and flame propagation in a single-channel rig[C]. 43rd AIAA/ASME/SAE/ASEE Joint Propulsion Conference & Exhibit, Cincinnati, 2007.

[39] MATSUTOMI Y, HEIN C, LIAN C, et al. Facility development for testing of wave rotor combustion rig[C]. 43rd AIAA/ASME/SAE/ASEE Joint Propulsion Conference & Exhibit, Cincinnati, 2007.

[40] MATSUTOMI Y, MEYER S, WIJEYAKULASURIYA S, et al. Experimental investigation on the wave rotor constant volume combustor[C]. 46th AIAA/ASME/SAE/ASEE Joint Propulsion Conference & Exhibit, Nashville, 2010.

[41] KARIMI A, RAJAGOPAL M, NALIM M R. Traversing Hot-Jet Ignition in a Constant-Volume Combustor[J]. Journal of Engineering for Gas Turbines and Power, 2014, 136(2):1-8.

[42] NALIM M R, SNYDER P H, KOWALKOWSKI M. Experimental Test, Model Validation, and Viability Assessment of a Wave-Rotor Constant-Volume Combustor[J]. Journal of Propulsion and Power, 2017, 33(1):163-175.

[43] LI J, GONG E, YUAN L, et al. Experimental investigation on pressure rise characteristics in an ethylene fuelled wave rotor combustor[J]. Energy & Fuels. 2017, 31(9):10165-77.

[44] COLEMAN R R. Wave Engine Technology Development[R]. General Power Corporation, 1984.

[45] WEATHERSTON R C, HERTZBERG A. The Energy Exchanger, a New Concept for High-Efficiency Gas Turbine Cycles[J]. Journal of Engineering for Gas Turbines and Power, 1967, 89(2):217.

[46] WILSON J. An experimental determination of losses in athree-port wave rotor[J]. Journal of Engineering for Gas Turbines and Power, 1998, 120(10):833-842.

[47] WILSON J, WELCH G E, Paxson D E. Experimental results of performance tests on a four-port wave rotor[C]// 45th AIAA Aerospace Sciences Meeting and Exhibit. Reno, 2007.

[48] OKAMOTO K, YAMAGUCHI K. Clearance variation effects on micro wave rotor operation[C]//Asian Joint Conference on Propulsion and Power 2008. Gyeongju, 2008.

[49] OKAMOTO K, NAGASHIMA T. Visualization of wave rotor inner flow dynamics[J]. Journal of Propulsion and Power, 2007, 23(2):292-300.

[50] LAPP K P, POLANKA M D, MCCLEARN M J, et al. Design and Testing of a Micro-Scale Wave Rotor System[C]. 53rd AIAA/SAE/ASEE Joint Propulsion Conference, Atlanta, 2017.

[51] REINHART J T, BEASLEY B A, HOKE J L. Experimental observations of a small-scale pressure-wave supercharger coupled to a compression ignition engine[C]//2018 AIAA Aerospace Sciences Meeting. Kissimmee, 2018.

[52] MATACZYNSKI M R, PAXSON D E, POLANKA M D, et al. Performance and design improvements for a small scale pressure wave supercharger[C]. 54th AIAA Aerospace Sciences Meeting, San Diego, 2016.

[53] MATACZYNSKI M, PAXSON D E, HOKE J, et al. Design and Testing of a Small Pressure Wave Supercharger for an Industrial Diesel Engine[C]. 55th AIAA Aerospace Sciences Meeting, Grapevine, 2017.

[54] JAGANNATH R R, BANE S P M, RAZI N M. Numerical Modeling of a Wave Turbine and Estimation of Shaft Work[J]. Journal of Fluids Engineering, 2018, 140(10):101106.

[55] TUCHLER S, COPELAND C D. Experimental results from the Bath μ-wave rotor turbine performance tests[J]. Energy Conversion and Management, 2019, 189(6):33-48.

[56] CHAN S, LIU H, XING F, et al. Wave rotor design method with three steps including experimental validation. Journal of Engineering for Gas Turbines and Power[J]. 2018, 140(11):111201.

[57] 雷艳. 车用发动机气波增压器性能研究[D]. 北京:北京工业大学,2008.

[58] COLEMAN R R. Wave Engine Technology Development[R]. Pennsylvania,1984.

[59] DOERFLER P K. Comprex supercharging of vehicle diesel engines[C]. Automotive Engineering Congress and Exposition, Detroit,1975.

[60] ZEHNDER G, MAYER A, MATTHEWS L. The Free Running Comprex ®[J]. SAE Transactions. 1989, 98(3):784-796.

[61] GUZZELLA L, WENGER U, MARTIN R. IC-engine downsizing and pressure-wave supercharging for fuel economy[Z]. SAE Technical Paper,2000.

[62] SPRING P, ONDER C H, GUZZELLA L. EGR control of pressure-wave supercharged IC engines[J]. Control Engineering Practice,2007,15(12):1520-1532.

[63] 许云,柳兆荣. 气波增压器中不定常非等熵流的分析[J]. 内燃机工程,1980(01):75-87.

[64] CHESTER W. Resonant oscillations in closed tubes[J]. Journal of Fluid Mechanics,1963,18(2):44-46.

[65] LXXVII H J. On the production of acoustic waves by means of an air-jet of a velocity exceeding that of sound[J]. The London, Edinburgh, and Dublin Philosophical Magazine and Journal of Science. 1931, 11(72):926-948.

[66] LEBRE A F. Method and apparatus for compressing fluids:British Patent 290669[P]. 1928-10-18.

[67] KENTFIELD J. Wave rotors and highlights of their development[C]. 34th AIAA/ASME/SAE/ASEE Joint Propulsion Conference and Exhibit, Cleveland,1998.

[68] AKBARI P, KHARAZI A A, MULLER N. Utilizing Wave Rotor Technology to Enhance the Turbo Compression in Power and Refrigeration Cycles[C]//Proceedings of the ASME 2003 International Mechanical Engineering Congress and Exposition. Washington, DC,2003.

[69] HU D, ZHAO Y, WU T, et al. The complete performance map of gas wave ejector and analysis on the variation laws and limitation of performance[J]. Journal of Engineering for Gas Turbines and Power, 2020, 142(2):021012.

[70] KENTFIELD J A C. The Performance of Pressure-Exchanger Dividers and Equalizers[J]. Journal of Basic Engineering,1969,91(3):361-368.

[71] PAXSON D E. Comparison between Numerically Modeled and Experimentally Measured Wave Rotor Loss Mechanisms[J]. Journal of Propulsion and Power,1995,11(5):908-914.

[72] ZHAO W, HU D, LIU P. The Port Width and Position Determination for Pressure-Exchange Ejector[J]. Journal of engineering for gas turbines and power-transactions of the ASME. 2012,134:0645026.

[73] HU D, ZHAO Y, WU T. The Complete Performance Map of Gas Wave Ejector and Analysis on the Variation Laws and Limitation of Performance[J]. Journal of engineering for gas turbines and power-transactions of the ASME. 2020,142:0210122.

第 2 章 波转子基础理论

波转子利用不稳定的波来传递能量,通道内存在复杂的非定常流动状态,包含激波、膨胀波、物质间断面以及火焰面的发展与相互作用。研究其流动规律,可以预测压力波的特征,掌握火焰的传播规律。本章就是针对波转子工作过程,介绍研究这一过程的波动方程和燃烧理论。

2.1 激波与小扰动波理论

1. 激波概念

广义来说,任何介质中参数突跃的运动界面都可以看作激波,如闪电、陨石坠落、爆炸过程,以及核裂变、核聚变等自然现象中,均伴随着各种激波现象[1]。在气体动力学中,激波代表能够实现突跃式压缩的压缩波,试验结果表明激波的厚度与分子的自由程为同一量级,约为 10^{-6} m,激波现象伴随着机械能损失,是一个不可逆的熵增过程,图 2-1 所示为弹丸以超声速飞行时其前端形成的斜激波。本节将激波简化为激波面,忽略其内部结构及耗散。

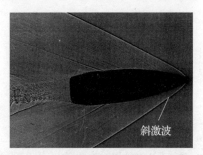

图 2-1 超声速弹丸前端形成的斜激波

在波转子工作过程中,高速旋转的通道周期性地经过进排气端口,由于进排气端口存在相位差,当排气端口关闭时,通道仍与进气端口相连,此时进入通道内的气流会撞击排气端壁面,产生压缩波,当压缩波足够强时,就会汇聚成激波,此即波转子的压缩过程。除此之外,在定容燃烧过程,通道两端封闭,射流产生的冲击波在通道内来回运动,当射流强度足够高、通道足够细长时,理论上可以在通道内实现起爆过程,即达到爆震燃烧状态,此时通道内的波以爆震波的形式传播。

2. 激波前后参数计算

激波是由压缩波叠加而成的,气流穿过激波,气动参数不连续。这里忽略激波的厚度,将其简化为间断面,沿着气流方向,取包含激波面的薄长控制体,以移动波面为坐标系,使得激波面相对坐标系静止。如图 2-2 所示,对激波面两侧突跃的参数进行分析[2]。

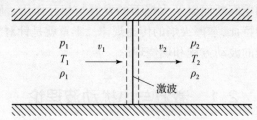

p_1、p_2—激波前、后气体的压力;T_1、T_2—激波前、后气体的温度;ρ_1、ρ_2—激波前、后气体的密度。

图 2-2　激波面两侧气体参数

对此简单一维流控制体内的气体建立连续方程、动量方程和能量方程;连续方程:

$$\rho_1 v_1 = \rho_2 v_2 \quad (2-1)$$

动量方程:

$$p_1 + \rho_1 v_1^2 = p_2 + \rho_2 v_2^2 \quad (2-2)$$

能量方程:

$$\frac{v_1^2}{2} + \frac{k}{k-1}\frac{p_1}{\rho_1} = \frac{v_2^2}{2} + \frac{k}{k-1}\frac{p_2}{\rho_2} \quad (2-3)$$

式中:k 为气体的比热比。

联立气体状态方程与声速方程:

$$p = \rho RT \quad (2-4)$$

$$c^2 = kRT = (v/Ma)^2 \quad (2-5)$$

式中:R 为气体常数;Ma 为马赫数。

由式(2-1)~式(2-5)可以推导出激波前后的参数关系式:

激波前后马赫数关系:

$$Ma_2^2 = \frac{2 + (k-1)Ma_1^2}{2kMa_1^2 - (k-1)} \qquad (2-6)$$

温度比：
$$\frac{T_2}{T_1} = \frac{2kMa_1^2 - (k-1)}{k+1} \frac{2 + (k-1)Ma_1^2}{(k+1)Ma_1^2} \qquad (2-7)$$

速度比：
$$\frac{v_2}{v_1} = \frac{2 + (k-1)Ma_1^2}{(k+1)Ma_1^2} \qquad (2-8)$$

静压比：
$$\frac{p_2}{p_1} = \frac{2k}{k+1}Ma_1^2 - \frac{k-1}{k+1} \qquad (2-9)$$

密度比：
$$\frac{\rho_2}{\rho_1} = \frac{(k+1)Ma_1^2}{2 + (k-1)Ma_1^2} \qquad (2-10)$$

总压比：
$$\frac{p_2^*}{p_1^*} = \left(\frac{(k+1)Ma_1^2}{2 + (k-1)Ma_1^2}\right)^{\frac{k}{k-1}} \left(\frac{2kMa_1^2 - (k-1)}{k+1}\right)^{\frac{1}{1-k}} \qquad (2-11)$$

激波前后的熵增：
$$\Delta S = \frac{kR}{k-1}\ln\left(\frac{2 + (k-1)Ma_1^2}{(k+1)Ma_1^2}\right) + \frac{R}{k-1}\ln\left(\frac{2kMa_1^2 - (k-1)}{k+1}\right) \qquad (2-12)$$

3. 激波与物质间断面的相互作用

当激波与物质间断面相交时，会形成一道透射激波与反射波，反射波的性质取决于物质间断面两侧介质的种类、状态及初始激波的强度，如图 2-3 所示。

已知物质间断面初始参数为：

物质 1：ρ_1、c_1、k_1、p_1、v_1（亚声速）

物质 2：ρ_2、c_2、k_2、p_2、v_2（亚声速）

其中，c_1、c_2 分别为物质 1、物质 2 的声速。

令 $\mu_1^2 = \frac{k_1 - 1}{k_1 + 1}$、$\mu_2^2 = \frac{k_2 - 1}{k_2 + 1}$，则激波在物质间断面的反射规律如下：

当 $\frac{\rho_2 c_2}{\sqrt{1 + \mu_2^2}} < \frac{\rho_1 c_1}{\sqrt{1 + \mu_1^2}}$ 时，若 $\rho_2 c_2 < \rho_1 c_1$，则反射波为膨胀波；若 $\rho_2 c_2 > \rho_1 c_1$，则反射波为激波（对应弱激波）或者膨胀波（对应强激波）；

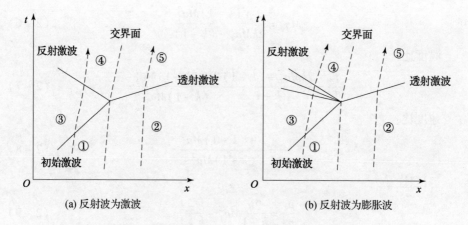

(a) 反射波为激波　　　　　　　　　(b) 反射波为膨胀波

①—初始激波前的气流状态；②—透射激波前的气流状态；
③—初始激波后的气流状态；④—反射激波后的气流状态；⑤—透射激波后的气流状态。

图 2-3　激波在物质间断面反射

当 $\dfrac{\rho_2 c_2}{\sqrt{1+\mu_2^2}} > \dfrac{\rho_1 c_1}{\sqrt{1+\mu_1^2}}$ 时，若 $\rho_2 c_2 < \rho_1 c_1$，则反射波为膨胀波（对应弱激波）或者激波（对应强激波）；若 $\rho_2 c_2 > \rho_1 c_1$，则反射波为激波。

4. 激波在通道闭口端反射

激波在通道内运动到两边封闭端时，会在端壁处发生反射[3]，如图 2-4 所示。

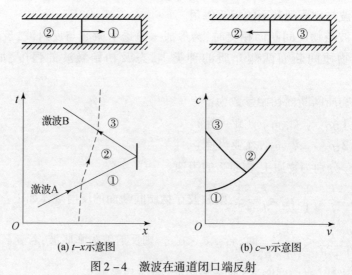

(a) t-x 示意图　　　　　　　　　(b) c-v 示意图

图 2-4　激波在通道闭口端反射

如图2-4所示，通道内初始存在低压气体，设有一道右行激波A，其强度为p_2/p_1，激波达到通道末端时，由于通道末端为静止壁面，附近流体为滞止状态，因此壁面会对波后气流形成强扰动，产生一道左向反射激波B，阻碍气流进一步运动，直到波后气流速度滞止为0。在激波反射示意图（图2-4）中，①区为初始激波前的气流状态，②区为初始激波后的气流状态，③区为反射激波后的气流状态。

反射激波强度与初始激波强度之间的关系可由式(2-9)得到：

$$\frac{p_2}{p_1} = \frac{2k}{k+1}Ma_1^2 - \frac{k-1}{k+1} \tag{2-13}$$

$$\frac{p_3}{p_2} = \frac{2k}{k+1}Ma_2^2 - \frac{k-1}{k+1} \tag{2-14}$$

气体在端壁处气流速度为0，即

$$v_1 = v_3 = 0 \tag{2-15}$$

反射激波与入射激波前后静压变化关系为

$$\frac{p_3}{p_2} = \left(\frac{3k-1}{k+1}\frac{p_2}{p_1} - \frac{k-1}{k+1}\right)\left(\frac{k-1}{k+1}\frac{p_2}{p_1} + 1\right)^{-1} \tag{2-16}$$

压力增量之比：

$$\frac{p_3 - p_2}{p_2 - p_1} = \frac{2k}{k+1}\left(\frac{p_1}{p_2} + \frac{k-1}{k+1}\right)^{-1} \tag{2-17}$$

取介质为空气时，即$k=1.4$时：

$$\frac{p_3}{p_2} = \frac{8\dfrac{p_2}{p_1} - 1}{\dfrac{p_2}{p_1} + 6} \tag{2-18}$$

$$\frac{p_3 - p_2}{p_2 - p_1} = \frac{2.8}{2.4\dfrac{p_1}{p_2} + 0.4} \tag{2-19}$$

从以上两式可以得出，当$p_2/p_1 \to 1$时，$p_3/p_2 \to 1$、$(p_3 - p_2)/(p_2 - p_1) \to 1$，说明初始激波强度较弱时，反射激波和初始激波静压增量基本一致，此时激波退化为微弱压缩波；当$p_2/p_1 \to \infty$时，$p_3/p_2 \to 8$，$(p_3 - p_2)/(p_2 - p_1) \to 7$，可见无论初始激波强度多大，只能形成有限强度的反射激波，反射激波和初始激波静压增量趋于一个极限值，因此激波在通道闭口端反射时，初始激波强度越大，壁面反射后的激波增压效果越明显。

5. 激波在通道开口端反射

激波到达通道末端时，此时若通道与端口相连接，激波会在通道开口端反射。反射波状况取决于通道内流动状态以及波后马赫数,假设在通道内有 $v_1 < c_1$ 的气流向右运动,通道开口端背压 p_b 保持不变,并有一道强度 p_2/p_1 的右向激波在通道内运动。当初始激波到达通道开口端时,由于开口端背压恒定,可能反射出左行膨胀波或者开口外膨胀波,这取决于波后气流速度,如图 2-5 所示。

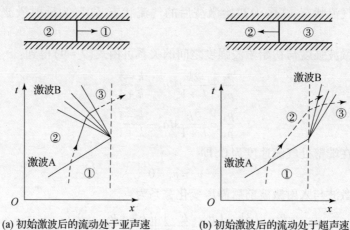

(a) 初始激波后的流动处于亚声速　　　　(b) 初始激波后的流动处于超声速

①—初始激波前的气流状态;②—初始激波后的气流状态;③—反射激波后的气流状态。

图 2-5　激波在通道开口端反射

(1) 若初始激波后的流动仍为亚声速气流,当激波到达通道开口端时,由于 $p_2 > p_1 = p_b$,即激波的波后压力高于出口处的背压,而低背压的扰动又可逆流上传,故必然形成左向的膨胀波,使气流加速,直到通道出口气流的静压值等于外界背压。反射膨胀波传播方向与通道内气流流动方向相反,其相对传播速度小于激波传播速度。

(2) 若初始激波后的流动已经是超声速,当激波到达通道开口端时,虽然有 $p_2 > p_1 = p_b$,由于超声速的扰动不能逆流上传,无法形成反射膨胀波。超声速气流将冲出开口端,以开口外膨胀波的形式继续降低压强,直至压力与背压相等。

2.2　一维激波管理论

1. 激波管概念

激波管通过压差产生激波,使反应物瞬间达到预设的温度和压力实验装置,是研究燃料的点火和燃烧特性的常用实验装置。激波管使用激波对反应物进行瞬时的均匀绝热非等熵压缩,通过控制高低压段的压差可以调节入射激波的马赫数,从而可以在较大的压力和温度范围内对燃料的点火过程进行考察,激波管反应区可以实现的反应温度为 600~4100K,反应压力为 0.1~10MPa,可测量点火延迟时间范围较广。由于结构简单,操作方便,实验工况广泛,激波管在燃烧动力学、爆震、气动热力学和超声速燃烧等方面有着广泛的应用。

理想的激波管是一个一般具有圆形或者矩形截面的两端封闭(或一端封闭)的长管,它被一个很薄的膜片分成高压室和低压室两个部分,其中压入的工作气体,一般为空气或者氮气,高压室填充高压气体,而往往为了得到理想的阶跃信号,在低压室也常常填充一定的低压气体。理想激波管示意图如图2-6所示。

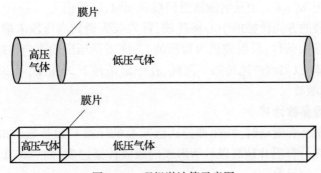

图 2-6 理想激波管示意图

为了阐明激波管流动的物理现象,本节研究一根两端封闭的等截面激波管。在膜片破裂以后的流动,见图 2-7。由于激波管内的实际流动是十分复杂的,为了便于分析研究,先做以下一些合理的假设:

(1)管内的流动是严格的一维流;

(2)略去流体黏性和热传导作用;

(3)膜片破裂是瞬时完成的,接触面本身突然加速至匀速,而且接触面两边的气体无热量交换;

(4)在中心稀疏波区域内,流动是等熵的;

(5)在运动激波前后的区域中,热力学过程是绝热的,因而,相对于激波而言,气流的能量是守恒的;

(6)高低压端的气体均为量热完全气体。

我们把符合上述假定的激波管流动称为理想激波管流动。尽管这种激波管的实验原理和结构化的流动模型与实际流动有一定差异,但是,它使分析工作大大简化。

初始时刻,激波管的高低压端气体存在压力差,一旦膜片瞬间破裂,在膜片处便产生一道激波、一道接触面和一束中心稀疏波。如图2-7所示,其中激波

以 W 的速度在①区的气体中传播,该区的气体通过激波压缩成为②区(均匀区),具有伴随速度 u_2。接触面一开始几乎和激波重合,由于其运动速度 u_2 小于激波传播速度 W,所以随着通过距离的增加,它与激波之间的间距不断增大。中心稀疏波往高压段方向传播,其波头以声速 a_4 在④区的气体中传播,波头与波尾之间的区域,称为简单波区,高压气体通过该区时,被膨胀加速至③区(均匀区)。根据接触面相容条件,$u_3 = u_2$,$p_3 = p_2$。随着时间的推移,运动激波传播到低压段末端,遇到固壁发生反射,反射激波以 W_r 的速度在②区逆气流方向传播,波后是在一个一次受到压缩的区域(⑤区)传播,为了满足边界条件,该区域的气体速度滞止,$u_5 = 0$。当反射激波遇到接触面时,②区消失。

向高压段的方向传播的中心稀疏波,首先波头遇到高压段末端,发生反射,为了满足固壁面条件,反射波仍为稀疏波,并向着低压段的方向传播,相对于它所通过的气体,以当地声速传播。因此,在一定条件下,它依次可以赶上稀疏尾波、接触面和激波。

2. 激波管参数计算

在研究激波管流动时,往往都是从已知高低压段初始参数(如压力和温度等)出发,首先计算膜片破裂以后所形成的激波传播速度,然后将其他参量表示为激波马赫数的函数。

参考图 2-7 激波在激波管内的 $x-t$ 图。时间轴左边为高压段,右边为低压段。开始时,高、低压段以膜片隔开,膜破后产生马赫数 Ma_s 的入射激波,将低压段气体压缩至 2 区状态,气流压力、温度升高。在低压段端面反射后,入射激波将②区气流再次压缩,并形成另外静止的高温区(⑤区)。

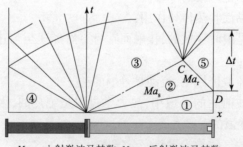

Ma_s—入射激波马赫数;Ma_r—反射激波马赫数。

图 2-7 激波管内 $x-t$ 图

当激波以相对于管壁的速度 W 在气体中向前运动时,激波前的气体速度为 v_1,通常 $v_1 = 0$;激波后的气体速度为 v_2。把坐标系取在激波上,将激波看成静止的。于是激波前气体以 $u_1 = W - v_1$ 的速度流动,状态为 p_1、T_1、ρ_1 通过激波后速

度变为 $u_2 = W - v_2$，状态为 p_2、T_3、ρ_2，将质量守恒方程、动量守恒方程、能量守恒方程应用于单位面积的激波可得到如下结果[4]：

$$\rho_1 u_1 = \rho_2 u_2 \qquad (2-20)$$

$$p_1 + \rho_1 u_1^2 = p_2 + \rho_2 u_2^2 \qquad (2-21)$$

$$h_1 + \frac{u_1^2}{2} = h_2 + \frac{u_2^2}{2} \qquad (2-22)$$

利用一维等熵流基本关系，将方程写成：

$$\frac{k_1}{k_1-1} \times \frac{p_1}{\rho_1} + \frac{u_1^2}{2} = \frac{k_1}{k_1-1} \times \frac{p_2}{\rho_2} + \frac{u_2^2}{2} = \frac{k_1+1}{2(k_1-1)} \times a_*^2 \qquad (2-23)$$

式中：a_* 为临界声速。

由式（2-20）和式（2-21）得到：

$$u_1 - u_2 = \frac{p_2}{\rho_2 u_2} - \frac{p_1}{\rho_1 u_1} \qquad (2-24)$$

由式（2-23）中的两个方程，分别解出 $\frac{p_1}{\rho_1}$ 和 $\frac{p_2}{\rho_2}$，代入式（2-24），得到：

$$u_1 - u_2 = \frac{1}{u_2}\left(\frac{k_1+1}{2k_1}a_*^2 - \frac{k_1+1}{2k_1}u_2^2\right) - \frac{1}{u_1}\left(\frac{k_1+1}{2k_1}a_*^2 - \frac{k_1+1}{2k_1}u_1^2\right) \qquad (2-25)$$

整理后得到：

$$(u_1 - u_2)\frac{k_1+1}{2k_1}\left(\frac{a_*^2}{u_1 u_2} - 1\right) = 0 \qquad (2-26)$$

由于气流通过激波时，速度发生了跃变，$u_1 \neq u_2$，因此由式（2-26）可导出

$$u_1 u_2 = a_*^2 \qquad (2-27)$$

式（2-27）称为普朗克关系式。由该式可知，激波前气流一定是超声速的，而波后气流一定是亚声速的。

若用无量纲速度——$\lambda = \frac{u}{a_*}$ 数表示，则式（2-27）可写为

$$\lambda_1 \lambda_2 = 1 \qquad (2-28)$$

根据 λ 数的定义和式（2-23），可以导出：

$$\frac{a}{a_*^2} = \frac{k_1+1}{2} - \frac{k_1-1}{2}\lambda^2 \qquad (2-29)$$

式中：a 为当地声速。

由马赫数 $Ma^2 = \frac{u^2}{a^2} = \frac{u^2}{a_*^2} \cdot \frac{a_*^2}{a^2}$ 可得

$$\lambda^2 = \frac{(k_1-1)Ma_1^2 + 2}{2k_1 Ma_1^2 - (k_1-1)} \qquad (2-30)$$

将式(2-30)代入式(2-29),得到:

$$Ma_2^2 = \frac{(k-1)Ma_1^2 + 2}{2kMa_1^2 - (k-1)} \tag{2-31}$$

根据气流马赫数定义和声速计算公式,得

$$\rho v^2 = \rho Ma^2 a^2 = kpMa^2 \tag{2-32}$$

将式(2-32)代入式(2-21),得到:

$$p_1 + kp_1 Ma_1^2 = p_2 + kp_2 Ma_2^2 \tag{2-33}$$

或者

$$\frac{p_2}{p_1} = \frac{1 + kMa_1^2}{1 + kMa_2^2} \tag{2-34}$$

将式(2-31)代入式(2-33),得到:

$$\frac{p_2}{p_1} = \frac{2k}{k+1} Ma_1^2 - \frac{k-1}{k+1} \tag{2-35}$$

由于驻激波前、后气流的总温 T_{01}、T_{02} 相等,即

$$T_{01} = T_{02} \tag{2-36}$$

驻激波前后均为等熵流场,根据一维定常等熵流关系式:

$$\frac{T_0}{T} = 1 + \frac{k-1}{2} Ma^2 \tag{2-37}$$

式中:T_0 为总温。

可导出:

$$\frac{T_2}{T_1} = \frac{1 + \frac{k-1}{2} Ma_1^2}{1 + \frac{k-1}{2} Ma_2^2} \tag{2-38}$$

式中:T_1、T_2 分别为激波前、后的静温。

将式(2-31)代入式(2-38),可得到:

$$\frac{T_2}{T_1} = \left(\frac{a_2}{a_1}\right)^2 = 1 + \frac{2(k-1)}{(k+1)^2}\left[kMa_1^2 - \frac{1}{Ma_1^2} - (k-1)\right] \tag{2-39}$$

式中:a_1、a_2 分别为激波前、后的声速。

或者写成:

$$\frac{T_2}{T_1} = \left(\frac{a_2}{a_1}\right)^2 = \frac{[2kMa_1^2 - (k-1)][(k-1)Ma_1^2 + 2]}{(k+1)^2 Ma_1^2} \tag{2-40}$$

由式(2-20)、式(2-28)和式(2-30),可得到:

$$\frac{\rho_2}{\rho_1} = \frac{u_1}{u_2} = \frac{u_1^2}{a_*^2} = \lambda_1^2 = \frac{(k+1)Ma_1^2}{(k-1)Ma_1^2 + 2} \tag{2-41}$$

同时整理式(2-35)可得到：

$$\frac{p_2}{p_1} = 1 + \frac{2k_1}{k_1+1}(Ma_1^2 - 1) \qquad (2-42)$$

观察式(2-40)~式(2-42)可知，②区与①区的压力比、密度比和温度比均可表示为激波马赫数的函数，若已知①区的参数，根据测量得到的激波马赫数便可得到②区的参数。为了便于计算，把其他区与①区的关系也表示为激波马赫数的函数。

④区的高压气体通过稀疏波后被等熵膨胀加速至③区，根据左行稀疏波关系，两个区域气流参数之间的关系可表示为

$$u_3 + \frac{2}{k_4-1}a_3 = \frac{2}{k_4-1}a_4 \quad (a_4 = 0) \qquad (2-43)$$

式中：u_3 为波前流速；k_4 为比热比；a_3、a_4 为当地声速。

由等熵关系式：

$$p_{43} = a_{43}^{\frac{2k_4}{k_4-1}} \qquad (2-44)$$

式中：p_{43} 为稀疏波前后压比；a_{43} 为稀疏波前后声速比。

对于静止空气，波后气流伴随速度变化的计算公式为

$$\frac{u_2}{a_1} = \frac{2}{k_1+1}\left(Ma_s - \frac{1}{Ma_s}\right) \qquad (2-45)$$

接触面上的相容关系：

$$u_2 = u_3, \quad p_2 = p_3 \qquad (2-46)$$

则

$$p_{41} = p_{43} \cdot p_{31} = p_{43} \cdot p_{21} \qquad (2-47)$$

由式(2-43)得到：

$$a_{43} = 1 + \frac{k_4-1}{2}\frac{u_3}{a_3} = 1 + \frac{k_4-1}{2}\frac{u_2}{a_1}a_{14}a_{43} \qquad (2-48)$$

则有

$$a_{43} = \left(1 - \frac{k_4-1}{2}\frac{u_2}{a_1}a_{14}\right)^{-1} \qquad (2-49)$$

利用式(2-44)~式(2-49)以及式(2-42)，可导出：

$$p_{41} = \left[1 + \frac{2k_1}{k_1+1}(Ma_s^2 - 1)\right]\left[1 - \frac{k_4-1}{k_1+1}a_{14}\left(Ma_s - \frac{1}{Ma_s}\right)\right]^{-\frac{2k_4}{k_4-1}} \qquad (2-50)$$

其中声速比为

$$a_{14} = \sqrt{\frac{k_1 Ma_4 T_1}{k_4 Ma_1 T_4}} \qquad (2-51)$$

入射激波在运动到低压段末端时碰到固壁,会发生反射,反射激波会以 W 的速度在②区逆着气流方向运动,而反射激波后的区域的气体被再次压缩,这个区域称为⑤区,结合⑤区边界条件可得

$$\frac{\rho_5}{\rho_2} = \frac{(k+1)Ma_r^2}{(k-1)Ma_r^2 + 2} \tag{2-52}$$

$$\frac{p_5}{p_2} = 1 + \frac{2k}{k+1}(Ma_r^2 - 1) \tag{2-53}$$

$$\frac{T_5}{T_2} = \frac{[2kMa_r^2 - (k-1)][(k-1)Ma_r^2 + 2]}{(k+1)^2 Ma_r^2} \tag{2-54}$$

由反射激波马赫数 Ma_r 与入射激波马赫数 Ma_s 的关系可得

$$Ma_r^2 = \frac{2kMa_s^2 - (k-1)}{(k-1)Ma_s^2 + 2} \tag{2-55}$$

由 $\rho_{31} = \rho_{32} \cdot p_{31} = p_{32} \cdot p_{21}$、$T_{31} = T_{32} \cdot T_{21}$,同时运用式(2-55),可得

$$\frac{\rho_5}{\rho_1} = \frac{[(k_1+1)Ma_s^2][2k_1 Ma_s^2 - (k_1-1)]}{[2(k_1-1)Ma_s^2 - (k_1-3)][(k_1-1)Ma_s^2 + 2]} \tag{2-56}$$

$$\frac{p_5}{p_1} = \frac{[2k_1 Ma_s^2 - (k_1-1)][(3k_1-1)Ma_s^2 - 2(k_1-1)]}{(k_1+1)[(k_1-1)Ma_s^2 + 2]} \tag{2-57}$$

$$\frac{T_5}{T_1} = \frac{[2(k_1-1)Ma_s^2 - (k_1-3)][(3k_1-1)Ma_s^2 - 2(k_1-1)]}{(k_1+1)^2 Ma_s^2} \tag{2-58}$$

2.3 燃烧波理论

当可燃混气点火时,燃烧波从点火源开始向外传播,将反应物转化为生成物,同时释放出储存在反应物分子化学键中的势能,并转化为燃烧产物的热力学能和动能。由于放热,跨过燃烧波后的热力学和气体动力学状态都发生了显著变化。燃烧波中梯度场诱导了物理和化学过程,从而导致燃烧波的自持传播。通常而言,有两种自持传播的燃烧波:爆燃波和爆震波[5]。

1. 爆燃波

燃烧波相对于它前方的反应物,以相对较低的亚声速传播,其下游的扰动能向上游传播并影响反应物的初始状态,因此,爆燃波的传播速度不仅依赖可爆混合物的属性和初始状态,还依赖爆燃波后的边界条件。爆燃波是一道膨胀波,跨过反应面后压力下降,并且燃烧产物以相反方向加速远离波面。依赖后边界条件的不同情况,燃烧产物的膨胀导致反应面前反应物的迁移。这样,反应面传入

了沿传播方向运动的反应物中,爆燃速度(相对于实验室固定坐标系)是反应物的迁移速度和相对于反应物的反应面速度(即燃烧速度)的总和。反应物迁移流动的结果是在反应面前也形成了压缩波(或者激波)。所以,一道传播中的爆燃波通常由一道前导激波与紧随其后的反应面组成。前导激波的强度依赖反应物的迁移速度,因此依赖后边界条件。如图2-8所示为沿着轴向传播的爆燃波[6],在波前存在强烈的激波(后者为压缩波)。由于火焰锋面前存在压缩波系,复杂的压缩波系得火焰呈现奇特的形态,图2-8所示为典型的"郁金香"形火焰,在波转子的研究中也会观察到类似现象。

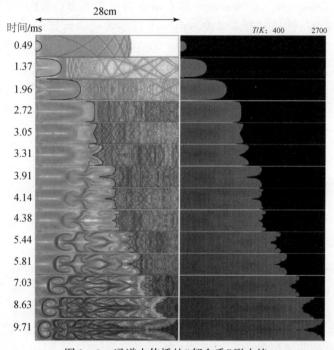

图2-8 通道内传播的"郁金香"形火焰

爆燃波传入其前方反应物的机制是通过热扩散和质量扩散,跨过反应面急剧变化的温度梯度和化学反应组分浓度梯度,导致热量传递和自由基组分从反应区向其前方的反应物输运,从而实现持续点火。因此,爆燃波本质上是一道扩散波,其速度正比于扩散率的平方根和反应速率的平方根。假如爆燃面是湍流,则可以在一维框架下定义湍流扩散率来描述输运过程。

2. 爆震波

18世纪末,人们在研究管道中的火焰传播时,发现了爆震现象。这种现象表明爆震过程是一种强激波沿反应物一层层传播的过程。在此过程中伴随着大量化学反应热的释放,这种有化学反应的激波称为爆震波。

1)爆震波的结构[7]

Chapman 和 Jouguet 分别于 1889 年和 1905 年对爆震波提出了一个简单的理论模型,即 Chapman – Jouguet(C – J)理论。他们假设爆震波是一个带化学反应的一维强间断面,在强间断面上化学反应是瞬时完成的,不考虑黏性和热传导。应用 C – J 理论可以计算爆震波特性,而不必考虑详细的化学反应和爆震波结构。

C – J 理论把化学反应区假设为一个强间断面,认为反应区厚度为零,这与实际情况有一定的差别,因此有必要对爆震波内部结构进行深入的研究。20 世纪 40 年代,Zeldovich、von Neumann 和 Doring 各自建立爆震波内部结构的模型,称为 ZND 模型。该模型假定爆震波由一个以爆震波速度运动的激波和跟在后面厚度比激波厚得多的化学反应区组成,如图 2 – 9 所示。激波把反应物预热到很高的温度,因而反应区中化学反应速率很高,反应区可以与激波有相同的传播速度。由于激波很薄,一般只有几个气体分子自由程的量级,因此可以假定激波内化学反应速率很低,爆震波内绝大部分的释热是在激波后反应区释放的。

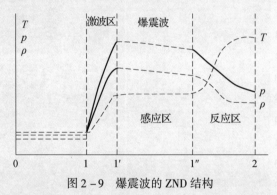

图 2 – 9 爆震波的 ZND 结构

实际上爆震波具有复杂的三维非定常结构。早在 1926 年,Campell 和 Woodhead 就证明了爆震波的多维结构的存在。此后,Strechlow 在实验中发现,爆震波不仅具有多维结构,而且在管壁上留下规则的图案。这些图案称为爆震波的胞格结构,如图 2 – 10 所示。多维爆震波的结构特征是存在一个非平面的前导激波,这个前导激波由许多向来流方向凸起的弯曲激波组成。弯曲激波面以很高的速度向各个方向传播,当两个前凸激波相交时,为了保持平衡,在相交线上必然产生第三个激波,并伸向处于反应状态的气流中,形状类似鱼鳞。

图 2 – 10 爆震波的胞格结构

2)爆震波的控制方程组

与正激波一样,在静止坐标系中爆震波的传播是非定常流动过程。为了使用定常的方法进行研究,需要建立运动坐标系,即在流场中叠加一个与爆震波传播速度大小相等、方向相反的坐标系,如图 2-11 所示。此时爆震波静止,波前波后均为定常流动,波前速度 v_1 为燃烧波的传播速度。选取爆震波为控制体,可以建立爆震波的控制方程组[8]。

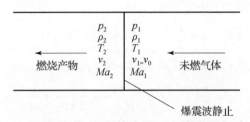

图 2-11 相对坐标系中的爆震波

(1)连续方程。与正激波一样,对于一维定常流动,质量流率 G:

$$G = \rho_1 v_1 = \rho_2 v_2 = 常数 \tag{2-59}$$

(2)动量方程。爆震波的受力和动量变化情况与正激波相同,故动量方程也与正激波相同,即

$$p_1 + \rho_1 v_1^2 = p_2 + \rho_2 v_2^2 = 常数 \tag{2-60}$$

(3)能量方程。与正激波不同,穿过爆震波以后,由于燃烧反应释放的燃烧气体能使气体的焓增加,故能量方程与简单换热管流的能量方程相同,即

$$h_1 + \frac{v_1^2}{2} + q = h_2 + \frac{v_2^2}{2} \tag{2-61}$$

式中:h_1、h_2 分别为在两个不同状态下的焓。

(4)理想气体状态方程。

$$pv = RT \text{ 或 } p = \rho RT \tag{2-62}$$

在式(2-59)~式(2-61)中,下标 1 表示波前参数,下标 2 表示波后参数。在由连续方程、动量方程和能量方程组成的控制方程组中,共有 p_2、h_2(或 T_2,$h_2 = c_p T_2$)、ρ_2、v_1 和 v_2 五个未知数。在正激波中,v_1 为激波传播速度,等于来流速度,是已知的;而在爆震波问题中,波前速度 v_1 即爆震波传播速度是未知的,需要求解。因此,补充理想气体热状态方程(2-62)以后,控制方程组仍只有 4 个方程,爆震波问题不能得到唯一解。

3)爆震波的基本方程

通过控制方程组的变换可以得到雨贡纽(Hugoniot)方程和瑞利(Rayleigh)方程[9],它们是分析爆震波变化规律的基本方程。

(1) 雨贡纽方程。根据连续方程(2-59)，有

$$v_1 + v_2 = \left(1 + \frac{v_2}{v_1}\right)v_1 = \left(1 + \frac{\rho_1}{\rho_2}\right)v_1 \quad (2-63)$$

将连续方程(2-59)代入动量方程(2-60)，得

$$v_1 - v_2 = \frac{p_2 - p_1}{\rho_1 v_1} \quad (2-64)$$

能量方程(2-61)可以改写成：

$$h_2 - h_1 - q = \frac{1}{2}(v_1^2 - v_2^2) = \frac{1}{2}(v_1 + v_2)(v_1 - v_2) \quad (2-65)$$

将式(2-63)、式(2-64)代入式(2-65)，得

$$h_2 - h_1 - q = \frac{1}{2}\left(1 + \frac{\rho_1}{\rho_2}\right)v_1 \frac{p_2 - p_1}{\rho_1 v_1} = \frac{1}{2}\left(\frac{1}{\rho_2} + \frac{1}{\rho_1}\right)(p_2 - p_1) \quad (2-66)$$

又根据理想气体量热状态方程式和比热关系，有

$$h_2 - h_1 = c_p(T_2 - T_1) = \frac{k}{k-1}\left(\frac{p_2}{\rho_2} - \frac{p_1}{\rho_1}\right) \quad (2-67)$$

将式(2-67)代入式(2-65)，可得

$$\frac{k}{k-1}\left(\frac{p_2}{\rho_2} - \frac{p_1}{\rho_1}\right) - \frac{1}{2}\left(\frac{1}{\rho_2} + \frac{1}{\rho_1}\right)(p_2 - p_1) = q \quad (2-68)$$

式(2-68)称为雨贡纽方程，它规定了在初始状态 p_1、ρ_1 以及燃烧能 q 给定的情况下，燃烧波后压强 p_2 和密度 ρ_2 应满足的关系。根据雨贡纽方程得到的波后压强 p_2 随波后密度的倒数 $1/\rho_2$ 变化的曲线称为雨贡纽曲线，简称 H 线，它是可允许的燃烧波后燃烧产物最终状态的轨迹，如图2-12所示。可以看出，给定初始状态 p_1、ρ_1 即曲线上初始点1时，不同燃烧能 q 对应的 H 线不同，并且随着燃烧能 q 的增加，H 线沿该图中所示方向向上移动。当 $q=0$ 时，即绝热时，H 线实际上就是正激波的 H 线。对于正激波而言，初始点1下方的那段 H 线上的状态对应着压强和密度均减小的情况，即膨胀激波，由于它违反了热力学第二定律而不可能实现。但燃烧波是非绝热的，不存在这种限制。

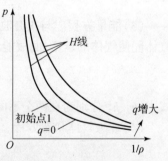

图2-12 雨贡纽曲线

(2) 瑞利方程。联立连续方程(2-59)和动量方程(2-60)，可得

$$p_2 - p_1 = -G^2\left(\frac{1}{\rho_2} - \frac{1}{\rho_1}\right) \quad (2-69)$$

这就是瑞利方程,它也是在给定初始状态 p_1、ρ_1 的情况下,燃烧波后压强 p_2 和密度 ρ_2 所必须满足的关系。由瑞利方程可知,燃烧波后的压强 p_2 与密度的倒数 $1/\rho_2$ 呈线性变化。根据瑞利方程画出的波后压强随密度倒数变化的曲线称为瑞利曲线,简称 R 线,如图 2-13 所示。瑞利曲线的斜率($-G^2$)恒为负,若以 α 表示 R 线与 $1/\rho_2$ 轴的夹角,则斜率为

$$\tan\alpha = \frac{\mathrm{d}p}{\mathrm{d}\left(\frac{1}{\rho}\right)} = -G^2 = -\rho^2 v^2 \tag{2-70}$$

所以,α 必大于 $\pi/2$。

综上所述,燃烧波后的参数必须同时满足雨贡纽方程和瑞利方程,即燃烧波后的流动状态 2 是 H 线和 R 线的交点,如图 2-14 所示。

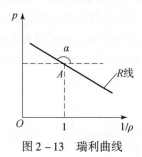

图 2-13 瑞利曲线

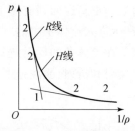

图 2-14 H 线、R 线及交点

2.4 激波与火焰相互作用理论

常见的燃烧不稳定性主要有两种:一种是密度界面上由于重力或惯性力等质量力的作用形成的瑞利-泰勒(Rayleigh-Taylor,R-T)不稳定性。其中,激波和密度界面相互作用形成的 Richtmyer-Meshkov(R-M)不稳定性属于 R-T 不稳定性。R-M 不稳定性在激波火焰相互作用中起很重要的作用。另一种是界面间由于存在切向速度差而产生的 Kelvin-Helmholtz(K-H)不稳定性。它在激波火焰相互作用的过程中很少形成,对火焰失稳以及发展过程影响比较小。下面就讨论这两种不稳定性产生原理,着重讨论对激波火焰相互作用过程起到主要作用的 R-M 不稳定性。

1. R-M 不稳定性对界面的影响

20 世纪 60 年代,Richtmyer 用线性化的欧拉方程数值模拟了交界面的运动,在研究中发现,当激波扫过密度界面后,界面上的小扰动会随着时间的延长而增长。随后在 1969 年 Meshkov 对 Richtmyer 的理论进行了实验研究,证实了确实

存在这种现象,因此这种现象称为 Richtmyer – Meshkov 不稳定性现象,简称 R – M 不稳定性。这种现象在自然界和工程实践中经常遇到,自被发现至今一直是激波动力学中非常重要的研究领域。这种激波与界面的相互作用过程对于研究超声速冲压发动机(scramjet)中燃料与空气的混合、激光驱动的惯性约束热核聚变具有重要意义[10]。

对于平面密度界面的 R – M 不稳定性问题,业内学者研究得比较多,而对于柱形和球形界面研究得相对较少,柱形和球形的截面均为圆形,因此激波与柱形或者球形界面发生作用后,折射、反射等较平面的情形复杂很多。图(2 – 15)就是在二维情况下激波与圆形界面(柱形和球形界面的截面)的作用示意图。

如图 2 – 15 所示,在流体 I 中传播的入射激波与 II 界面相遇,产生进入流体 II 的折射波和重新返回到流体 I 中的反射波,柱内的折射波在界面上再次反射和折射,产生进入流体 I 中的二次折射波(通常也称透射波)和返回到流体 II 中的反射波。在流体 II 的反射波又在界面上形成折射和反射,需要指出的是,界面上的每次反射和折射,激波强度都会有所减小。

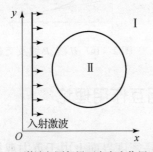
(a) 激波与圆形界面未发生作用

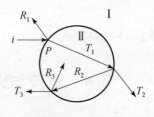
(b) 激波在圆形界面P点处作用情况

i—入射激波;R_1、R_2、R_3—第 1、2、3 次的反射激波;
T_1、T_2、T_3—第 1、2、3 次的折射激波;I 和 II—两种不同密度的流体介质。

图 2 – 15 激波与圆形界面作用示意图

下面对 R – M 不稳定性产生的原理和具体发展过程展开分析,无黏流体的涡量方程为

$$\frac{\mathrm{d}\Omega}{\mathrm{d}t} - (\Omega \cdot \nabla)v + \Omega(\nabla \cdot v) = -\nabla \times \left(\frac{1}{\rho}\nabla p\right) \quad (2-71)$$

式中:Ω 为涡量;v 为速度;p 为压力;ρ 为密度;∇ 为向量微分算子;$\nabla \times \left(\frac{1}{\rho}\nabla p\right)$ 为涡量方程式的源项,一般称为斜压项。这是因为当压力梯度与密度梯度不平行时,也就是说压力梯度与密度梯度有夹角,那么涡量方程的源项不为零。只要斜

压项存在就会产生涡量[11]。图 2-16 给出了由正负涡量沉积引起的典型蘑菇状变形。

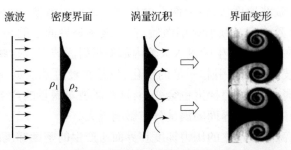

图 2-16　R-M 不稳定性中的涡量沉积和界面变形

火焰界面的稳定性受到众多因素的影响,如化学反应、气体黏性等。这里只讨论 R-M 不稳定性在惰性低密球中的作用,而火焰的物理特性是密度小,火焰本身就是一个高温低密度的气团。如图 2-15(a)所示,当正激波水平向扫过圆形的火焰面时,由于激波的压缩作用,将产生平行于 x 轴且沿 x 轴正方向的压力梯度,在圆形的火焰界面上则会产生沿作用点的法线方向指向圆心的密度梯度,在火焰迎着激波方向的半圆的每个作用点上(激波与火焰的切点除外),激波产生的压力梯度和火焰面上的密度梯度都不平行,因此由于斜压项的存在产生涡量。由于火焰面内气体的密度小于其周围气体的密度,因此激波在火焰内部的传播速度快,在激波扫过后,球内气体的速度会大于其周围气体的速度,这样在 x 轴方向平行的对称轴线(后统称对称轴)的边界上将产生逆时针方向旋转的正涡量,而在其下的界面上会产生顺时针方向的负涡量。

由斜压项表达式 $\nabla \times \left(\dfrac{1}{\rho}\nabla p\right)$ 可知,压力梯度和密度梯度之间的夹角决定了斜压项和涡量的大小。当激波刚开始接触火焰面即激波与圆形火焰相切时,所有的反射、折射都在一条直线上,因此由激波产生的压力梯度与界面的密度梯度也在同一条直线上,二者的夹角为 0°或者 180°,斜压项为零,没有涡量产生。随着激波继续向火焰面推进,入射激波、折射激波和反射激波将不在同一条直线上,因此这些激波产生的压力梯度开始变得与界面的密度梯度不再平行,斜压项也开始增加,这将导致涡量的迅速增加,当激波到达火焰的子午面时,强度最大的入射激波产生的压力梯度与界面密度梯度呈 90°夹角,斜压项达到最大,涡量也最大。此后入射激波逐渐脱离界面,压力梯度与密度梯度再次回到平行状态,夹角逐渐变小,斜压项变小,涡量也几乎为零。

对于导致 R-M 不稳定性的因素,其实也是导致涡量产生的因素,入射激波的作用非常重要。入射激波的强度是压力梯度大小的决定因素。同时折射激波和在火焰内部的第二次反射激波也对涡量的产生发挥很重要的作用:在入射激波没有完全穿过圆形火焰面时,入射激波和折射激波都产生涡量,并且由于火焰内部的密度低,激波速度快,折射激波会形成二次反射激波,这些都对涡量产生起作用;在入射激波穿过圆形火焰面后,将不能影响界面上的涡量大小和分布,但是入射激波在界面上产生的进入火焰内部的折射激波以及这些折射激波再次产生的反射激波都将直接引起涡量的变化,只是在经过几次的反射折射后激波强度会迅速减弱,由此压力梯度也会变小,这些激波对涡量的产生和分布影响不大,但是涡本身的自旋对界面的涡量分布影响很大。

总体上说,激波所产生的压力梯度和界面所产生的密度梯度的不一致,即斜压效应的存在,导致了涡量的产生,甚至界面变形失稳,即产生 R-M 不稳定性,而且 R-M 不稳定性是激波诱导火焰失稳的最主要的影响因素。

2. K-H 不稳定性和 R-T 不稳定性对界面的综合影响

K-H 不稳定性是由界面间的切向速度差引起的。两种流体介质(或在一种介质内部)之间的滑移面上将出现一系列狭窄的尖桩形和一些圆顶形气泡渗入另一侧流体中。如果在向下的重力场里,一种重流体悬在一种轻流体的上面,任何界面的不规则性都会使振幅增加,上面的流体会以一系列狭窄的尖桩形贯穿到下面的流体中,而下面的流体会浮起一些圆顶形气泡到上面的流体中,这就是 R-T 不稳定性。如果没有反作用的过程,任何微小的不规则性就要扩大,以致混起来。通常情形下 K-H 不稳定性不会单独出现,而是伴随 R-T 不稳定性同时发生。并且 K-H 不稳定通常会加强 R-T 不稳定。下面将从分析两层具有不同的切向速度的流体开始,分析 K-H 不稳定性和 R-T 不稳定性对界面的综合影响。

如图 2-17 所示,x 轴为两层流体的分界面,上下两层流体密度分别为 ρ_1、ρ_2,上层流体相对于下层流体以速度 $u_x = u_p$ 向右运动。

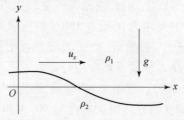

图 2-17 重力场 K-H 不稳定性和 R-T 不稳定性示意图

二维流动的质量守恒方程为

$$\frac{\partial u_x}{\partial x} + \frac{\partial u_y}{\partial y} = 0 \tag{2-72}$$

对于上层流体,整体是向右运动的,所以这必须有一个向右的输送分量,将式(2-72)写成:

$$\begin{cases} \rho\dfrac{\partial u_x}{\partial t}+\rho u_p\dfrac{\partial u_x}{\partial x}+\dfrac{\partial p}{\partial x}=0 \\ \rho\dfrac{\partial u_y}{\partial t}+\rho u_p\dfrac{\partial u_y}{\partial x}+\dfrac{\partial p}{\partial x}-\rho g=0 \end{cases} \quad (2-73)$$

式中:u_x、u_y 分别为上层流体在 x、y 方向上的速度分量,g 为重力加速度,$\rho=\rho_1$,方便起见省略下标。

因此式(2-73)中有未知数 u_x、u_y、p,还有 3 个未知量,但只有 3 个方程,无法闭合求解。设势函数为 φ,得

$$\begin{cases} u_x = -\dfrac{\partial \varphi}{\partial x} \\ u_y = -\dfrac{\partial \varphi}{\partial y} \end{cases} \quad (2-74)$$

$$\dfrac{\partial^2 \varphi}{\partial x^2}+\dfrac{\partial^2 \varphi}{\partial y^2}=0 \quad (2-75)$$

代换式(2-73)变为

$$\begin{cases} p_1 = p_{01}+\rho_1\left(gy+\dfrac{\partial \varphi_1}{\partial t}+u p\dfrac{\partial \varphi_1}{\partial x}\right) \\ p_2 = p_{02}+\rho_2\left(gy+\dfrac{\partial \varphi_2}{\partial t}\right) \end{cases} \quad (2-76)$$

设具有水平分界面双流体的界面方程为

$$y = y_0 e^{\omega t - ikx} \quad (2-77)$$

式中:y 为界面的位置;y_0 为初始界面的位置振幅;ω 为角频率,表示界面扰动的频率。

对势函数取适当边界条件,设

$$\begin{cases} \varphi_1 = \alpha y_0 e^{-ky+\omega t-ikx}-u_p x \\ \varphi_2 = \beta y_0 e^{ky+\omega t-ikx} \end{cases} \quad (2-78)$$

式中:α、β、ω 为待定系数;k 为界面扰动的波数。另外,加入两个同样的界面条件和一个垂直速度经过界面的连续条件。因此,对于上层流体:

$$u_y(y=0) = \left(\dfrac{\partial y}{\partial t}+u_p\dfrac{\partial y}{\partial x}\right)_{y=0} \quad (2-79)$$

式中:$u_p = u_x - u_y$ 为上下层流体的切向速度差。

对于下层流体:

$$u_y(y=0) = \left(\frac{\partial y}{\partial t}\right)_{y=0} \qquad (2-80)$$

将式(2-75)和式(2-76)代入式(2-77)和式(2-78)求得 α 和 β：

$$\begin{cases} \alpha = \dfrac{\omega}{k} - iu_p \\ \beta = -\dfrac{\omega}{k} \end{cases} \qquad (2-81)$$

而压力连续条件要求，在完全平衡时，有

$$p_{01} - \rho_1 u_p^2 = p_{02} \qquad (2-82)$$

在低振幅扰动时，由式(2-76)可以得出：

$$\rho_1(g + \alpha\omega - iku_p\alpha) = \rho_2(g + \beta\omega) \qquad (2-83)$$

将式(2-81)代入式(2-83)，得

$$\omega = \frac{iku_p\rho_1}{\rho_1 + \rho_2} \pm k\sqrt{\frac{g}{k}\frac{\rho_1 - \rho_2}{\rho_1 + \rho_2} + \frac{u_p^2 \rho_1 \rho_2}{(\rho_1 + \rho_2)^2}} \qquad (2-84)$$

ω 是一个复数，前半部是虚部，后半部是实部，且是正实部。虚部表示角度，可以表征幅度的震动，而正实部会使得扰动变为不稳定。下面讨论根式内部表达式的符号问题：当 $u_p = 0$ 时，根号内的第二项为零，此时的表达式为 R-T 不稳定性的情况；当 $\rho_1 > \rho_2$ 时，界面是不稳定的；当 $g = 0$，不考虑重力时，根号内仅剩下第二项且恒为正。因此只要 $u_p \neq 0$，ω 就有正实部，这就是 K-H 不稳定性。只要沿交界面有切向速度差，该界面就一定具有 K-H 不稳定性。

由式(2-84)还可以得出：如果 $\rho_1 > \rho_2$，ω 正实部中的第一项大于零，也会使界面失稳，这是 R-T 不稳定。如果存在切向速度差，ω 正实部中根号内的第二项增大，这就意味着 K-H 不稳定增强了 R-T 不稳定性，也可以说出现了 R-T 不稳定性与 K-H 不稳定性的综合不稳定性。如果 $\rho_1 < \rho_2$，根号内的第一项为负值，这时又没有切向的速度差，则只产生表面波动。因此在有切向流时，表面波现象减弱了 K-H 不稳定性，甚至可以使之消失。由实部变零的条件可以出到 u_p 的极限值 U_c：

$$U_c = \sqrt{\frac{(\rho_1 + \rho_2)(\rho_2 - \rho_1)}{\rho_1 \rho_2} \cdot \frac{g}{k}} \qquad (2-85)$$

只要 $u_p > U_c$，就会出现不稳定现象。若忽略重力影响，则 $U_c = 0$，所以只要有切向速度差，密度界面就会产生 Helmholtz 不稳定性。

3. 界面不稳定发展的几个阶段

前面分别讨论了 R-M 不稳定性、K-H 不稳定性、R-T 不稳定性以及 H-T(Helmholtz-Taylor)不稳定性对密度界面的影响，下面将对不稳定性发展的几个特征阶段做一些描述。Taylor 和 Lewis[12]的研究明确给出了 R-T 不稳定性发展的前三个阶段,即线性阶段、变形阶段和定常阶段。不久后 Birkhoff[13]根据分析和理论及数值研究将路易斯(Lewis)定义的三个阶段扩充至五个,如图 2-18 所示,具体划分如下。

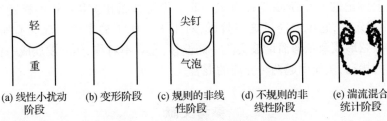

(a) 线性小扰动阶段　(b) 变形阶段　(c) 规则的非线性阶段　(d) 不规则的非线性阶段　(e) 湍流混合统计阶段

图 2-18　RM 不稳定性发展过程

(1) 线性小扰动阶段。在这个阶段中,扰动的变化完全符合线性化理论,界面扰动呈指数级发展。原来的简谐波形的扰动维持其原有性质,扰动波幅不超过 0.4λ,λ 是扰动波长,下同。

(2) 变形阶段。在这个阶段中,扰动幅度的范围在 0.4λ 到 0.8λ。对于上面是重流体面且重力加速度向下的情况,即简单泰勒模型,原先上下几乎相同,都是谐波形状的界面扰动,发展到这个阶段,逐渐变为上钝下尖的结构。上钝扰动发展成类似"气泡"的形状,下尖的扰动发展成"尖钉"的形状。非线性的存在使得界面扰动产生这种变形。在原来谐波扰动的基础上,激发出高阶谐波,并和前期谐波相互作用,因此原来的简谐波变成了气泡和尖钉。已经有很多解析理论描述了这个阶段的变形情况。

(3) 规则的非线性阶段。在这个阶段,扰动幅度从 0.4λ 到 0.8λ 之间开始。上钝的气泡和下尖的尖钉的幅度和原始扰动与原始波长相当时,扰动发展速度趋近常数,即

$$U = C\sqrt{gR} \tag{2-86}$$

式中:R 为气泡半径;C 为常数。尖钉以定常速度下降。

(4) 不规则的非线性阶段。路易斯曾经认为规则的非线性阶段就是最后阶段,其实是因为表面张力起的作用显著,表面张力可以使尖钉维持形状;而且在他的实验中,一层是流体,另一层是空气,两种流体间几乎没有切向速度差,所以 K-H 不稳定性的影响很小。而且他研究的是单一谐波。实际过程是,当尖钉穿入轻介质时,在尖钉表面附近,两层流体的表面速度不相等,存在切向的速度差,所以肯定存在 K-H 不稳定性。尖钉头部会出现典型的翻滚形状,即在尖钉头部翻滚,形成蘑菇形状。

(5)湍流混合统计阶段。在此阶段,由于交界面扭曲,两种流体中部分微小液滴相互渗透,最后出现湍流,两种流体在界面附近相互渗透、相互混合得更加剧烈。激发短波,使气泡之间相互吞噬,原始界面扰动的特征波长不再是衡量标准,两种流体混合的宽度和原始特征波长无关。

以上讨论的五个阶段是针对 R-T 不稳定性给出。R-M 不稳定性属于R-T 不稳定性,它也会经过这些阶段,对于 K-H 不稳定性情况会有所不同。简单的正弦形或余弦形简谐波会向一侧偏移,左右不对称,然后发展成一侧翻滚波浪形的扰动,从而引起两种介质的混合。

参考文献

[1] ANDERSON J D. Fundamentals of Aerodynamics(in SI Units)[Z].2011.

[2] 钱翼稷.空气动力学[M].北京:北京航空航天大学出版社,2004.

[3] 孔珑.可压缩流体动力学[M].北京:水利电力出版社,1991.

[4] 陈强.激波管流动理论和实验技术[Z].1976.

[5] LEE J H S. The Detonation Phnomena[M]. New York:Cambridge University Press,2008.

[6] XIAO H,HOUIM R W,ORAN E S. Formation and evolution of distorted tulip flames[J]. Combustion and Flame,2015,162(11):4084-4101.

[7] 严传俊,范玮.脉冲爆震发动机原理及关键技术[M].西安:西北工业大学出版社,2005.

[8] 王保国,刘淑艳,黄伟光.气体动力学[M].北京:北京理工大学出版社,2005.

[9] 武晓松.固体火箭发动机气体动力学[M].北京:国防工业出版社,2005.

[10] 施红辉,卓启威. Richtmyer-Meshkov 不稳定性流体混合区发展的实验研究[J].力学学报,2007,29(3):417-421.

[11] 张鸣远,景思睿,李国君.高等工程流体力学[M].西安:西安交通大学出版社,2006.

[12] LEWIS D J. Taylor Instability of Liquid Surfaces When Accelerated in a Direction Perpendicular to Their Planes Ⅱ[J]. Proceedings of the Royal Society of London,1950,A202(1068):81-98.

[13] BIRKHOFF G. Helmholtz and Taylor Instability[M]//Birkhoff G,Bellman R,Lin C C ed. Hydrodynamic Instability. New York:Am. Math. Soc. ,1962.

第3章 推进系统波转子结构特征及工作原理

在前两章已经介绍了波转子的基本概念、发展历史和典型结构,本章将进一步介绍波转子的工作原理。

3.1 内燃波转子结构特征

内燃波转子大体上由进气端口、驱动轴、波转子、点火器等结构组成,如图3-1所示。在进行内燃波转子分析时,为了方便展示,通常采用"中径面展开图"的形式,即将波转子及相关端口,沿波转子通道中径面展开成二维平面,波转子的转动等效成二维平面内的平移运动。

图3-1 内燃波转子结构

波转子作为组织燃烧场所,外形呈圆柱形鼓筒状,由筒、外筒和叶片组成,叶片将环形空间分割成一系列独立、均匀的波转子通道。叶片可以分为直叶片和曲叶片两种[1],如图3-2所示。其中,直叶片波转子结构简单,制造成本低。曲叶片波转子制造成本略高,但由于曲叶片受到来流的气动力产生扭矩,输出额外的轴功,提高能量利用率。额外输出的轴功可为其他动力装置提供动力,如燃气涡轮发动机中的风扇或压缩机,从而减小涡轮机的尺寸。曲叶片的弯曲角度应当适中,一般不超过30°。

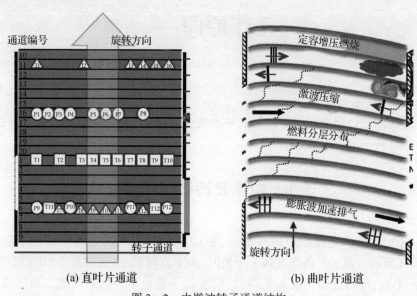

图3-2 内燃波转子通道结构

上述波转子输出额外轴功的原理是来流与波转子叶片呈一定夹角,利用来流速度周向分量产生气动力,推动波转子旋转。除了利用上述弯曲通道,还可以改进内燃波转子的进气端口来实现这一原理。图3-3所示为几种常用内燃波转子进气端口结构。其中图3-3(a)为常规进气端口形式,气流方向与波转子通道平行,波转子由驱动电机或涡轮轴驱动,无额外轴功输出。这种进气端口适用于地面实验研究,此时通过控制驱动电机实现波转子转速的定量控制。图3-3(b)进气端口壁面与波转子通道轴向呈一定角度,倾斜壁面引导气流转向,其周向分量作用于波转子通道叶片产生驱动力。该种结构端口壁面倾斜角度不能太大,否则容易造成流动分离增大流动损失,同时倾角过大也不利于同压气机出口匹配。这就导致该种结构导流效果有限,如图3-3(b)中标出区域不能有效导流。为了解决这一问题,图3-3(c)在常规进气端口内,另外布置了一系列导流叶片,有效强化了导流效果。

第3章 推进系统波转子结构特征及工作原理

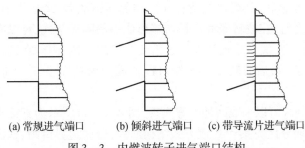

(a) 常规进气端口　　(b) 倾斜进气端口　　(c) 带导流片进气端口

图 3-3　内燃波转子进气端口结构

内燃波转子进气端口除了进行导流以及匹配压气机出口以外,燃料填充与掺混通常也在该区域进行,其内部流通的大部分介质为可燃混气,结合内燃波转子工作原理,为了避免回火以及热自燃,对进气端口分区是十分必要的。

如图 3-4 所示,内燃波转子通道内可燃混气点火燃烧后形成高温燃气,当波转子通道旋转到排气端口时,在波转子通道右端产生一束左行膨胀波,高温高压燃气排出,然而在进气端口打开初期,波转子通道内依然残余低压高温燃气,如不加处理,此时高温燃气有可能点燃进气端口内的可燃混气,造成回火。因此在进气端口打开初期,通常在进气端口内分出一段纯净空气区域,用于扫除波转子通道内残余高温气体。此外,由于波转子和密封端盖之间存在泄漏间隙,波转

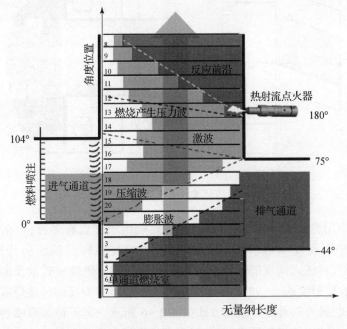

图 3-4　内燃波转子工作过程及进气端口分区

子通道内混气点燃后,高温燃气还存在向相邻通道泄漏,造成提前点火的风险,排气端口关闭之后,在波转子通道最右端形成一段隔离空气,可以有效避免提前点火的风险。同理,波转子通道左端也需要一段隔离段,因此在进气端口内设置纯净空气区域3。最后波转子进气端口设置成两侧纯净空气、中间混气段的布局方式。

进气端口分区可以采取两种方案实现,图3-5(a)所示为直接在进气端口内设置隔板的物理分区方案[2]。该方式结构简单,分区边界清晰,缺点是分区范围单一不可调与发动机整体工作工况匹配性差。图3-5(b)为结合分布式燃料喷注方案的气动分区方案[3],在进气端口内,燃料通过一系列可以单独控制的离散喷嘴加入,某一区域喷嘴关闭的时候,该区域流动的则为纯净空气,尽管该方案分区界限不明确,但灵活的供油喷嘴组合,可以任意改变隔离空气区域的大小和位置,最大限度提高来流利用率,可以很好地与发动机工况匹配,具有良好的工程适用性。而物理分区方案适用于试验阶段进气分区规律。

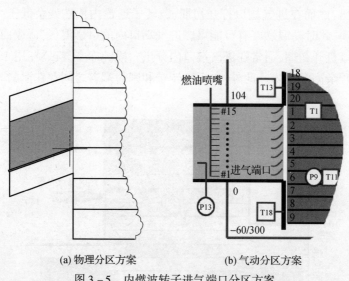

(a) 物理分区方案   (b) 气动分区方案

图3-5 内燃波转子进气端口分区方案

根据应用背景的不同,内燃波转子的燃烧组织方式有多种,包括传统的正向传播脉冲爆震发动机(PDE)燃烧模式、出口安装阀门的正向传播PDE模式、通过燃气再注入实现能量分配的等容燃烧(CVC)燃烧模式及反向传播爆震驱动的激波反射模式[4],如图3-6所示。上述给出的为反向传播爆震驱动的激波反射模式,另外三种燃烧组织方式如图3-6所示。但不论采取哪种燃烧组织方式,其基本结构组成都是相同的,只有部件布局和形状上的差异。

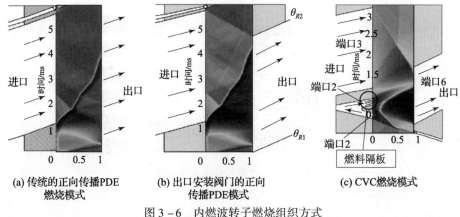

(a) 传统的正向传播PDE燃烧模式 (b) 出口安装阀门的正向传播PDE模式 (c) CVC燃烧模式

图 3-6 内燃波转子燃烧组织方式

3.2 内燃波转子工作原理

接下来介绍内燃波转子的工作过程及其原理,图 3-7 将波转子沿通道中径面展开,并追踪其中一个通道的物理过程,图 3-8 列出了内燃波转子的工作时序。可以看出,内燃波转子工作过程分为以下几个阶段:

阶段Ⅰ:在填充结束后,通道两端封闭,此时通道右端为可燃混气,左端为纯净空气,左端纯净空气作为隔离气,可以有效避免回火;

阶段Ⅱ:随后,通道内的可燃混气被位于出口端的点火装置点燃,形成向左传播的火焰,火焰锋面之后的压力和温度迅速升高,定容燃烧发生在该过程,通道内会发生激波与火焰的相互作用过程;

阶段Ⅲ:燃烧完成后,出口端口打开,产生一系列膨胀波促使高温燃气排出,此为内燃波转子的膨胀过程;

阶段Ⅳ:通道内的高温燃气充分膨胀后,进气端口打开,重新填充混气,混气充填包括燃料/空气可燃混气和新鲜空气,新鲜空气的充填主要是用来隔离燃料/空气可燃混气和燃烧后的高温燃气,避免热自燃,从工作时序图可以看出,进气过程和排气过程存在重叠部分,这需要精准控制端口角度和位置;

阶段Ⅴ:由于出口突然关闭,会形成一道向左传播的压缩波,对通道内的气体进行预压缩,此为内燃波转子的预压缩过程;

阶段Ⅵ:当预压缩波传播到左端时,进口端口关闭,填充过程结束,开始进入新的循环。

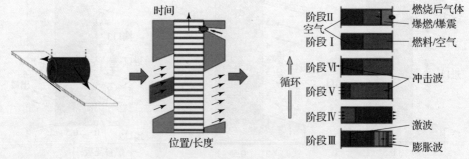

图 3-7 内燃波转子工作原理

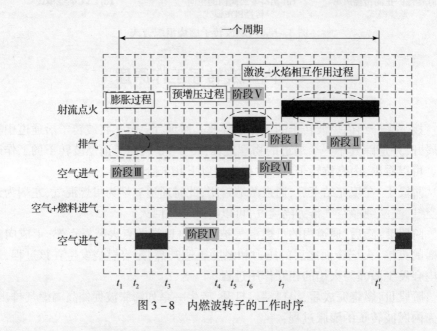

图 3-8 内燃波转子的工作时序

3.3 外燃波转子结构特征

以四端口通流波转子为例,介绍外燃波转子结构特征及工作原理。四端口通流波转子主要结构包括 1 个转子鼓筒和转子两端的 2 个静子盘,如图 3-9 所示。波转子有 4 个端口,分别与燃气涡轮发动机的压气机出口、燃烧室进口、出口、涡轮进口连通。经过压气机初步增压的低压空气(LPA)在波转子中进一步压缩,成为高压空气(HPA)之后再排入燃烧室;而燃烧室排出的高温高压燃气(HPG)也先经过波转子的初步膨胀,成为低压燃气(LPG),然后才排入涡轮。如此,波转子即可为燃气涡轮发动机提供额外的增压,并且使燃烧室出口温度高于涡轮进口温度。

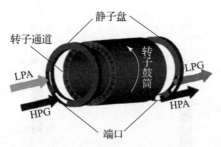

图 3-9 四端口通流波转子结构[5]

图 3-10 给出了典型四端口波转子发动机的工作循环空间-时间关系图,将三维波转子旋转工作过程简化为二维通道在平面上的匀速平移过程,波转子通道内部工作过程通过跟踪压力波和接触面的迹线来描述,波转子内波系的示意图类似于传统涡轮或压气机的速度图,可以呈现波转子通道内压力波的运动过程,为相关设计参数提供依据,如端口打开和关闭时间,以及端口布置。转子通道的行程是周期性的,图 3-10 给出的是波转子单个工作循环的过程,顶部和底部通道内热力状态相同,过程从底部开始,此时通道两端都是关闭的,通道内部存在低压低温流动,对于通流波转子,通道内充满的是燃气,而回流波转子内大量的热燃气和被接触面分开的缓冲气,随着通道向上平移逐渐打开接近低压排气端口,在 t_a 时刻,低压排气端口下边缘产生了膨胀波扇区,膨胀波传入通道并向上游传播,燃气排向涡轮,膨胀波遇到左端壁面反射回来进一步降低通道内总压和总温;在 t_c 时刻低压进气端口打开时,来自压气机的新鲜空气进入波转子通道,当反射膨胀波到达低压排气端口上边缘时,它减慢了出流速度并转变为压缩波反射回波转子通道;在 t_b 时刻,低压排气端口关闭并中断通道内流动,压缩波叠加形成单一激波并向上游传播,当激波到达低压进气端口上边缘时,低压进气端口逐渐关闭;到 t_d 时刻全关闭时,波转子通道内流体相对波转子是静止的,到这里已经完成了低压循环过程(也称扫气过程),它的功能是驱使高温高压燃气进入涡轮膨胀做功、清除波转子通道内的燃气和吸入来自压气机的新鲜空气。

波转子通道继续向上平移,在 t_e 时刻,通道到达高压进气端口时,高温高压燃气(驱动气体)进入通道,此时已燃气的压力高于通道内压力(被驱动空气),于是从高压进气端口下边缘开始触发形成激波,激波沿着通道迅速传播并引起通道内压力突然升高;在 t_g 时刻,激波到达通道的末端,高压排气端口逐渐打开,此时在高压气出口的下边缘发生了激波反射,反射激波弥补了燃烧室的流动损

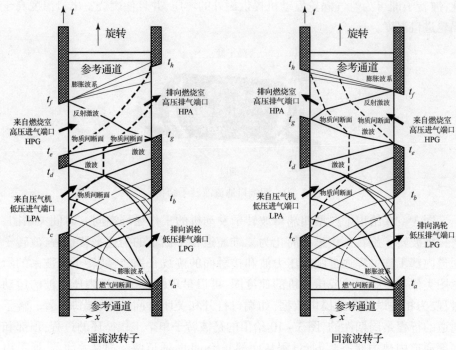

图3-10 四端口波转子发动机的工作循环空间-时间关系图

失,反射激波后的流体经过双重压缩后离开波转子排向燃烧室,对于通流波转子,流入燃烧室的是纯空气和再循环燃气的混合气,再循环率达到30%~50%[6],而回流波转子仅有纯空气;在t_f时刻,反射激波刚好到达波转子通道最左端,同时高压进气端口恰好关闭,这是最理想的设计状态,此时,膨胀波扇区在高压进气端口上边缘产生并向下游传播,促使通道内流体减速;在t_h时刻,膨胀波到达通道最右端,高压排气端口关闭,此时通道内流体速度为零,接近达到最大峰值压力和温度,然后准备进入低压循环扫气过程,至此,完成了高压循环过程(也称填充过程),它的功能是在通道进行能量交换,实现波转子的增压。

3.4 外燃波转子工作原理

外燃波转子工作原理是:来自压气机的压缩空气进入波转子,在波转子通道内进一步受到压缩,经过压缩后进入燃烧室。这样,燃烧的压力和温度将比基准发动机的高。热燃气离开燃烧室进入波转子并对来自压气机的空气进行压缩。热燃气将能量转移到来自压气机的空气中后,膨胀并进入后面的涡轮。当波转子旋转时,通道的两端定期地暴露在位于静止端板上的端口中,于是在波转子通道内产生了压缩波和膨胀波。波转子通道内的过程一般可通过波动图(空间-时间图)来表示,转子通道的旋转运动在图中用通道平移运动(一般向上)来描述,通过波和气体交界面的轨迹来表述转子内的气体运动情况,图 3-11 展示了典型的四端口通流与回流波转子的波动图复杂波系,波转子通过激波的压缩与膨胀波的膨胀实现能量交换,达到压气机出口气流在波转子内增压、涡轮进口气流在波转子内预膨胀的目的。

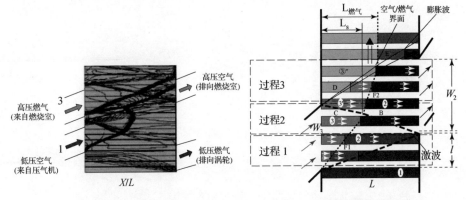

L_s—反射激波与空气/燃气界面交叉的位置;$L_{燃气}$—膨胀波与空气/燃气界面交叉的位置;
W_2—出口端口的宽度;W_3—进口端口的宽度;L—通道宽度;A—激波;B—反射激波;
C—反射激波;D—膨胀波;E—膨胀波;F_1—接触面;F_2—接触面;l—激波作用范围;
1—来自压气机空气;2—排向燃烧室空气;2′—在波转子被预压缩的空气;
3—来自燃烧室的空气;3′—来自燃烧室空气。

图 3-11 四端口外燃波转子工作原理

参考文献

[1] JAGANNATH R, BANE S P, FEYZ M E, et al. Assessment of Incidence Loss and Shaft Work Production for Wave Rotor Combustor with Non-axial Channels [C]. 55th AIAA Aerospace Sciences Meeting, Grapevine, 2017.

[2] PEKKAN K, NALIM M R. Two-Dimensional Flow and NO_x Emissions in Deflagrative Internal Combustion Wave Rotor Configurations [J]. Journal of Engineering for Gas Turbines and Power, 2003, 125(3):720-733.

[3] YU M, MEYER S, WIJEYAKULASURIYA S, et al. Experimental Investigation on the Wave Rotor Constant Volume Combustor [C]. 46th AIAA/ASME/SAE/ASEE Joint Propulsion Conference & Exhibit, Nashville, 2010.

[4] Snyder P H. Seal Technology Development for Advanced Component for Airbreathing Engines[R]. Glenn Research Center, 2008.

[5] IANCU F, ZHU X, TANG Y, et al. Design and fabrication of microchannel test rig for ultra-micro wave rotors[J]. Microsyst Technol, 2007, 14(1): 79-88.

[6] WELCH G E, JONES S M, PAXSON D E. Wave Rotor-Enhanced Gas Turbine Engines[J]. Journal of Engineering for Gas Turbines and Power, 1997, 119(2): 469-477.

第4章 波转子发动机热力循环及性能计算

波转子技术之所以能大幅提升推进系统的总体性能,是因为将波转子技术嵌入燃气涡轮发动机之后,改变了原有发动机的热力循环。其中:内燃波转子在基于等容燃烧的汉弗莱循环基础上,借助波转子增压功能,进一步提高了等容加热过程初始状态的压力,因而理论上可以获得更高的循环热效率;外燃波转子尽管依然采用等压加热循环,但由于波转子的增压效果,提升了燃烧过程初始状态的压力和温度,比传统发动机具有更高的循环热效率。

本章从理论上说明波转子发动机的热力循环优势,并选择基准发动机分别量化分析内燃波转子和外燃波转子发动机的性能改善。

4.1 内燃波转子发动机热力循环

传统燃气涡轮发动机采用布雷顿循环,理想布雷顿循环包括绝热压缩、定压加热、绝热膨胀以及定压放热四个过程。定容燃烧过程遵循汉弗莱循环,相较于布雷顿循环,理想汉弗莱循环将定压加热过程改为定容加热过程。由理想气体热力过程特点,在 $T-S$ 图上定压加热和定容加热过程曲线斜率分别为

定压加热:

$$\left(\frac{\partial T}{\partial s}\right)_p = \frac{T}{c_p} \tag{4-1}$$

定容加热:

$$\left(\frac{\partial T}{\partial s}\right)_V = \frac{T}{c_V} \tag{4-2}$$

式中: c_p、c_V 分别为理想气体的定压比热容和定容比热容,满足 $c_p = c_V + R_g$,R_g 为气体常数,很显然 $T-S$ 图上定容线(2-3)比定压线(2-3b)陡峭,在相同的涡轮进口温度($T_3 = T_{3b}$)限制下,定容加热过程熵增较小,因而整个循环热效率更高。内燃波转子循环在汉弗莱循环的基础上增加了通道内预增压过程和膨胀过程,有利于进一步提高循环热效率。三种热力循环的温熵图如图 4-1 所示,其中汉弗莱循环:1—2—3—4—1,布雷顿循环:1—2—3b—4b—1,内燃波转子循环:1—2—A—B—3—4—1。

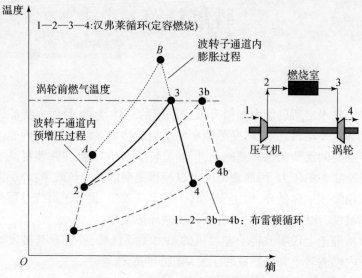

图 4-1 内燃波转子与传统燃气涡轮发动机热力循环的温熵图

对于传统燃气涡轮发动机理想布雷顿循环,循环中工质的吸热量为

$$q_1 = c_p(T_{3b} - T_2) \tag{4-3}$$

工质放出的热量为

$$q_2 = c_p(T_{4b} - T_1) \tag{4-4}$$

因此,循环的热效率为

$$\eta_t = 1 - \frac{q_2}{q_1} = 1 - \frac{c_p(T_{4b} - T_1)}{c_p(T_{3b} - T_2)} = 1 - \frac{T_1\left(\frac{T_{4b}}{T_1} - 1\right)}{T_2\left(\frac{T_{3b}}{T_2} - 1\right)} \tag{4-5}$$

对于等熵过程,有

$$\frac{T_2}{T_1} = \left(\frac{p_2}{p_1}\right)^{\frac{\kappa-1}{\kappa}}, \quad \frac{T_{3b}}{T_{4b}} = \left(\frac{p_{3b}}{p_{4b}}\right)^{\frac{\kappa-1}{\kappa}} \tag{4-6}$$

因为
$$p_2 = p_{3b}, \quad p_1 = p_{4b} \tag{4-7}$$
所以
$$\frac{T_2}{T_1} = \frac{T_{3b}}{T_{4b}} \quad \text{或} \quad \frac{T_{4b}}{T_1} = \frac{T_{3b}}{T_2} \tag{4-8}$$

令增压比 $p_2/p_1 = \pi$,则
$$\frac{T_2}{T_1} = \left(\frac{p_2}{p_1}\right)^{\frac{\kappa-1}{\kappa}} = \pi^{\frac{\kappa-1}{\kappa}} \tag{4-9}$$

所以,布雷顿循环的热效率为
$$\eta_t = 1 - \frac{T_1}{T_2} = 1 - \frac{1}{\pi^{\frac{\kappa-1}{\kappa}}} \tag{4-10}$$

在相同压气机压比和涡轮入口温度条件下,汉弗莱循环将定压加热过程改为定容加热过程。循环中工质的吸热量变为
$$q_1' = c_V(T_3 - T_2) \tag{4-11}$$

工质放出的热量为
$$q_2' = c_p(T_4 - T_1) \tag{4-12}$$

因此,循环的热效率为
$$\eta_t' = 1 - \frac{q_2'}{q_1'} = 1 - \frac{c_p(T_4 - T_1)}{c_V(T_3 - T_2)} = 1 - \kappa \frac{T_1\left(\frac{T_4}{T_1} - 1\right)}{T_2\left(\frac{T_3}{T_2} - 1\right)} \tag{4-13}$$

对于等熵过程,有
$$\frac{T_2}{T_1} = \left(\frac{p_2}{p_1}\right)^{\frac{\kappa-1}{\kappa}}, \quad \frac{T_3}{T_4} = \left(\frac{p_3}{p_4}\right)^{\frac{\kappa-1}{\kappa}} \tag{4-14}$$

因为
$$\frac{T_3}{T_2} = \frac{p_3}{p_2}, \quad p_1 = p_4 \tag{4-15}$$

所以
$$\frac{T_4}{T_1} = \frac{T_2}{T_1} \cdot \frac{T_4}{T_3} \cdot \frac{T_3}{T_2} = \left(\frac{p_2}{p_1}\right)^{\frac{\kappa-1}{\kappa}} \cdot \left(\frac{p_4}{p_3}\right)^{\frac{\kappa-1}{\kappa}} \cdot \frac{p_3}{p_2} = \left(\frac{p_3}{p_2}\right)^{\frac{1}{\kappa}} \tag{4-16}$$

令等熵压缩过程压比 $p_2/p_1 = \pi$,定容加热过程压比 $p_3/p_2 = \pi_c$,则
$$\frac{T_4}{T_1} = \left(\frac{p_3}{p_2}\right)^{\kappa} = \pi_c^{\frac{1}{\kappa}}, \quad \frac{T_3}{T_2} = \frac{p_3}{p_2} = \pi_c \tag{4-17}$$

所以

$$\eta'_t = 1 - \kappa \frac{T_1\left(\frac{T_4}{T_1} - 1\right)}{T_2\left(\frac{T_3}{T_2} - 1\right)} = 1 - \frac{1}{\pi^{\frac{\kappa-1}{\kappa}}} \kappa \left(\frac{\pi_c^{\frac{1}{\kappa}} - 1}{\pi_c - 1}\right) \qquad (4-18)$$

对于函数 $y = \kappa\left(\dfrac{x^{\frac{1}{\kappa}} - 1}{x - 1}\right)(\kappa > 1, x > 0)$，容易证明其为减函数，且 $x > 1$ 时，$y < 1$，显然汉弗莱循环效率高于布雷顿循环。

取比热比 $\kappa = 1.4$ 时，绘制两种循环的效率函数图像如图 4-2 所示。可见随着定容加热过程压比增大，理想汉弗莱循环效率逐渐上升，当 $p_2/p_1 = 10$，$p_3/p_2 = 5$ 时，布雷顿循环效率 $\eta_t = 0.48$，而汉弗莱循环的热效率 $\eta'_t = 0.61$，较布雷顿循环提高了 27%。内燃波转子循环在汉弗莱循环的基础上又增加了通道内预增压过程，可以进一步提高涡轮循环压力，因此进一步提高了循环效率。

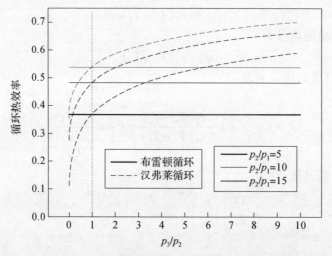

图 4-2 布雷顿循环和汉弗莱循环热效率对比

4.2 内燃波转子发动机性能计算模型

1. 性能计算模型建立

为了验证内燃波转子发动机性能优势，选取某型号涡轴发动机为基准机，将内燃波转子嵌入其中取代主燃烧室。基准涡轴发动机热力学参数如表 4-1 所列。计算过程中的基本通用常数如表 4-2 所列。

表 4-1　基准涡轴发动机热力学参数

通用气体常数 R_g /[J/(kg·K)]	8.314	波转子等熵压缩效率 η_{2A}	0.9
压气机压比 Π_c	8.6	波转子膨胀效率 η_{3B}	0.9
燃料低热值 h_{LHV} /(kJ/kg)	43600	燃料燃烧效率 η_Q	0.99
压气机等熵压缩效率 η_c	0.8	涡轮等熵效率 η_T	0.85

表 4-2　基本通用常数

a /[J/(kg·K)]	b /[J/(kg·K^2)]	c /[J/(kg·K^3)]	d /[J/(kg·K^4)]	M_{air} /(g/mol)	T_{air}/K	M_{gas} /(g/mol)	T_{gas}/K
28.11	1.967	4.80	1.96	29	305.374	29	1000

根据表 4-2 的常数，可以计算得到工质的比热容以及比热比分别为

$$\begin{cases} c_p = a + bT + cT^2 + dT^3/Ma \\ \gamma = \dfrac{c_p}{c_p - \dfrac{R_g}{Ma}} \end{cases} \quad (4-19)$$

参考图 4-1 的热力循环图，对内燃波转子涡轴发动机各热力过程建模如下。

2. 热力循环方案分析

1）压气机压缩过程

该过程要根据明确给定的压气机进口参数，确定压气机出口参数，即图 4-1 中点 2 的参数，包括压气机出口压力和温度，还要确定压气机的输入轴功。

压气机出口温度：

$$T_{t2} = T_{t1} + \frac{T_{t1} \cdot (\Pi_c^{\frac{\gamma_{air}-1}{\gamma_{air}}} - 1)}{\eta_c} \quad (4-20)$$

式中：γ_{air} 为空气比热容比。

压气机出口压力：

$$p_{t2} = \Pi_c \cdot p_{t1} \quad (4-21)$$

压气机消耗功：

$$W_c = c_{air} \cdot (T_{t2} - T_{t1}) \quad (4-22)$$

式中：T_{t2} 为压气机出口温度；p_{t2} 为压气机出口压力；W_c 为压气机的输入轴功。公式中用到的其他参数的物理意义见表 4-2，下面不再描述。

2）波转子的自身压缩过程

与传统燃烧室和其他非定常燃烧设备相比，内燃波转子具有一个预压缩功能，这有利于提高发动机的总体性能，该部分要确定预压缩之后 A 点的压力与温度的变化。

预压缩后的压力：

$$p_A = p_{t2} \cdot \left[1 + \eta_{2A} \cdot \left(\frac{T_A}{T_{t2}} - 1\right)\right]^{\frac{\gamma_{air}}{\gamma_{air}-1}} \quad (4-23)$$

由于 A 点的温度 T_A 的确定较为复杂，在此处先不做介绍，建立完波转子的膨胀和等容燃烧模型之后再进行讨论。

3）波转子的膨胀过程

涡轮进口总温 T_{t3} 按照发动机涡轮进口温度要求取 1327K，根据 T_{t3} 可以计算出状态点 3 的静温 T_3，进而确定 B 点的静温 T_B。

$$\begin{cases} T_3 = \dfrac{T_{t3}}{1 + \dfrac{\gamma_{gas}-1}{2}Ma_3^2} \\ T_B = T_3 \cdot \left(1 + \dfrac{\gamma_{gas}-1}{2}Ma_3^2\right) \end{cases} \quad (4-24)$$

不知道 p_{t3} 的值，也就无法确定 B 点的压力 p_B，但是可以确定膨胀比：

$$\frac{p_{t3}}{p_B} = \left(\frac{1 - \dfrac{T_{t3}}{T_B}}{1 - \dfrac{T_{t3}}{\eta_{3B}}}\right)^{\frac{\gamma_{gas}}{\gamma_{gas}-1}} \quad (4-25)$$

此时通道内的声速为

$$a(B) = \sqrt{\gamma_{gas} \cdot R_{gas} \cdot T_B} \quad (4-26)$$

其中 R_{gas} 为燃气的气体常数，即

$$R_{gas} = \frac{R_g \times 10^3}{M_{gas}} \quad (4-27)$$

在这里还需要定义一个物理量来衡量波转子膨胀的时间，该时间定义为从端口打开产生膨胀波开始，到膨胀波在通道左端反射后回到出口端口所需要的时间，有

$$\frac{t_3}{L} = \frac{1}{a_B} \left[\frac{\frac{2}{\gamma_{gas}-1} + Ma_B}{\frac{2}{\gamma_{gas}-1} + Ma_3} \right]^{\frac{1+\gamma_{gas}}{2(1-\gamma_{gas})}} \cdot \frac{2}{(1-Ma_B)(1+Ma_3)} \qquad (4-28)$$

式中:L 为波转子通道长度。

取 $Ma_B = 0$,这样假设之后会使膨胀时间比 t_3 要小,导致膨胀不充分,然而,在给定的膨胀比下计算所得的 Ma_3 会比实际值要大,如果忽略黏性耗散,取 $Ma_B = 0$ 就可以部分补偿对缓冲气计算的误差。

4) 等容燃烧过程

这一过程将燃料的化学能转变为热能,释放的能量多少与填充气中燃料的比例有关,引入填充比例的概念用以表征填充的燃料占填充气的比例:

$$\mu = m/(m + m_r) \qquad (4-29)$$

式中:m 为填充的燃料的质量;m_r 为缓冲气的质量。在一个循环中式(4-29)可以表示为

$$\mu = \frac{A \int_0^{t_3} \rho_3 u_3 \mathrm{d}t}{A \int_0^L \rho_B \mathrm{d}x} \qquad (4-30)$$

式中:A 为波转子通道参考面积;ρ_3 为波转子排气膨胀后气流密度;u_3 为波转子排气膨胀后气流速度;ρ_B 为等容燃烧后气流密度。

对式(4-30)进行积分,并运用理想气体的状态方程得

$$\mu = \frac{p_3}{p_B} \cdot \frac{T_B}{T_3} \cdot Ma_3 \sqrt{\gamma_{gas} R_{gas} T_3} \cdot \frac{t_3}{L} \qquad (4-31)$$

式中:p_3 为状态点 3 的静压,可由 T_{t3} 和 Ma_3 求得。

在波转子自身压缩过程模型中建立了 p_A 的表达式,但式中含有未知量 T_A,T_A 不仅受到预压缩的影响,还受到上一循环残余燃气的影响。下面介绍 T_A 的确定方法。

由理想气体状态方程可得

$$\frac{p_A}{p_B} = \frac{mT_A + m_r T_{rA}}{mT_B + m_r T_B} = \mu \frac{T_A}{T_B} + (1-\mu)\left(\frac{T_{rA}}{T_B}\right) \qquad (4-32)$$

假设燃气所经历的膨胀与压缩过程均为等熵过程,即燃气经历 $A-B$ 的过程后熵增为零,则有

$$\int_{T_{rA}}^{T_B} \frac{c_p(T)}{T} \mathrm{d}T = R_{gas} \ln\left(\frac{p_B}{p_A}\right) \qquad (4-33)$$

将式(4-32)中的$\frac{p_B}{p_A}$代入式(4-33)中,将其转化为T_A的显式形式,并引入变量T_{A1},令

$$T_{A1} = T_A = \frac{T_B \cdot \left[\exp\left(\dfrac{-\int_{TrA}^{T_B}\dfrac{c_p(T)}{T}dT}{R_{gas}}\right) - (1-\mu)\cdot \dfrac{T_{rA}}{T_B}\right]}{\mu} \quad (4-34)$$

式中:T_{rA}为通道中残余燃气的温度,此时T_A的表达式中还有未知量,依然不能确定,还需要引入其他方程。

从能量守恒的角度出发,等容燃烧过程所释放的能量要同时使可燃混气和残余燃气达到状态点B的温度T_B,即

$$Q = m\int_{T_A}^{T_B} c_V(T)dT + m_r\int_{T_{rA}}^{T_B} c_V(T)dT \quad (4-35)$$

图4-1中2-3过程中所释放的热量为

$$Q = \int_{T_{t2}}^{T_{t3}} c_p(T)dT \quad (4-36)$$

而$A-B$与2-3过程所释放的热量应该相等,联立式(4-35)、式(4-36)可得

$$\mu\int_{T_{t2}}^{T_{t3}} c_p(T)dT = \mu\int_{T_A}^{T_B} c_V(T)dT + (1-\mu)\cdot\int_{T_{rA}}^{T_B} c_V(T)dT \quad (4-37)$$

对式(4-37)积分,化成T_A的显式格式,引入变量T_{A2},令

$$T_{A2} = T_A = \frac{(c_P - R_{gas})\cdot[T_B + (\mu-1)T_{rA}] - \mu\cdot c_P\cdot(T_{t3}-T_{t2})}{\mu\cdot(c_P - R_{gas})} \quad (4-38)$$

由式(4-34)和式(4-38)组成的方程组都含有未知量T_{rA},为了获得T_A的值,可以假设一个T_{rA}分别代入式(4-34)和式(4-38)计算T_{A1}和T_{A2}的值,直到T_{A1}和T_{A2}相等或差值小于给定值。该迭代计算过程采用计算机程序语言实现,T_{rA}的取值范围在300~3000K,当T_{A1}和T_{A2}的差值小于10^{-3}时迭代过程结束,此时T_{A1}或T_{A2}作为T_A的值。

5)涡轮膨胀过程

该过程将高温燃气中的热能经膨胀过程转化成机械能对外做功,涡轮输出的轴功可以表示为

$$W_t = (1+f)(h_{t3} - h_{t4}) = (1+f)\eta_T\int_{T_{t4}}^{T_{t3}} c_p(T)dT$$
$$= (1+f)\eta_T R_g \ln\left(\frac{p_{t3}}{p_{t4}}\right) \quad (4-39)$$

式中:h_{t3}、h_{t4} 分别为涡轮进出口的焓值;f 为油气比,其表达式可由燃烧过程的能量方程给出:

$$f = \frac{\int_{T_{t2}}^{T_{t3}} c_p(T) \mathrm{d}T}{\eta_Q h_{\mathrm{LHV}} - \int_{T_{t2}}^{T_{t3}} c_p(T) \mathrm{d}T} \quad (4-40)$$

式中:h_{LHV} 为燃料的低热值,本章取 $h_{\mathrm{LHV}} = 43600 \mathrm{kJ/kg}$。

3. 性能计算结果

通过建立各个过程的热力循环分析模型,可以确定各状态点的参数,这样就可以计算出发动机的各性能参数。

净功:

$$W = W_t - W_c \quad (4-41)$$

发动机总效率:

$$\eta_0 = \frac{W}{\eta_Q f h_{\mathrm{LHV}}} \quad (4-42)$$

式中:f 为油气比;η_Q 为燃料燃烧效率。

耗油率:

$$\mathrm{SFC} = \frac{f}{W} \quad (4-43)$$

燃烧过程的熵增:

$$\Delta S_{\mathrm{g2-3}} = \int_{T_{t2}}^{T_{t3}} \frac{c_p(T)}{T} \mathrm{d}T - R_{\mathrm{air}} \ln \frac{p_{t3}}{p_{t2}} \quad (4-44)$$

基准熵增:

$$\Delta S_{\mathrm{g2-3b}} = \int_{T_{t2}}^{T_{t3}} \frac{c_p(T)}{T} \mathrm{d}T \quad (4-45)$$

其中,基准熵增表示的是基于等压燃烧的传统燃烧室燃烧过程的熵增。

图 4-3 为内燃波转子各个工作过程压比随波转子通道出口马赫数 Ma_3 的变化曲线,Ma_3 的变化范围为 0~1.5。当 $Ma_3 = 0$ 时相当于不加波转子,即基准发动机模型,此时 $p_A = p_2$、$p_B = p_3$,所以从图 4-3 中可以看出,将内燃波转子应用于涡轴发动机之后,各状态点的压力都会得到升高。从图 4-3(a) 中可以看出,随着 Ma_3 的逐渐增加,p_A/p_2 的值呈先增加后减小的趋势,大约在 $Ma_3 = 1.0$ 的时候取得最大值 1.69,当 $Ma_3 > 1.0$ 时,p_A/p_2 开始下降,即内燃波转子自身预压缩作用减弱,在一定的环境下,p_2 由式(4-21)决定,因此 p_A/p_2 直接反映 p_A 的高低,而 p_A 可以看作燃烧室内混气燃烧之前的初始压力,初始压力影响到燃烧速度、效率和发动机的总体性能,所以在亚声速范围内适当提高波转子出口马赫数是有利的。

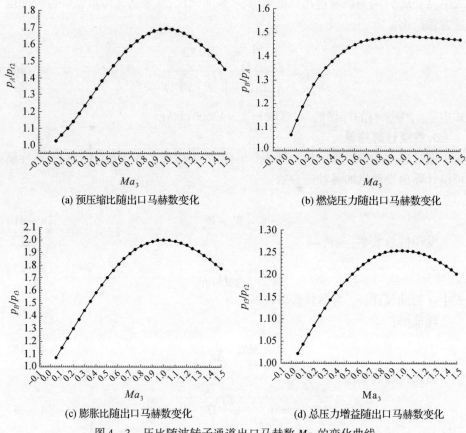

(a) 预压缩比随出口马赫数变化　　　　(b) 燃烧压力随出口马赫数变化

(c) 膨胀比随出口马赫数变化　　　　(d) 总压力增益随出口马赫数变化

图 4-3　压比随波转子通道出口马赫数 Ma_3 的变化曲线

在图 4-3(b)中，随着 Ma_3 的增加，p_B/p_A 逐渐增加，大约在 $Ma_3=0.8$ 的时候，p_B/p_A 达到最大值 1.48，随着 Ma_3 的继续增加，p_B/p_A 有保持不变的趋势。也就是说：当 $Ma_3<0.8$ 的时候，燃烧产物压力随 Ma_3 的增加幅度要大于 p_A 的增加幅度；而 $Ma_3>0.8$ 之后，Ma_3 对燃烧过程的压力增加影响能力逐渐减小。在图 4-3(c)和(d)中，膨胀比 p_B/p_{t3} 和总压比 p_{t3}/p_{t2} 随 Ma_3 的变化规律有相似之处，在 $Ma_3=0.8$，p_B/p_{t3} 和 p_{t3}/p_{t2} 随 Ma_3 的增加迅速增加，随后曲线上升的速度变慢，经历一段缓慢的增加之后，在超声速范围内呈显著的下降趋势，而出口总压直接反映了出口气流的做功能力，由于计算中涡轮进口温度设为定值，这就说明利用内燃波转子进行组织燃烧，可以在不提高涡轮进口温度的情况下提高进口总压，从而提高发动机的效率，这也从侧面说明燃烧前混气初始压力的提高，确实能够提高发动机的总体性能。

从压比的角度来说，内燃波转子不适合在其通道出口气流为超声速的情况下工作,最理想的工作条件是通道出口马赫数在 0.6~0.8 范围内取值,此时可获得较高的压比。

图 4-4 给出了各状态点温度以及残余燃气温度随马赫数 Ma_3 的变化规律,同样,当 $Ma_3=0$ 时,$T_A=T_2$、$T_B=T_3$,可以看出,应用内燃波转子之后,燃烧室进出口温度都会增加,而且随着 Ma_3 的增加,内燃波转子的预压缩作用增强,在出口端盖上反射的冲击波强度增大,导致新鲜混气以及残余燃气预压缩之后温度都有所提高,与预压缩前相比,最大值分别提高 13.5% 和 5.8%,与之相对应,燃烧后的温度也随马赫数的增加而增加,这主要是由两方面原因造成的:①随着预压缩作用的增强,在一定马赫数范围内,点火前混气的压力和温度都增加;②如图 4-5 所示,在亚声速范围内,随着马赫数的增加,填充的混气量逐渐增加,而残余燃气量逐渐减少,这就使参与燃烧过程的燃料质量增加,释放出更多的热量。

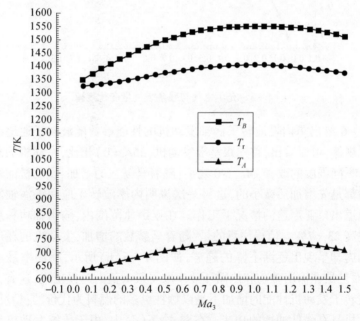

图 4-4 温度随马赫数 Ma_3 的变化规律

从图 4-4 还可以看出,各状态点温度随马赫数的变化都呈先升高后降低的趋势,同样是在马赫数为 0.8 左右,取得最大值。而在图 4-5 中,随着马赫数的增加,燃气的残余量逐渐减少,相应的填充量逐渐增加,大约在 $Ma_3=0.6$ 的时候,两条曲线相交,之后经过一段缓慢的变化之后,两条曲线在 $Ma_3=1.5$ 之后再次有相交的趋势。

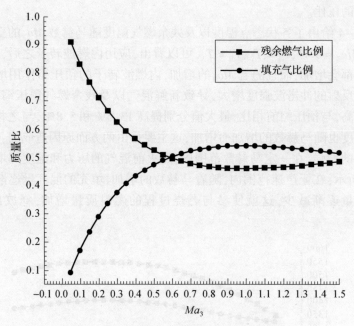

图 4-5 充填燃气与残余燃气量变化规律

图 4-6 给出了内燃波转子涡轴发动机的性能参数随波转子通道出口马赫数的变化规律，可以看出，首先跟基准发动机（$Ma_3=0$）相比，发动机的总体性能参数都有不同程度的改善，$Ma_3>0$ 之后，随着马赫数的增加，发动机的输出轴功和总效率都是先增加后减小的，这再一次说明内燃波转子应用于涡轴发动机最适合在通道出口亚声速的情况下工作。在亚声速范围内，输出轴功和总循环效率最大提高 23.67%。值得注意的是，随着马赫数的增加，发动机的耗油率在亚声速范围内却呈现出逐渐下降的趋势，如图 4-6(b) 所示，耗油率最大降低了 23.6%，而且是在输出轴功和热循环效率取得最大值的时候出现，这有力地说明了内燃波转子发动机性能的增加不是以牺牲更多的燃料为代价的；相反，内燃波转子发动机具有降低油耗的功能。在图 4-6(d) 中，由于传统发动机是基于等压燃烧的布雷顿循环，因此在燃烧室进出口温度给定的情况下，熵增也确定了，将内燃波转子运用到传统发动机之后，由于利用了等容燃烧过程的优势，熵增得到显著降低。在波转子通道出口马赫数为 1 的时候，熵增比基准发动机降低了 7.64%。

第 4 章　波转子发动机热力循环及性能计算

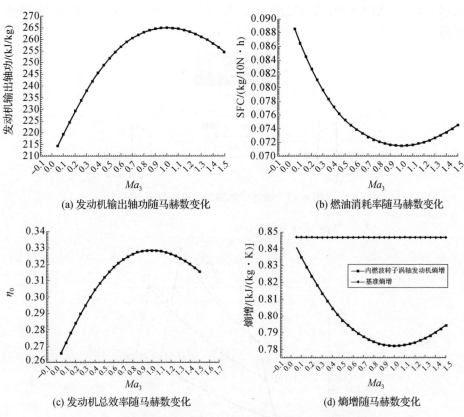

(a) 发动机输出轴功随马赫数变化

(b) 燃油消耗率随马赫数变化

(c) 发动机总效率随马赫数变化

(d) 熵增随马赫数变化

图 4-6　内燃波转子涡轴发动机的性能参数随马赫数的变化规律

4.3　外燃波转子顶层热力循环

嵌入波转子的涡轴发动机流程图和热力循环温熵图如图 4-7 和图 4-8 所示,波转子与燃烧室并行放置,利用波转子通道内产生的压缩波、膨胀波等复杂波系快速传递能量,新鲜空气被压缩增压增温以后进入燃烧室组织燃烧,同时高温燃气在波转子内提前膨胀后排向涡轮做功。

由式(4-10)不难得出,波转子顶层热力循环的循环热效率为

$$\eta_t = 1 - \frac{T_1}{T_2} = 1 - \frac{1}{(\pi_1 \cdot \pi_2)^{\frac{\kappa-1}{\kappa}}} \qquad (4-46)$$

式中:$\pi_1 = \dfrac{p_{1b}}{p_0}$、$\pi_2 = \dfrac{p_2}{p_1}$ 分别为压气机增压比、波转子增压比,其数值均大于 1,将

式(4-46)与式(4-10)进行比较,很显然波转子顶层热力循环的循环热效率要更高。

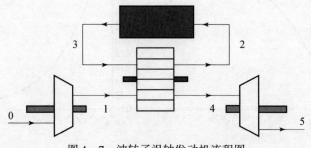

图4-7 波转子涡轴发动机流程图

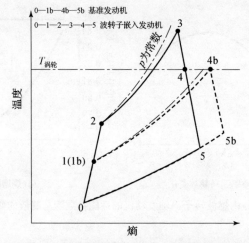

图4-8 波转子涡轴发动机热力循环温熵图

4.4 外燃波转子发动机性能计算

1. 性能计算模型建立

为了估算波转子涡轴发动机性能增加程度和规律,应用热力学方法计算波转子涡轴发动机和基准发动机的理论性能,建立简化的热力学循环计算模型,主要包括进气道模型、压气机模型、波转子模型、燃烧室模型、燃气涡轮模型、动力涡轮模型、性能分析模型。

1) 进气道模型

滞止温度:

$$T_{t0} = T_{ta} = T_a(1 + \frac{\gamma_{air} - 1}{2}Ma^2) \tag{4-47}$$

滞止压比：

$$\frac{p_{t0}}{p_a} = \left(1 + \eta_D \frac{u_a^2}{2c_{p_{air}}T_a}\right) \tag{4-48}$$

式中：p_a、T_a 分别为进气道进口压力、温度；Ma 为飞行马赫数。

2) 压气机模型

压气机出口温度：

$$T_{t1} = T_{t0} + \frac{T_{t0}}{\eta_c}(\Pi_c^{\frac{\gamma_{air}-1}{\gamma_{air}}} - 1) \tag{4-49}$$

压气机出口压比：

$$\frac{p_{t1}}{p_a} = \frac{p_{t1}}{p_{t0}}\frac{p_{t0}}{p_a} = \Pi_c \cdot \frac{p_{t0}}{p_a} \tag{4-50}$$

式中：Π_c、η_c 分别为压气机的压比、等熵压缩效率。

3) 波转子压缩模型

波转子出口温度：

$$T_{t2} = T_{t1} + \frac{T_{t1}}{\eta_{W_c}}(PR_w^{\frac{\gamma_{air}-1}{\gamma_{air}}} - 1) \tag{4-51}$$

波转子出口压比：

$$\frac{p_{t2}}{p_a} = \frac{p_{t2}}{p_{t1}}\frac{p_{t1}}{p_a} = PR_w \cdot \Pi_c \cdot \frac{p_{t0}}{p_a} \tag{4-52}$$

式中：PR_w、η_{W_c} 分别为波转子的压比、压缩效率。

4) 燃烧室模型

燃烧室出口温度：

$$T_{t3} = T_{t4} + \left[\frac{T_{t1}}{\eta_{W_c}}(PR_w^{\frac{\gamma_{air}-1}{\gamma_{air}}} - 1)\right]\frac{c_{p_{air}}}{(1+f)c_{p_{gas}}} \tag{4-53}$$

燃烧室出口压比：

$$\frac{p_{t3}}{p_a} = \frac{p_{t3}}{p_{t2}}\frac{p_{t2}}{p_a} = \Pi_{comb} \cdot PR_w \cdot \Pi_c \cdot \frac{p_{t0}}{p_a} \tag{4-54}$$

式中：Π_{comb}、f 分别为燃烧室的总压恢复系数、油气比。

5) 波转子排气模型

波转子出口温度：T_{t4}（定值）。

波转子出口压比：

$$\frac{p_{t4}}{p_a} = \frac{p_{t4}}{p_{t1}} \frac{p_{t1}}{p_a} = \left\{1 - \frac{\frac{c_{p_{air}}}{(1+f)c_{p_{gas}}} \frac{T_{t1}}{T_{t3}} \left[\mathrm{PR}_w^{\frac{\gamma_{air}-1}{\gamma_{air}}} - 1 \right]}{\eta_{W_E} \eta_{W_C}} \right\} \cdot \Pi_{\mathrm{comb}} \cdot \mathrm{PR}_w \cdot \Pi_c \cdot \frac{p_{t0}}{p_a} \quad (4-55)$$

式中：η_{W_E} 为波转子的膨胀效率。

6) 燃气涡轮模型

燃气涡轮出口温度：

$$T_{t5} = T_{t4} - \frac{c_{p_{air}}(T_{t1} - T_{t0})}{\eta_M(1+f)c_{p_{gas}}} \quad (4-56)$$

燃气涡轮出口压比：

$$\frac{p_{t5}}{p_a} = \frac{p_{t4}}{p_a}\left(1 + \frac{T_{t5} - T_{t4}}{\eta_T \cdot T_{t4}}\right)^{\frac{\gamma_{gas}}{\gamma_{gas}-1}} \quad (4-57)$$

式中：η_M、η_T 分别为涡轮的机械传动效率、等熵效率。

7) 动力涡轮模型

动力涡轮出口压比：

$$\frac{p_{t6}}{p_a} = \frac{p_6}{p_0} \quad (4-58)$$

式中：p_0 为喷管出口当地压力。

动力涡轮出口温度：

$$T_6 = T_{t5}\left[1 + \eta_{dT}\left[\left(\frac{p_{t6}}{p_{t5}}\right)^{\frac{\gamma_{gas}-1}{\gamma_{gas}}} - 1\right]\right] \quad (4-59)$$

8) 性能分析模型

功率：

$$P = \eta_M \eta_T (1+f) c_p T_{t4}\left[1 - \left(\frac{p_{t6}}{p_{t4}}\right)^{\frac{\gamma_{gas}-1}{\gamma_{gas}}}\right] - \frac{c_p T_{t0}(\Pi_c^{\frac{\gamma_{air}-1}{\gamma_{air}}} - 1)}{\eta_c} \quad (4-60)$$

耗油率：

$$\mathrm{SFC} = \frac{f}{p} \quad (4-61)$$

总效率：

$$\eta_0 = \frac{p}{f \cdot h_{\mathrm{PR}}} \quad (4-62)$$

式中：h_{PR} 为燃料的热值。

2. 热力循环方案分析

根据了解的波转子设计限制和参数的选择,波转子嵌入涡轴发动机的方式主要包括以下五种方案,图 4-9 给出了波转子涡轴发动机五种热力循环方案和基准发动机的温熵图,如图所示,a—0—1_b—4_b—5_b—6_b 代表基准循环,a—0—1_i—2_i—3_i—4_i—5_i—6_i($i=A,B,\cdots,E$) 代表波转子涡轴发动机热力循环。

方案 A:相同压气机,相同涡轮进口温度,即 $p_{t1_A}=p_{t1_b}$,$T_{t1_A}=T_{t1_b}$,$T_{t4_A}=T_{t4_b}$。

方案 B:相同总压比,相同涡轮进口温度,即 $p_{t2_B}=p_{t1_b}$,$T_{t4_B}=T_{t4_b}$。

方案 C:相同燃烧室,即 $p_{t2_C}=p_{t1_b}$,$T_{t2_C}=T_{t1_b}$,$T_{t3_C}=T_{t4_b}$。

方案 D:相同涡轮进口压力和温度,即 $p_{t1_D}=p_{t1_b}$,$p_{t4_D}=p_{t4_b}$,$T_{t4_A}=T_{t4_b}$。

方案 E:相同压气机,相同燃烧温度,即 $p_{t1_E}=p_{t1_b}$,$T_{t1_E}=T_{t1_b}$,$T_{t3_E}=T_{t4_b}$。

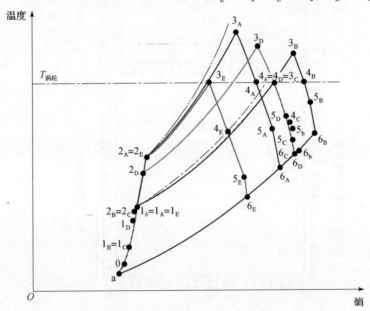

图 4-9　不同热力循环方案波转子涡轴发动机温熵图

3. 计算结果

波转子压比 $PR_w=1.0$ 时为基准发动机的性能参数,随着波转子压比的增加,波转子的设计难度越来越大,同时产生较多的技术问题,因此,一般波转子压比 PR_w 选取低于 3.0。

图 4-10 给出了方案 A 热力循环方案的总效率、单位功率和耗油率随波转子压比的变化规律,可以看到,随着波转子压比的增加,发动机循环总效率 η_0 和单位功率 P_S 都是增加的,最大增幅达 23.735%,耗油率是减少的,最大减幅达

19.182%。另外,随着波转子压比的增加,发动机循环总效率和比功率的增加趋势是一致的,并且增加的斜率越来越小,同时耗油率减小的趋势也趋于平缓,这说明波转子的压比增加带来的收益越来越小,因此,波转子压比的选择在波转子涡轴发动机设计过程中是非常关键的,需要综合考虑。

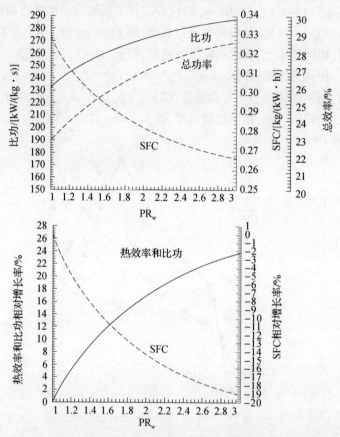

图 4-10 方案 A 总效率、单位功率和耗油率随波转子压比变化规律

图 4-11 和图 4-12 给出了波转子涡轴发动机五种方案热力循环计算结果,可以看到,随着波转子压比的逐渐增加,除了方案 E 热力循环方案,其他热力循环方案单位功率及其相对基准发动机的增加率都增加,总循环效率及其增加率也是增加的,其中方案 E 先增加后减小,耗油率及其降低率都是降低的,波转子压比超过 2.8 时方案 E 耗油率开始增加,比较五种方案,方案 A 的总循环效率最大,耗油率最低,耗油率减幅最大,单位功率仅略低于方案 B 和 D 方案,方案 B 和方案 D 提高单位功率、总循环效率和耗油率都相差不大,方案 C 也能够提高发动机的性能,但提高幅度较小,方案 E 提高涡轴发动机性能的优势较弱,

五种热力循环方案的波转子涡轴发动机总体性能均有所提高,这从图 4-12 中涡轮进口与压气机出口压力之比(波转子总压比)的变化规律可以得到进一步验证,随着波转子压比的增加,五种热力循环方案中涡轮进口压力均高于压气机出口压力,而传统发动机涡轮进口压力低于压气机出口压力,因此,波转子技术的应用能够提高发动机的推进性能。

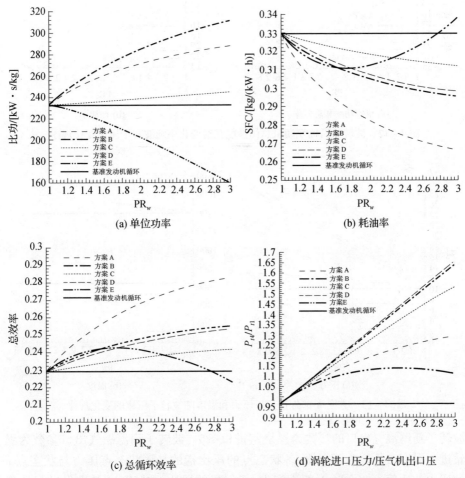

(a) 单位功率

(b) 耗油率

(c) 总循环效率

(d) 涡轮进口压力/压气机出口压

图 4-11 波转子涡轴发动机总体性能随波转子压比的变化规律

波转子嵌入涡轴发动机以后能够显著提高发动机综合性能,但是,也改变了基准发动机各部件的工作环境。如图 4-13 给出了方案 A 热力循环方案波转子涡轴发动机压气机出口(p_{t1},T_{t1})、波转子新鲜混气出口(p_{t2},T_{t2})、燃烧室出口(p_{t3},T_{t3})、波转子高温燃气出口(p_{t4},T_{t4})等状态点的压力和温度随着波转子压比增加的变化规律,在热力循环计算过程中不考虑部件之间的流道损失,因此,

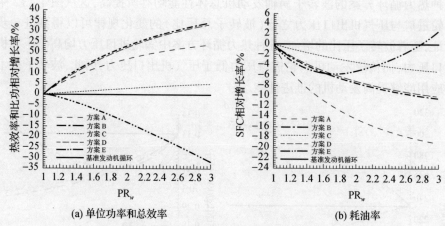

(a) 单位功率和总效率　　　　　　　　(b) 耗油率

图 4-12　波转子涡轴发动机总体性能相对变化率随波转子压比变化规律

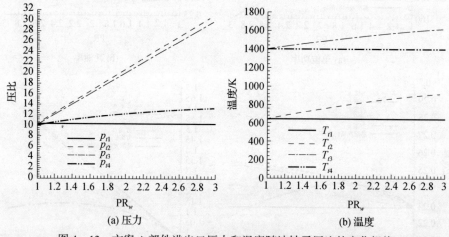

(a) 压力　　　　　　　　　　　　　(b) 温度

图 4-13　方案 A 部件进出口压力和温度随波转子压比的变化规律

波转子新鲜混气出口的参数为燃烧室进口参数,波转子高温燃气出口参数为涡轮进口温度参数。为了方便,各状态点的压比指的是该状态点压力与状态点 a 的压力的比值。在方案 A 的方案中,压气机的压比保持不变,基准发动机压气机可以继续使用,并提供近似相等的质量流量。通过波转子的压缩,燃烧室工作压力显著增加,导致燃烧室的结构和燃油喷射系统需要改进。随着波转子压比的增加,涡轮进口压力 p_{t4} 逐渐增加,在波转子压比小于 1.11 时,$p_{t4} < p_{t1}$;波转子压比大于 1.11 时,$p_{t4} > p_{t1}$,因此,波转子的气动力学设计不仅弥补了燃烧室的压力损失,而且增加了涡轮进口压力,提高了发动机的推进性能。可以看到,T_{t2} 和

T_{t3}增加的幅值和趋势基本相同,即燃烧室中热量增加与基准发动机相同(温升相同),燃烧室进口温度增加对燃烧是有利的,但是,燃烧室内油气分布和燃烧组织需要适当调整,并且,由于波转子内的能量交换,燃烧室进口温度增加,燃烧循环温度高于基准发动机,要求燃烧室能够承受附加热量。另外,因为压气机没有改变,涡轮进口压力增加使得涡轮进口体积流量减小,可能要求涡轮适当调整。

比较五种方案的优劣除了提高性能方面,还应该考虑结构、经济性等方面的影响。图4-14所示为五种方案发动机部件进出口参数随波转子压比的变化规律,方案B因为总压比相同,燃烧室在相同压力条件工作,但是,由于波转子膨胀做功导致燃烧释放热量增加,进而使得燃烧循环温度增加,燃烧室需要适当改进。压气机和涡轮都将以低压比条件工作,减少压气机和涡轮的加工成本。方案C燃烧室相同导致发动机总压比、燃烧室进出口温度相同,波转子的应用降低了压气机和涡轮的压比,同时涡轮进口温度低于基准发动机,可以使用低热抗材料,减少了成本。但是,这种情况的性能增加幅度较小。方案D燃烧室的压力比基准发动机低,燃烧循环温度比基准发动机高,但低于方案A的情况,燃烧室的结构和喷射系统改进要求较小。由于波转子的应用,压气机要求产生的压比低于基准发动机,同时涡轮的压比低,减少成本。方案E与方案A燃烧室进口温度一致,但是,燃烧循环温度受基准发动机涡轮进口温度限制,不增加燃烧室附加热载荷,燃烧室热量增加低于基准发动机,与基准发动机使用相同压气机,涡轮工作压比稍高,涡轮进口温度低于基准发动机,减少压气机和涡轮成本,但提高性能没有优势。

综合考虑波转子涡轴发动机总体性能、结构、经济性等因素的影响,方案A热力循环方案最适合波转子涡轴发动机,即保持压气机和涡轮不变,改变燃烧室。

压气机的压缩能力影响发动机的性能,图4-15给出了发动机总效率、比功率和耗油率随压气机压比的变化规律,可以看到,$PR_w=1$对应的是基准发动机,压气机压比在1~28范围内,总效率、比功率是增加的,耗油率是降低的,同时随着波转子压比的增加各性能参数也增加,并且不同性能参数最大值对应的压气机压比也是不相同的,如比功率对应压比为4~10,总效率和耗油率对应的是7~14,压气机压比继续增加并高于28时,总效率、比功率和耗油率低于基准发动机,存在非增加区域。因此,进行波转子涡轴发动机的压气机设计和匹配时需要综合考虑,选择适当压比的压气机,保证波转子技术的优越性。

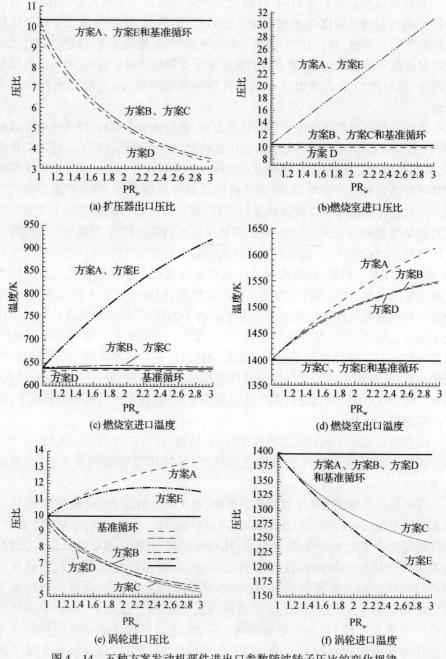

图 4-14 五种方案发动机部件进出口参数随波转子压比的变化规律

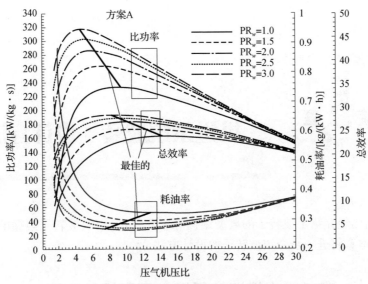

图4-15 波转子涡轴发动机性能随压气机压比的变化规律

参考文献

[1] 李建中,巩二磊,温泉,等.内燃波转子技术对燃气涡轮发动机性能影响研究[J].航空动力学报,2012,27(9):1928-1934.

[2] 李建中.波转子涡轴发动机关键技术研究[R].株洲:中航工业航空动力机械研究所,2012.

[3] 成本林,李建中,巩二磊,等.内燃波转子影响涡轴发动机性能研究[J].推进技术,2012,3(5):726-731.

[4] 刘火星,谈玲玲,产世宁.内燃波转子发动机循环分析[J].推进技术,2015,36(3):352-356.

[5] LI H, AKBARI P, NALIM M R. Air-Standard Thermodynamic Analysis of Gas Turbine Engines Using Wave Rotor Combustion[C]. 43rd AIAA/ASME/SAE/ASEE Joint Propulsion Conference & Exhibit, Cincinnati, 2007.

[6] AKBARI P, NALIM M R, LI H. Analytic Aerothermodynamic Cycle Model of the Combustion Wave Rotor in a Gas Turbine Engine[C]. 4th International Energy Conversion Engineering Conference and Exhibit (IECEC), San Diego, 2006.

[7] DEMPSEY E, MÜELLER N, AKBARI P. Performance Optimization of Gas Turbines Utilizing Four-Port Wave Rotors[C]. 4th International Energy Conversion Engineering Conference and Exhibit (IECEC), San Diego, 2006.

第5章 推进系统波转子设计方法

前面已经介绍了波转子的典型结构和工作原理,以及波转子遵循的基本热力循环,本章将进一步介绍波转子的设计方法。

5.1 内燃波转子气动方案设计方法

基于内燃波转子的前期研究成果,以及以某型涡轴发动机为基准,根据国内外研究经验建立了多通道内燃波转子设计流程,设计流程的基本思路如图 5-1 所示,对于多通道内燃波转子气动方案的设计,首先需要结合选定的基准机参数和性能,为内燃波转子确定进出口参数,以替代基准机原有的燃烧室部分。根据基准机外形尺寸来确定内燃波转子的外径和通道长度,根据基准机的总气量及总体性能来确定通道个数。在确定了内燃波转子的基本几何参数后,根据内燃波转子的波系发展及燃烧特性,对其进排气相位差、进排气端口角度及点火位置等参数进行设计[1]。

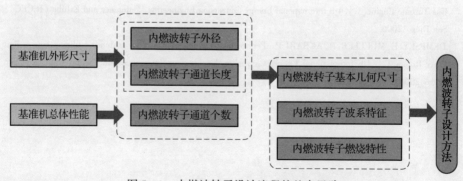

图 5-1　内燃波转子设计流程的基本思路

首先以某型涡轴发动机为基准机,根据前期研究经验以及资料和相关文献,给出如表5-1所列设计点参数。

表5-1 基准机设计点参数

参数名称	参数数值
压气机出口总压 p_{t2}/MPa	0.87
压气机出口总温 T_{t2}/K	583.6
涡轮进口总压 p_{t3}/MPa	1.062
涡轮进口总温 T_{t3}/K	1327
涡轮进口马赫数 Ma_3	0.6
压气机出口流量 W/(kg/s)	2.0

图5-2中内燃波转子代替了原某型涡轴发动机中的燃烧室的位置,气流经过压气机后,得到压气机出口总压 p_{t2} 和出口总温 T_{t2},以 p_{t2} 和 T_{t2} 的状态进入内燃波转子,并在波转子内燃烧后,以 p_{t3} 和 T_{t3} 的状态进入涡轮部件膨胀做功。

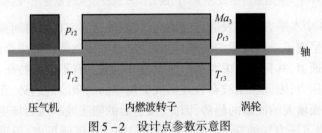

图5-2 设计点参数示意图

内燃波转子是一种典型的非定常燃烧装置,对于非定常流体机械,其几何参数与内部波系发展的匹配是最基本的设计原则。内燃波转子典型的工作特点,就是通过控制波转子通道进排气端口的相位差,使在通道内完成进排气以及点火燃烧的完整循环过程中,形成非定常的激波与膨胀波波系,使得通道内产生预增压、自冷却等效果。因此,首先对内燃波转子工作中的波系循环发展过程进行分析。

为了方便理解内燃波转子的工作过程,这里将内燃波转子沿通道中心面进行周向展开,得到典型的二维内燃波转子结构的周向展开图,如图5-3(a)所示,其中包括了内燃波转子进气端口、排气端口、波转子通道以及热射流等结构,每个通道依次经历填充及排气(Ⅰ)、填充及压缩(Ⅱ)、点火(Ⅲ)、定容燃烧(Ⅳ)、排气(Ⅴ)这一完整的循环过程。其中,进气端口分为三个部分,燃料填充区域②两侧分别为缓冲区①和缓冲区③,其中缓冲区①的作用辅助上一循环的高温燃气排出波转子通道,避免新循环填充的混气发生热自燃。缓冲区③的作用是将波转子通道内填充的混气与进气端口隔开,防止燃烧过程火焰传播到进气端口内。

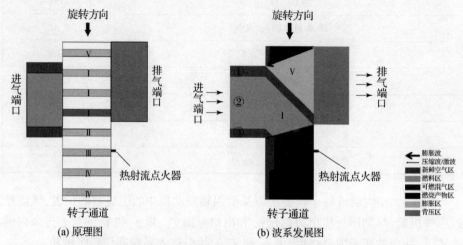

图 5-3　多通道内燃波转子周向展开图以及波系发展示意图(附彩插)

图 5-3 中水平方向代表通道的轴向位置,垂直方向代表时间或者是旋转的角度。该图呈现了一种理想的波形,即假设出口气体燃烧产物完全排出,入口气体完全进入通道,并且不考虑泄漏。压缩波和激波具有不同的特征,由于波的传播速度依赖压力,因此压缩波有合并形成尖锐锋面的激波的趋势,而膨胀波有形成沿波程锋面增大的波扇的趋势,因此,反射后的膨胀波的压力场更加复杂。为了简化,忽略了压力场的变化,将其视为均匀的。在区域Ⅳ中,通道内充满了上一个循环燃烧产生的气体,膨胀波从通道末端向左传播,实现对燃烧产物的膨胀效果,降低了通道滞止气体的压力,同时由于压力差,通道气体向外排出;在区域Ⅴ中,进气端口打开前,仍然是排气过程,通道内残留燃烧气体。进气端口打开后,新鲜空气进入通道进行扫气,直至燃烧产物全部排出。膨胀波传播到左端时,进气通道恰好打开,新鲜混气流入;在区域Ⅰ中,进气端口打开后,依次填充空气、可燃混气、空气,通道最终充满可燃混气和少量空气。排气端口关闭产生的激波向通道上游传播,实现对通道内气体的增压;在区域Ⅱ中,通道充满预压缩的可燃混气和少量空气,在靠近排气端处点火,火焰逆着气流方向传播,最终通道充满气体燃烧产物。

内燃波转子进排气端口的相位差由一个完整工作周期中通道内波系的发展时间以及通道内的填充及扫气时间确定。其中,膨胀波由出口传播至入口的时间,决定图 5-3 中进排气端口上端相位差 $\Delta\varphi_1$,在设计中需预先给定一个设计点转速,一般为正常工作下的最大转速,以确保在设计的全工况下此相位角均可行;图 5-3 中进排气端口下端相位差 $\Delta\varphi_2$ 取决于激波从出口关闭时刻反向传播至入口端时间,即可以给出一个下端的最小相位角,如果小于这个相位角,则激波回传至进气端。这时,根据燃料填充速度,即给定在最大转速下燃料混气填充至整个通道所需时间确定进气端口的角度。进而可以依据进出口上下相位差以及进气端口角度得到出口角度。

首先根据膨胀波和激波的模型,求出膨胀波和激波对应的传播速度。其中,膨胀波模型采用特征线法求解:

$$\frac{a_2}{a_1} = 1 \pm \frac{\gamma-1}{2}\frac{u_2-u_1}{a_1} \tag{5-1}$$

$$\frac{T_2}{T_1} = \left(\frac{a_2}{a_1}\right)^2 \tag{5-2}$$

$$\frac{p_2}{p_1} = \left(\frac{a_2}{a_1}\right)^{\frac{2\gamma}{\gamma-1}} \tag{5-3}$$

式(5-1)中等号右边,波向左传播时,符号为负;向右传播时,符号为正。则膨胀波波速为

$$\begin{cases} u_{\text{head}} = a_1 \pm u_1 \\ u_{\text{tail}} = a_2 \pm u_2 \end{cases} \tag{5-4}$$

其中,等号右边当波顺流传播时为正,逆流传播时为负。

激波模型的求解基于 R-H 关系式与 Prandtl 关系式:

$$\Pi_s = \frac{p_2}{p_1} \tag{5-5}$$

$$\frac{T_2}{T_1} = \Pi_s \left(\frac{\frac{\gamma+1}{\gamma-1} + \Pi_s}{1 + \frac{\gamma+1}{\gamma-1}\Pi_s}\right) \tag{5-6}$$

$$Ma_p = \frac{|u_2-u_1|}{a_1} = \frac{\Pi_s-1}{\gamma}\sqrt{\frac{\frac{2\gamma}{\gamma+1}}{\Pi_s+\frac{\gamma-1}{\gamma+1}}} \tag{5-7}$$

式中:Ma_p 为激波的诱导马赫数,即激波前后流速差与波前声速的比值,则激波波速为

$$w = a_1\sqrt{\frac{\gamma+1}{2\gamma}(\Pi_s-1)+1} \tag{5-8}$$

当地声速以及总温与静温,总压与静压的关系,分别如下:

$$a = \sqrt{\gamma RT} \quad (5-9)$$

$$\frac{T_t}{T} = 1 + \frac{\gamma-1}{2} Ma^2 \quad (5-10)$$

$$\frac{p_t}{p} = \left(1 + \frac{\gamma-1}{2} Ma^2\right)^{\frac{\gamma}{\gamma-1}} \quad (5-11)$$

假设已知前一个循环燃烧后的进口总温 T_{t2} 总压 p_{t2}、出口气流总温 T_{t3} 总压 p_{t3} 和出口马赫数 Ma_3,则进口静温 T_2 静压 p_2、出口静温 T_3 静压 p_3 也可以根据总压总温推导可得。且 $u_{IV} = 0, p_{IV} = p_3 = p_{tV}, T_{IV} = T_3 = T_{tV} = T_{t3}$。由式(5-4)可以得到膨胀波波头和波尾的速度分别为

$$\begin{cases} u_{\text{head}} = a_{IV} - u_{IV} \\ u_{\text{tail}} = a_{V\text{gas}} - u_{V\text{gas}} \end{cases} \quad (5-12)$$

得到膨胀波的波头和波尾抵达通道最前端所需的时间为

$$\begin{cases} t_{\text{head}} = \dfrac{L}{u_{\text{head}}} \\ t_{\text{tail}} = \dfrac{L}{u_{\text{tail}}} \end{cases} \quad (5-13)$$

式中:L 为通道长度。

以排气端口的打开时刻为参考时间零点,进气端口的打开时刻为

$$t_{\text{Inlet-open}} = t_{\text{tail}} \quad (5-14)$$

根据上述膨胀波模型求解式(5-12)中的未知量 a_{IV}、u_{IV}、$a_{V\text{gas}}$ 和 $u_{V\text{gas}}$。由于膨胀波的波速都是逆着气流方向,其中 a_{IV} 由式(5-9)得到:

$$a_{IV} = \sqrt{\gamma R T_{IV}} \quad (5-15)$$

则根据式(5-1),可以得到 $a_{V\text{gas}}$ 为

$$a_{V\text{gas}} = \left(1 - \frac{\gamma-1}{2} \frac{u_{V\text{gas}} - u_{IV}}{a_{IV}}\right) \sqrt{\gamma R T_{IV}}$$

$$a_{V\text{gas}} = \sqrt{\gamma R T_{V\text{gas}}} \quad (5-16)$$

同时,由式(5-10)可得

$$\frac{T_{tV\text{gas}}}{T_{V\text{gas}}} = 1 + \frac{\gamma-1}{2} \frac{u_{V\text{gas}}^2}{\gamma R T_{V\text{gas}}} \quad (5-17)$$

由式(5-16)和式(5-17),可以解出 $a_{V\text{gas}}$、$u_{V\text{gas}}$ 和 $T_{V\text{gas}}$,进而求出 $t_{\text{Inlet-open}}$。

膨胀波尾由出口传播至入口的时间即通道入口打开时间,(设计中需预先给定一个最大转速,以确保在设计的全工况下此相位角均可行)决定图中波转

子上端进出口的相位差。

给定内燃波转子的设计转速 n,则旋转周期为

$$T = \frac{1}{n} \tag{5-18}$$

根据进气端口打开时间 $t_{\text{inlet-open}}$ 可以得到,内燃波转子进出口上端相位差为

$$\Delta\varphi_1 = \frac{t_{\text{inlet-open}}}{T} \times 360° \tag{5-19}$$

接下来确定进排气端口下端相位差,下端相位差取决于激波从出口关闭时刻反向传播至入口端时间。也就是说,反向激波决定了进气端口的关闭时间,激波主要对燃料混气进行预增压。这里假设 $T_{\text{I}} = T_2$,即波转子进口温度等于压气机出口温度,则激波波速为

$$w_s = a_{\text{I}}\sqrt{\frac{\gamma+1}{2\gamma}(\Pi_s - 1) + 1} \tag{5-20}$$

其中,Π_s 由式(5-5)确定,将激波前后压力代入,得到:

$$\Pi_s = \frac{p_{\text{I}}}{p_{\text{II}}} \tag{5-21}$$

式中:p_{I} 为波前压力;p_{II} 为波后压力,假设 $p_{\text{I}} = p_2$,系统预增压系数 μ 为 1.2~1.4,即 $p_{\text{II}} = \mu p_{\text{I}}$。其中,$a_{\text{I}}$ 为当地声速,即

$$a_{\text{I}} = \sqrt{kRT_{\text{I}}} = \sqrt{kRT_2} \tag{5-22}$$

通道长度为 L,则激波传播过通道所需时间为

$$t_s = \frac{L}{w_s} \tag{5-23}$$

相位差内下端进气端口关闭时间 $t_{\text{inlet-close}}$ 与 t_s 相等,根据进气端口关闭时间 $t_{\text{inlet-close}}$ 以及内燃波转子旋转周期 T 可以得到,内燃波转子进出口下端相位差为

$$\Delta\varphi_2 = \frac{t_{\text{inlet-close}}}{T} \times 360° \tag{5-24}$$

接下来确定进气端口角度 φ_{in}。以进气端口角度 φ_{in}、旋转周期 T,得到进气时间为

$$t_{\text{in}} = \frac{\varphi_{\text{in}} T}{360°} \tag{5-25}$$

根据基准机确定外形尺寸可以确定内燃波转子的外径 d_{out} 以及波转子通道长度 L,内燃波转子内径 d_{in} 待定,则进气端口面积为

$$S_{\text{in}} = \frac{\pi\varphi_{\text{in}}(d_{\text{out}}^2 - d_{\text{in}}^2)}{4 \times 360°} \tag{5-26}$$

本设计采用经验速度法设计,基于经验给定进气端口参考速度,推算进口面积,根据基准机流量等级,进气端口内参考速度在 35~60m/s 范围内较为合适,这里将进气端口参考速度设定为 $V_{\text{ref-in}} = 50\text{m/s}$,则进气端口参考速度与进气端口参考面积存在如下关系:

$$S_{\text{in}} = \frac{W_{\text{in}}}{\rho_{\text{in}} V_{\text{ref-in}}} \tag{5-27}$$

式中:W_{in} 为设计点基准机压气机进口流量;ρ_{in} 为进口气流密度,即

$$\rho_{\text{in}} = \frac{P_{t2}}{R_{\text{air}} \cdot T_{t2}} \tag{5-28}$$

联立式(5-26)~式(5-28),可以得到开口角度 φ_{in} 与内燃波转子内径 d_{in} 的第一个关系式为

$$\frac{\pi \varphi_{\text{in}} (d_{\text{out}}^2 - d_{\text{in}}^2)}{4 \times 360°} = \frac{W_{\text{in}}}{\rho_{\text{in}} V_{\text{ref-in}}} \tag{5-29}$$

通道截面应使其长宽比在 1 附近,假设通道长宽比为 1,则单个通道的参考面积为

$$S_{\text{ref}} = (d_{\text{out}} - d_{\text{in}})^2 \tag{5-30}$$

设定通道个数为 N,则单个通道内气流参考速度为

$$V_{\text{ref-passage}} = \frac{W_{\text{in}}}{N \rho_{\text{in}} S_{\text{ref}}} \tag{5-31}$$

式中:N 为内燃波转子通道个数。

为了使填充过程充分完成,应保证填充气流到达出口端的时间 t_{passage} 不大于进气端口打开的时间 t_{in}。其中 t_{passage} 为

$$t_{\text{passage}} = \frac{L}{V_{\text{ref-passage}}} \tag{5-32}$$

这里假设 $t_{\text{passage}} = t_{\text{in}}$,则可以得到如下关系式:

$$\frac{L}{V_{\text{ref-passage}}} = \frac{\varphi_{\text{in}} T}{360°} \tag{5-33}$$

经推导,得到进气端口角度 φ_{in} 与 d_{in} 的第二个关系式为

$$\varphi_{\text{in}} = \frac{360° L N \rho_{\text{in}} (d_{\text{out}} - d_{\text{in}})^2}{TW_{\text{in}}} \tag{5-34}$$

联立式(5-29)和式(5-34),则可分别求解出进气端口开口角度 φ_{in} 和内燃波转子内径 d_{in}。其中,W_{in} 为设计点基准机压气机出口流量,L 为波转子通道长度,T 为内燃波转子旋转周期。确定进气端口角度后,根据进出口上下端相位差 $\Delta\varphi_1$、$\Delta\varphi_2$,确定出口角度 φ_{out} 为

$$\varphi_{\text{out}} = \varphi_{\text{in}} + \Delta\varphi_1 - \Delta\varphi_2 \tag{5-35}$$

进气端口分为三个部分,燃料填充区域两侧分别为新鲜冷气缓冲区①和缓冲区③,其中缓冲区①有助于上一循环内燃烧后的高温燃气排出波转子通道,避免新的循环内填充的混气,在点火前发生热自燃;缓冲区③的作用是将内燃波转子通道内填充的混气与进气端口隔开,防止点火后的燃烧过程中火焰传播到进气端口内。由于缓冲区①最先开始填充,在这一时段内,通道受膨胀波作用,通道内压力情况有利于进气,而缓冲区③填充时,通道内已填充完毕可燃混气,通道内压力较缓冲区①填充时有明显升高,相对不利于填充,但为了保持两个缓冲区域填充深度相对均衡,因此缓冲区③的开口角度要大于缓冲区①的开口角度。另外,缓冲区的开口角度,决定了缓冲的新鲜冷气的填充深度。因此根据上文推导式(5-25)和式(5-32),以及缓冲区①占总开口角度的比值 b 和缓冲新鲜冷气填充深度占通道总长度的比值 a,得到如下关系:

$$\frac{aL}{V_{\text{ref-passage}}} = \frac{b\varphi_{\text{in}} T}{360°} \tag{5-36}$$

由式(5-36)可以得到缓冲区①占总开口角度的比值 b 和缓冲新鲜冷气填充深度占通道总长度的比值 a 之间的关系,这里根据经验值,给出缓冲气体填充深度,一般为通道总长度的 0.1 倍,则可以确定比值 b,进而得到缓冲区①的开口角度为

$$\varphi_① = b\varphi_{\text{in}} \tag{5-37}$$

缓冲区③的开口角度根据缓冲区①确定的开口角度,再乘一个补偿系数 c 得到,补偿系数给定为 1.3,则缓冲区③的开口角度为

$$\varphi_③ = c\varphi_① = bc\varphi_{\text{in}} \tag{5-38}$$

内燃波转子的燃烧组织方式多种,如传统的正向传播 PDE 燃烧模式、出口安装阀门的正向传播 PDE 模式、通过燃气再注入实现能量分配的 CVC 燃烧模式及反向传播爆震驱动的激波反射模式,如图 5-4 所示[2],研究表明,图 5-4(d)中的方式最有利于用来组织内燃波转子的燃烧过程,因此本设计选择这种模式。

为了实现点火前的预压缩过程,因此使得通道内的可燃混气在填充完毕后,即进气端口关闭后,激波在通道内行进两三个来回,通过计算激波运行时间,以及给定的最大波转子转速,得到点火位置与进气端口下端的相位角。

根据上文计算与推导,可知激波的传播速度[式(5-20)],假设在点火之前,激波在进出口之间传播 2 个来回,则预压缩时间为

$$t_c = \frac{4L}{w_s} \tag{5-39}$$

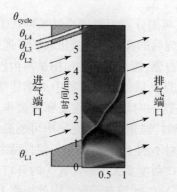

(a) 传统的正向传播PDE燃烧模式

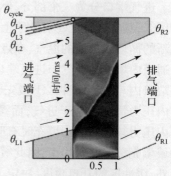

(b) 出口安装阀门的正向传播PDE模式

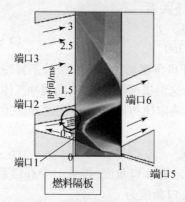

(c) 通过燃气再注入实现能量分配的CVC燃烧模式

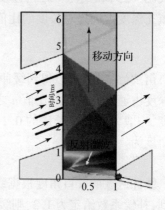

(d) 反向传播爆震驱动的激波反射模式

θ_{L1}—进气端口打开相位；θ_{L2}—进气端口关闭相位；θ_{L3}—燃料喷射端口打开相位；
θ_{L4}—燃料喷射端口关闭相位；θ_{cycle}—循环相位；θ_{R1}—排气端口打开相位；θ_{R2}—排气端口关闭相位。

图 5-4 内燃波转子的燃烧组织方式示意图

同样地，根据内燃波转子旋转周期[式(5-18)]，可以得到出口下端至射流点火器位置之间的相位角为

$$\Delta \varphi_{jet} = \frac{t_c}{T} \times 360° \qquad (5-40)$$

本章选择某型涡轴发动机为基准机，根据前期研究成果及经验，选择初始参数，对多通道内燃波转子复杂波系的循环发展过程进行分析，完成了内燃波转子气动方案设计。其中，内燃波转子特征角度如图 5-5(a) 所示，多通道内燃波转子整体结构示意图如图 5-5(b) 所示。

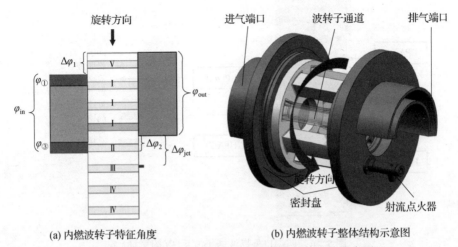

(a) 内燃波转子特征角度　　(b) 内燃波转子整体结构示意图

图 5-5　多通道内燃波转子特征角度及整体结构示意图

5.2　外燃波转子气动方案设计方法

下面以四端口外燃波转子为例,介绍外燃波转子气动方案设计方法[3]。所选择的波系图如图 5-6 所示:HPG 端口打开,产生激波(S1),该激波传播到通道末端并反射为激波 S2。在 S1 到达通道末端后,HPA 端口立即打开。当 S2 经过通道并到达 HPG 端口时,该端口关闭,从而产生膨胀波(E1)。当 E1 的头部到达 HPA 端口时,端口关闭,当 E1 的尾部到达右侧时,LPG 端口打开。LPG 端口的打开会产生向左侧移动的膨胀波(E2)。当 E2 经过整个通道时,LPA 端口打开。关闭 LPG 端口将产生激波(S3),其行进方向使 LPA 端口关闭。其中水平轴表示通道轴向,垂直轴表示时间。

图 5-6 压力交换过程如下:

(1)区域Ⅰ:通道充满来自压气机的空气(新鲜空气)。激波 S1 向右传播,实现了对新鲜空气的第一级压缩,同时对来自燃烧室的高压高温气体进行膨胀。

(2)区域Ⅱ:一级压缩空气和一级膨胀燃气同时存在,两者通过空气/燃气分界面区分。激波在 HPA 端口反射成二次激波 S2,将空气进一步压缩到燃烧室入口所需的压力。

(3)区域Ⅲ:空气压缩完成,该区域连接到 HPA 端口,空气和燃料通过分界面区分。膨胀波 E1 进一步降低了燃气压力并将通道中的流速降到零。

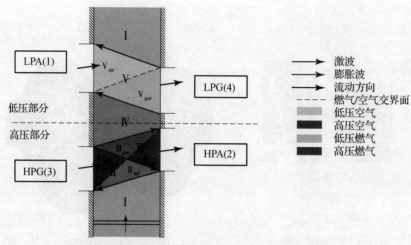

图 5-6 四端口外燃波转子波系图(附彩插)

(4)区域Ⅳ：通道充满完全膨胀的燃气。膨胀波 E2 将燃气压力降到涡轮的入口压力。

(5)区域Ⅴ：低压空气进入通道,空气和燃料通过分界面区分。LPG 端口关闭产生的弱激波 S3 使通道返回到Ⅰ区的初始状态。

求波系方程需要用到以下方程：

膨胀波模型采用特征线法求解：

$$\frac{a_2}{a_1} = 1 \pm \frac{\gamma-1}{2}\frac{u_2-u_1}{a_1} \tag{5-41}$$

$$\frac{T_2}{T_1} = \left(\frac{a_2}{a_1}\right)^2 \tag{5-42}$$

$$\frac{p_2}{p_1} = \left(\frac{a_2}{a_1}\right)^{\frac{2\gamma}{\gamma-1}} \tag{5-43}$$

式(5-41)中等号右边,波向左传播时,符号为负；向右传播时,符号为正。

膨胀波波速：

$$\begin{cases} u_{\text{head}} = a_1 \pm u_1 \\ u_{\text{tail}} = a_2 \pm u_2 \end{cases} \tag{5-44}$$

其中,等号右边当波顺流传播时为正,逆流传播时为负。

激波模型的求解基于 R-H 关系式与 Prandtl 关系式：

$$\Pi_s = \frac{p_2}{p_1} \tag{5-45}$$

$$\frac{T_2}{T_1} = \Pi_s \left(\frac{\frac{\gamma+1}{\gamma-1} + \Pi_s}{1 + \frac{\gamma+1}{\gamma-1}\Pi_s} \right) \qquad (5-46)$$

$$Ma_p = \frac{|u_2 - u_1|}{a_1} = \frac{\Pi_s - 1}{\gamma} \sqrt{\frac{\frac{2\gamma}{\gamma+1}}{\Pi_s + \frac{\gamma-1}{\gamma+1}}} \qquad (5-47)$$

式中：Ma_p 为激波的诱导马赫数（激波前后流速差与波前声速的比值）。

激波波速：

$$w = a_1 \sqrt{\frac{\gamma+1}{2\gamma}(\Pi_s - 1) + 1} \qquad (5-48)$$

当地声速：

$$a = \sqrt{\gamma RT} \qquad (5-49)$$

总温与静温、总压与静压的关系：

$$\frac{T_a}{T} = 1 + \frac{\gamma-1}{2}Ma^2 \qquad (5-50)$$

$$\frac{p_a}{p} = \left(1 + \frac{\gamma-1}{2}Ma^2\right)^{\frac{\gamma}{\gamma-1}} \qquad (5-51)$$

Ⅰ~Ⅱ过程：

假设 $u_\text{Ⅰ}=0, p_\text{Ⅰ}=p_1=p_{01}, T_\text{Ⅰ}=T_1=T_{01}, u_3=0, p_\text{Ⅱ}=p_3=p_{03}$，令 $\Pi_{S1}=\frac{p_3}{p_1}$，则 S1 速度计算如下：

$$w_{S1} = a_1 \sqrt{\frac{\gamma+1}{2\gamma}(\Pi_{S1} - 1) + 1} \qquad (5-52)$$

S1 穿过通道所用时间：

$$t_{S1} = \frac{L}{w_{S1}} \qquad (5-53)$$

t_{S1} 决定了 HPG 端口打开到 HPA 持续开放的时间，这个时间被定义为 t_{HPAopen}。

激波后的诱导流速就是Ⅱ区的流速：

$$u_\text{Ⅱ} = u_{p1} = \frac{a_1}{\gamma}(\Pi_{S1} - 1) \sqrt{\frac{\frac{2\gamma}{\gamma+1}}{\Pi_{S1} + \frac{\gamma-1}{\gamma+1}}} \qquad (5-54)$$

区域Ⅱ的空气温度：

$$T_{\text{Ⅱ air}} = T_{\text{Ⅰ}} \Pi_{\text{S1}} \frac{\frac{\gamma+1}{\gamma-1} + \Pi_{\text{S1}}}{1 + \frac{\gamma+1}{\gamma-1}\Pi_{\text{S1}}} \tag{5-55}$$

Ⅱ区气体总温等于 HPG 端口气体总温

$$T_{0\text{Ⅱ gas}} = T_{03} \tag{5-56}$$

区域Ⅱ气体的马赫数定义为

$$Ma_{\text{Ⅱ gas}} = \frac{U_{\text{Ⅱ}}}{\sqrt{\gamma R T_{\text{Ⅱ gas}}}} \tag{5-57}$$

应用式(5-57)和式(5-50)，可以获得稳态温度：

$$T_{\text{Ⅱ gas}} = T_{0\text{Ⅱ gas}} - \frac{\gamma-1}{2}\frac{u_{\text{Ⅱ}}^2}{\gamma R} \tag{5-58}$$

利用马赫数和第Ⅱ区空气中的声速的定义式，空气的其余性质可以被计算出：

$$T_{0\text{Ⅱ gas}} = T_{\text{Ⅱ air}}\left(1 + \frac{\gamma-1}{2}Ma_{\text{Ⅱ air}}^2\right) \tag{5-59}$$

$$p_{\text{Ⅱ air}} = p_{0\text{Ⅱ air}}\left(1 + \frac{\gamma-1}{2}Ma_{\text{Ⅱ air}}^2\right)^{\frac{\gamma-1}{\gamma}} \tag{5-60}$$

Ⅱ~Ⅲ过程：

假设：$p_{0\text{Ⅲ}} = p_{02}$。

主激波的反射会进一步增加新鲜空气的压力。这样，被驱动气体的压力可以高于驱动气体的压力。这两个激波决定了 HPA 端口的打开和 HPG 端口的关闭。

在式(5-45)中，用 p_3 替换 p_1，则可获得第二激波的压力比：

$$\Pi_{\text{S2}} = \frac{p_2}{p_3} \tag{5-61}$$

为求出 HPA 端口的静压(p_2)，需要求解以下方程组：

$$\begin{cases} \dfrac{p_{02}}{p_2} = \left(1 + \dfrac{\gamma-1}{2}Ma_2^2\right)^{\frac{\gamma}{\gamma-1}} \\ \dfrac{T_{02}}{T_2} = 1 + \dfrac{\gamma-1}{2}Ma^2 \\ Ma_2 = \dfrac{u_2}{a_2} = \dfrac{u_2}{\sqrt{\gamma R T_2}} \end{cases} \tag{5-62}$$

用式(5-47)、式(5-49)、式(5-61)可以简化之前的方程组,结果如下:

$$\sqrt{\gamma R T_{02} \frac{2}{\gamma-1} \frac{A-1}{A}} = u_{p1} - \sqrt{\frac{2RT_3 p_3}{p_{02}(\gamma+1)A^{\frac{\gamma-1}{\gamma}} + (\gamma-1)p_3}}$$

$$\times \left(\frac{p_{02} A^{\frac{\gamma-1}{\gamma}}}{p_3} - 1 \right) \tag{5-63}$$

其中,$A = 1 + \frac{\gamma-1}{2} Ma_2^2$。

式(5-59)最好通过数值求解。一旦 Ma_2 有解,就可以推导出其他未知数 (p_2, T_2, u_2, u_{p2})。

第二激波的速度由式(5-48)定义为

$$\omega_{S2} = a_3 \sqrt{\frac{\gamma+1}{2\gamma}(\Pi_{S2} - 1) + 1} \tag{5-64}$$

第二激波到达波转子左侧所需的时间称为 t_{S2},由速度定义

$$t_{S2} = \frac{L}{\omega_{S2} - u_{\text{II}}} \tag{5-65}$$

t_{S2} 是 HPA 端口的打开和 HPG 端口的关闭之间的延迟时间。HPG 开启时刻设置为 0($t_{\text{HPGopen}} = 0$),关闭时间为

$$t_{\text{HPGclose}} = t_{S1} + t_{S2} \tag{5-66}$$

端口打开的时间为

$$t_{(\text{port})} = t_{(\text{port})\text{close}} - t_{(\text{port})\text{open}} \tag{5-67}$$

区域Ⅲ中的空气和气体温度分别由式(5-46)定义为

$$T_{\text{III air}} = T_{\text{II air}} \Pi_{S2} \left(\frac{\frac{\gamma+1}{\gamma-1} + \Pi_{S2}}{1 + \frac{\gamma+1}{\gamma-1} \Pi_{S2}} \right) \tag{5-68}$$

$$T_{\text{III gas}} = T_{\text{II gas}} \Pi_{S2} \left(\frac{\frac{\gamma+1}{\gamma-1} + \Pi_{S2}}{1 + \frac{\gamma+1}{\gamma-1} \Pi_{S2}} \right) \tag{5-69}$$

区域Ⅲ中的压力对于空气和气体是相同的,由激波 S2 引起的气流速度为 u_{p2},可通过式(5-47)得到,方向和激波方向相同,有

$$u_{p2} = \frac{a_3}{\gamma}(\Pi_{S2} - 1) \sqrt{\frac{\frac{2\gamma}{\gamma+1}}{\Pi_{S2} + \frac{\gamma-1}{\gamma+1}}} \tag{5-70}$$

通道出口到 HPA 端口 u_2 的速度由 II 区速度[从式(5-54)中得出]和来自第二激波的诱导速度之和给出：

$$u_2 = u_{p1} - u_{p2} \tag{5-71}$$

III~IV 过程：

假设：$u_{IV} = 0, u_{III} = u_2$。

膨胀波 E_1 的速度由膨胀波的头部和尾部的速度[式(5-48)]定义。由于 HPA 端口中需要高压，并且压力到膨胀波的尾部时会降低，因此到达波转子右侧的膨胀波的头部决定了 HPA 端口的关闭。为了避免膨胀波的反射并进一步降低通道中的压力，膨胀波的尾部确定 LPG 端口的打开。

根据式(5-44)，有

$$\begin{cases} u_{\text{head1}} = a_{III} + u_{III} \\ u_{\text{tail1}} = a_{IV} + u_{IV} \end{cases} \tag{5-72}$$

通过式(5-41)可以得到 a_{IV}：

$$\frac{a_{IV}}{a_{III}} = 1 + \frac{\gamma - 1}{2} \frac{u_{IV} - u_{III}}{a_{III}} \tag{5-73}$$

膨胀波头部和尾部到达通道另一端所需的时间分别为

$$\begin{cases} t_{\text{head1}} = \dfrac{L}{u_{\text{head1}}} \\ t_{\text{tail1}} = \dfrac{L}{u_{\text{tail1}}} \end{cases} \tag{5-74}$$

HPA 端口关闭的时间：

$$t_{\text{HPAclose}} = t_{\text{HPGcolse}} + t_{\text{head1}} \tag{5-75}$$

LPG 端口打开的时间：

$$t_{\text{LPGopen}} = t_{\text{HPGcolse}} + t_{\text{tail1}} \tag{5-76}$$

IV 区压力按照式(5-43)得出：

$$\frac{p_{IV}}{p_{III}} = \left(\frac{a_{IV}}{a_{III}}\right)^{\frac{2\gamma}{\gamma - 1}} \tag{5-77}$$

第二膨胀波($E2$)的运动确定了 LPA 端口的打开。由于新鲜空气的最大流入量需要在通道中达到最低的压力，因此第二膨胀波尾部的到达将决定 LPA 端口的打开。

将 a_{IV} 和 a_V 代入式(5-41)中，可以得到 a_V 的值：

$$\frac{a_{V\text{gas}}}{a_{IV}} = 1 + \frac{\gamma - 1}{2} \frac{u_{IV} - u_{V\text{gas}}}{a_{IV}} \tag{5-78}$$

要得到 $a_{V\text{gas}}$，就需要 $T_{V\text{gas}}$ 的值。假设 $T_{V\text{gas}} = T_4$ 且 $T_{0V\text{gas}} = T_{04}$。代入

式(5-50),有

$$\frac{T_{0\text{Vgas}}}{T_{\text{Vgas}}} = 1 + \frac{\gamma-1}{2}Ma_{\text{Vgas}}^2 = 1 + \frac{\gamma-1}{2}\frac{u_{\text{Vgas}}^2}{\gamma R T_{\text{Vgas}}} \tag{5-79}$$

根据式(5-78)和式(5-79),得

$$T_{\text{Vgas}} = \frac{\gamma R T_{0\text{Vgas}}(\gamma-1) + 2a_{\text{IV}}^2}{\gamma R(\gamma+1)} - \frac{4a_{\text{IV}}^2(\gamma-1)}{\gamma R(\gamma+1)^2}$$

$$+ \frac{2\sqrt{2\gamma R(\gamma-1)(2\gamma^3 R^2 T_{0\text{Vgas}} + 2\gamma^2 R^2 T_{0\text{Vgas}} - 4\gamma R a_{\text{IV}}^2)}}{\gamma^2 R^2 (\gamma+1)^2} \tag{5-80}$$

因此

$$u_{\text{Vgas}} = \sqrt{\frac{2\gamma R}{\gamma-1}(T_{0\text{Vgas}} - T_{\text{Vgas}})} \tag{5-81}$$

根据式(5-44),u_{head2}和u_{tail2}分别为

$$\begin{cases} u_{\text{head2}} = a_{\text{IV}} - u_{\text{IV}} \\ u_{\text{tail2}} = a_{\text{Vgas}} - u_{\text{Vgas}} \end{cases} \tag{5-82}$$

两者都沿流动的相反方向运动,相应的波传播时间分别为

$$\begin{cases} t_{\text{head2}} = \dfrac{L}{u_{\text{head2}}} \\ t_{\text{tail2}} = \dfrac{L}{u_{\text{tail2}}} \end{cases} \tag{5-83}$$

LPA端口的开启时间为LPG端口与t_{tail2}的开启时间之和:

$$t_{\text{LPAopen}} = t_{\text{LPGopen}} + t_{\text{tail2}} \tag{5-84}$$

V~I过程:

激波S_3是在LPG端口关闭时产生的,并且其到达低压空气侧将决定LPA端口的关闭。用p_1和p_4作为p_2和p_1代入式(5-45)得到:

$$\Pi_{S3} = \frac{p_1}{p_4} \tag{5-85}$$

根据式(5-48)可以得到激波的速度:

$$\omega_{S3} = a_{\text{Vair}}\sqrt{\frac{\gamma+1}{2\gamma}(\Pi_{S3}-1)+1} \tag{5-86}$$

式中:a_{Vair}为区域Ⅰ(LPA端口)中的声速,由式(5-49)定义。

波在通道中传播的时间为

$$t_{S3} = \frac{L}{\omega_{S3}} \tag{5-87}$$

其结果是

$$t_{\text{LPAclose}} = t_{\text{LPGclose}} + t_{S3} \quad (5-88)$$

式中的未知量,即 LPG 端口的关闭时间(t_{LPGclose}),可以通过整个端口系统的整体流量平衡来计算。

取速度的绝对值,将 HPG 端口和 LPA 端口中的流量视为流入量,HPA 端口和 LPG 端口提供流出量,可写出以下关系式:

$$\dot{m}_{\text{HPG}} + \dot{m}_{\text{LPA}} = \dot{m}_{\text{HPA}} + \dot{m}_{\text{LPG}} \quad (5-89)$$

已知:

$$\dot{m} = \rho u A \quad (5-90)$$

参数 A 定义为

$$A = HW = Htv \quad (5-91)$$

同样,根据理想气体的状态方程:

$$\rho = \frac{p}{RT} \quad (5-92)$$

根据式(5-79)~式(5-92),有

$$\frac{p_{\text{HPG}}}{T_{\text{HPG}}} u_{\text{HPG}} t_{\text{HPG}} + \frac{p_{\text{LPA}}}{t_{\text{LPA}}} u_{\text{LPA}} t_{\text{LPA}} = \frac{p_{\text{HPA}}}{T_{\text{HPA}}} u_{\text{HPA}} t_{\text{HPA}} + \frac{p_{\text{LPG}}}{t_{\text{LPG}}} u_{\text{LPG}} t_{\text{LPG}} \quad (5-93)$$

假设 LPA 和 LPG 端口中的速度相同。对于 LPA 和 LPG 端口,应用式(5-67)、式(5-84)和式(5-88),LPA 打开时的时间 t_{LPA} 可以被推导为 t_{LPG} 的函数,即

$$t_{\text{LPA}} = t_{\text{LPG}} + t_{S3} - t_{\text{tail2}} \quad (5-94)$$

式(5-93)和式(5-94)中,存在两个未知量 t_{LPA} 和 t_{LPG}。一旦该方程组被求解,就可以获得端口打开和关闭的所有时间,进而生成初步波转子设计方案。

参考文献

[1] 巩二磊. 内燃波转子工作过程及燃烧特性研究[D]. 南京:南京航空航天大学,2017.
[2] SNYDER P H. Seal Technology Development for Advanced Component for Airbreathing Engines[R]. Glenn Research Center,2008.
[3] IANCU F, PIECHNA J, MÜLLER, N. Basic design scheme for wave rotors[J]. Shock Waves, 2008, 18:365-378.

第6章 内燃波转子非定常流动与燃料掺混特性

前面已经介绍波转子增压循环发动机存在很多优点，相关概念已经得到原理性验证，但要使这种新概念发动机用于航空、航天推进系统中，还需要突破许多关键技术，如高转速下非定常流动特性、燃料掺混特性，以及内燃波转子中的点火特性等。由于以上特性均存在于内燃波转子工作过程中，因此下面以内燃波转子为例进行介绍。

6.1 内燃波转子非定常流动特性

6.1.1 理想内燃波转子流动组织

内燃波转子工作过程中处于高速旋转状态，波转子通道顺序经过不同功能的端口，因此其流动过程表现出显著的非定常流动特性。

如图6-1所示，波转子通道内混气完全燃烧后，波转子通道旋转到排气端口位置，在通道右端形成一束左行膨胀波，高温燃气从排气端口排出。随后进气端口打开，新鲜混气向波转子通道内填充，新鲜混气与通道内残余燃气之间形成物质间断面，随着填充的进行，物质间断面逐渐向右运动。填充过程结束后，排气端口关闭，由于气流在排气端密封盘上滞止，形成向左传播的预压缩波，随后进气端口关闭，波转子通道内的混气获得一定冷态压力增益后进行后续点火燃烧过程。冷态预增压可以提高热力循环加热过程的初始压力，从而有效提高总体循环热效率。

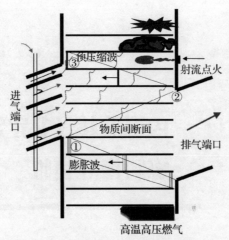

①—膨胀波;②—物质间断面;③—预压缩波。
图 6-1 内燃波转子非定常流动波系

图 6-2 为印第安纳-普渡联合大学 P. Akbari 等利用 NASA 格林中心开发的准一维计算程序预测的内燃波转子工作性能参数分布情况,该程序最初用于压力交换波转子的流动模拟,并使用三端口波转子实验进行了实验验证。后来由 Nalim 和 Paxson 进行了优化,加入了化学反应模型并对反应气体进行了修改,且通过美国空军研究实验室的氢气/空气 PDE 实验验证,成为内燃波转子分析的可靠工具[1]。

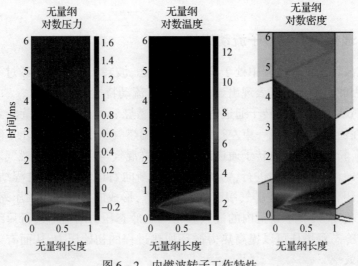

图 6-2 内燃波转子工作特性

图 6-3 同时给出了波转子通道进出口端面的速度、马赫数和压力值随时间的变化规律。这些结果为一个理想循环的代表,其中没有考虑摩擦等的影响,但包括了冲击损失和端口混合损失。图 6-2 底部边代表波转子通道完成填充后的状态,经过热射流点火后,通道内压力和密度迅速升高,反映了燃烧波的作用。随后右侧的排气端口打开,会产生强烈的膨胀波,沿着通道向左端传播,使燃烧后的气体从右侧排出。膨胀波之后波转子通道内压力迅速降低,接着进气端口打开,开始重新填充可燃混气,新鲜冷气混合物进一步降低通道气体温度,实现内燃波转子的自冷却效果。当新鲜混气到达通道的右端时,排气端口关闭产生向左传播的激波,对波转子通道内的可燃混气进行预压缩,可以看出,预压缩使混气密度大约增大一倍,随后进气端口关闭,可以进入下一个循环的点火燃烧过程。循环完成后,从进气口进入通道的总质量流量必须与排气口离开通道的总质量流量相匹配。在图 6-3 的下部,波转子通道入口显示出相对均匀的速度分布,但出口速度分布波动较大,其峰值是由燃烧波反射引起的。但是与 PDE 相比,内燃波转子的出口流动是相对均匀的,没有任何反向流动。在整个循环过程中,出口马赫数呈现出明显的宽范围分布。马赫数曲线显示,当反射激波离开通道时,会出现短暂的超声速排气。波转子通道进出口压力的变化曲线,有利于指导内燃波转子实验件设计。

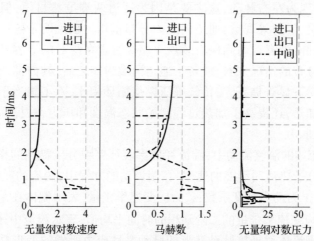

图 6-3　波转子通道进出口参数随参数分布时间的变化规律

为了获得最紧凑的内燃波转子结构,其流场组织应该满足以下特征:①进气端口打开瞬间,膨胀波恰好传播到波转子通道最左端,高温高压燃气充分膨胀;②排气端口关闭瞬间,物质间断面恰好传播至通道最右端,残余燃气彻底排出,可燃混气填充充分,做好点火燃烧准备;③排气端口关闭瞬间,预压缩波恰好运行至通道最左端,对通道内可燃混气实现最大限度冷态预增压。然而,由于发动机工作状态、波转子转速、端口渐开渐闭、泄漏等多因素共同影响,工程上实现上述理想流动组织是不现实的,因此掌握各因素对非定常流动特性的影响规律,对内燃波转子设计和工程应用均十分重要。

6.1.2 内燃波转子进出口压差对流动特性的影响

内燃波转子进出口压差,决定着进入内燃波转子气体流量和填充速度,而填充速度对波转子通道内的波系发展起了至关重要的作用,对于给定的内燃波转子结构,必须合理地匹配气流参数,才能获得较好的冷态流动特性。

图 6-4 给出了内燃波转子二维简化模型非定常流动 CFD 的计算结果[2],图 6-4(b)~(d)依次展示了某时刻压力、温度以及湍流耗散率的分布,图 6-4(a)在压力云图的基础上绘制了流线图。波转子结构布局以某基准机设计点参数为基准进行设计,波转子进口压力为 0.79MPa,波转子出口压差为 5%。从图 6-4(a)中的流线分布可以看出,在排气端口关闭以前,进气端口的流体微团离开了排气端口,成功实现了隔离和扫气,避免了热态循环时可燃混气填充过程发生提前点火的危险。当通道运动到两端都封闭的时候,通道内气流主要体现在随通道一起向上运动(对应三维情况下的转动),而沿轴向的运动很微弱,体现为左右脉动,这主要是因为通道两端虽然封闭,但其内部依然存在波的相交、反射等现象,通道内压力分布不均匀也说明了这一现象。通道内的气流沿轴向没有运动确保后续点火燃烧过程在绝对的等容环境发生。从压力和温度分布的情况来看,波转子通道两端封闭之后,其内部压力和温度均在预压缩作用下显著提高,与传统等压燃烧循环相比,除了相当于把等压加热替换为等容加热,还提高了加热过程起始状态温度和压力,对提高总体循环热效率十分有利。

在黏性流体的湍流流动中,湍流耗散率表征着在分子黏性的作用下由湍流动能转化为分子热运动动能的速率,在湍流动能方程中,湍流的耗散项表示为:$2v\overline{s'_{ij}s'_{ij}}$,其中,$v$ 为动力黏度系数;s'_{ij} 为应变速率张量,表示流体在某一点的变形速率;$\overline{s'_{ij}s'_{ij}}$ 为应变速率张量的二阶乘积的时间平均值,表示湍流中速度梯度的平方和。它代表流体对抵抗脉动变形的脉动黏性应力所做的变形功。耗散直接导致机械能的可利用率下降,增大总压损失,从图 6-4(d)中可以看出,湍流耗散率强的地方一般都起源于端口与通道过渡的地方,即物质间断面所在位置。

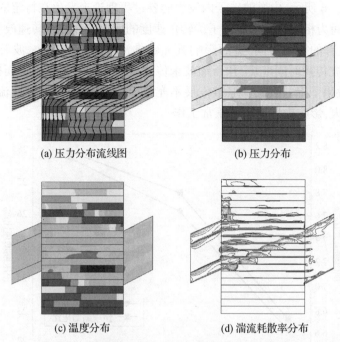

(a) 压力分布流线图　　(b) 压力分布

(c) 温度分布　　(d) 湍流耗散率分布

图 6-4　内燃波转子二维非定常流动 CFD 计算结果

为了分析波转子进出口压差的影响,在上述模型基础上改变压差重复计算,获得如图 6-5 所示的变化曲线。可以看出,随着波转子进出口压差的增大,预压缩产生的增压比和温升比逐渐升高,此处增压效果实际上是填充气流动压转化成了静压。内燃波转子填充过程是在进出口压差驱动下完成的,即 $\Delta P = 1/2\rho V_{in}^2$,因此在波转子进口温度不变的情况下,只要合理布置内燃波转子进排气端口相对位置,确保预压缩波传播至通道左端时进气端口关闭,就能实现较好的预增压效果,且该效果随着进出口压差的增大而增强。然而由图 6-4(d) 可知,波转子内部存在强烈的湍流耗散现象,由波转子进出口压差增大而导致的填充速度增加,必然导致湍流耗散作用增强,增大总压损失。另外,填充速度的改变还会对混气形成等产生影响,严重时甚至会导致内燃波转子不能正常工作,这一点在后续章节进行讨论。

6.1.3　波转子转速对流动特性的影响

波转子转速的改变,直接影响的是内燃波转子的作用时序,进而影响其非定常流动特性。内燃波转子作用时序指的是内燃波转子中发生的包括进排气、预压缩、等容燃烧、激波火焰相互作用等一切相关事件发生的时刻及持续时间的总称。如图6-6所示，内燃波转子内发生的各过程理论上发生在特定的角度范围内，持续时间为相应角度与波转子旋转角速度的比值。波转子转速改变，等比例改变了各过程的持续时间，进而影响其非定常流动特性。例如，波转子转速增加，预压缩波传播时间变短，预压缩波未传播至通道左端进气端口而提前关闭，则预压缩效果下降；再如，膨胀波发展不充分，高温高压燃气可能回流至进气端口，造成回火，影响内燃波转子正常工作。

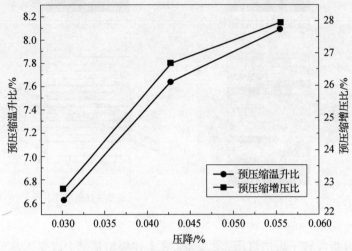

图6-5 内燃波转子预增压效果

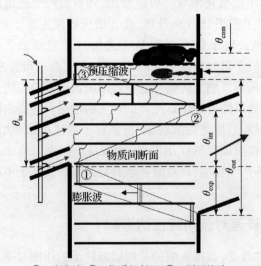

①—膨胀波；②—物质间断面；③—预压缩波；
θ_{com}—燃烧相位；θ_{in}—进气端口相位；θ_{int}—物质间断面相位；θ_{out}—排气端口相位；θ_{exp}—膨胀波相位。

图6-6 内燃波转子作用时序

第6章　内燃波转子非定常流动与燃料掺混特性

对于叶轮机械,转速与轮缘功及压比成正比,因此转速变化的影响在很大程度上体现为部件做功能力的变化,进而影响压比、流通能力等。而对于波转子,做功能力、流通能力都是由压力波系的强度决定的,不依赖转速;转速变化的作用体现在压力波系运动与端口开闭时间的不匹配,进而改变波系结构,在一定程度上间接地影响波转子的性能特性。这种间接作用导致波转子的工作特性呈现出比叶轮机械更复杂的特征。本质上甚至不需要同步提高转子的转速而只需触发更强的激波系,就不受转子转动惯量等限制,所以可以非常快地建立高压比的工作状态。此外,正因为波转子不依赖叶片做功,所以波转子甚至没有"失速"问题。从研究角度看,要掌握、利用波转子工作特性的这些优点,需要深入地研究、分析非设计点流场。

6.1.4　端口渐开渐闭对流动特性的影响

波转子通道内的压力波系主要由端口的开闭动作触发。在简化的一维流场结构(波系图)中,波转子端口打开、关闭的时间被忽略不计,也就是假设端口开闭动作在瞬时完成。这种情况触发的压力波符合严格的一维流动特征。然而,实际上端口转过一个通道的宽度是需要一定时间的,所以波转子每个通道打开和关闭都是一个渐进的过程,如图6-7所示。图6-7(a)所示为进口部分打开时的端口流场示意图。当端口打开一部分,上游气体在端口内外压力差的驱动下流入波转子通道上侧,而通道下部仍为低压区,会在通道内形成回流区。气流分离、掺混都会造成一定的能量损失。图6-7(b)为出口部分逐渐打开时的过程,其流场状态与进口逐渐打开相似。相比之下,出口打开过程造成的影响,例如掺混、分离等现象都是在波转子的排气通道中进行,其流场是近似定常的,所以相对容易借助定常的流动控制手段减小损失。波转子领域研究较多的是通道进口渐开问题。

图6-8以单个波转子通道给出了渐开过程物质间断面和波系的发展。不仅可以清晰地看到在端口完全打开之前,由于端口逐渐打开诱导的曲面波在波转子通道上下侧壁面间的多次反射,以及波转子转速的增加,可以有效减少反射次数;还可以看出,由于渐开运动所引起的物质间断面的拉伸变形,在端口完全打开后迅速消失,但由此产生的漩涡强度增加。反射激波与物质间断面间的相互作用,进一步加剧物质间断面的变形,漩涡强度减弱。这是由于科里奥利加速度导致流体元素沿间断面展向迁移引起的。

6.1.5　泄漏对内燃波转子流动特性的影响

波转子在工作过程中处于高速旋转状态,为避免转子、静子之间摩擦,波转

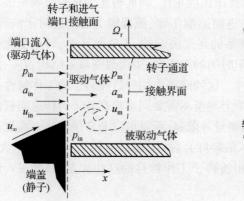
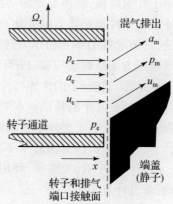

(a) 通道半开状态示意图　　　　(b) 通道半闭状态示意图

p_{in}—进口气体压力；a_{in}、a_e、a_m—当地声速；u_{in}—进口气体速度；u_∞—气体初始速度；Ω_r—转子角速度；p_e—出口气体压力；u_e—出口气体速度；p_m—混气压力；u_m—混气速度。

图 6-7　内燃波转子端口渐开渐闭过程

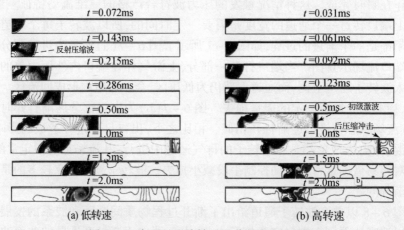

(a) 低转速　　　　　　　　　　(b) 高转速

图 6-8　渐开过程波转子通道内波系的发展

子端面与静止密封盘之间必须保留一定间隙，同时给高压气体泄漏提供了必要的通道。泄漏的存在，会对波转子的工作性能产生极大影响，如导致波系结构偏离设计状态而失去增压能力、进排气端口回流、激发新的压力波、干扰压力波运动等。因此泄漏问题已经被认为是阻碍波转子技术商业化的重要技术难点之一。如图 6-9 所示，波转子内的泄漏情况不同于传统叶轮机械。传统叶轮机械的泄漏主要通过叶尖间隙沿轴向泄漏，而波转子内的泄漏主要发生在波转子端面处，在周向和径向均存在泄漏风险。相关研究指出，波转子的泄漏主要是径向泄漏,而且径向泄漏量沿周向表现出显著的不均匀性。这是因为在圆周方向上存在强烈的压力变化。此外,由于不均匀的转子或端壁加热引起的热变形和倾斜的压力加载引起的变形,间隙可能会发生变化。

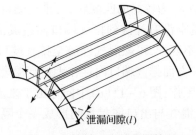

图 6-9　波转子内的泄漏情况

泄漏间隙的存在,对内燃波转子宏观冷态特性的影响主要表现在预增压效果上。图 6-10 给出了不同泄漏间隙下波转子通道内预压缩波强度对比。随着泄漏间隙的增加,峰值压力逐渐减小,与无泄漏间隙的情况相比,峰值压力分别降低了 13%、17% 以及 23%。此外,泄漏间隙的存在,使得通道与外界环境连接,通道内并不会在膨胀波的作用下出现负压状态。泄漏的存在会使进气压力震荡幅值减小,但不会改变进气压力的频率。

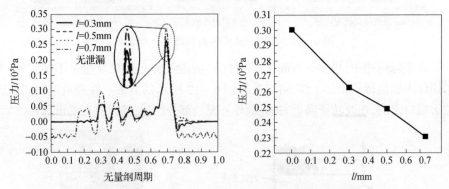

图 6-10　不同泄漏间隙下波转子通道内预压缩波强度对比

6.2　内燃波转子燃料填充与混气形成特性

6.2.1　波转子通道内混气分布

燃料通常直接喷注到混气端口内与来流掺混后以预混或部分预混的状态进入波转子通道组织燃烧。在进行内燃波转子工作过程的数值研究时,往往不考虑燃料喷注,而直接将混气端口处理成预混气的形式。考虑到发动机工作状态与波转子转速匹配效果不同,波转子内的混气分布可能会呈现出不同的分布状态。如图6-11所示为基于简化二维结构仿真得到的波转子通道内典型混气分布形态。其中,图6-11(a)为较好的匹配状态,排气端口关闭时,可燃混气恰好运动至通道最右端,且基本没有外溢到排气端口而造成浪费;图6-11(b)由于来流速度与波转子转速不匹配,可燃混气外溢至排气端口内,即"过度填充",一方面造成燃料浪费,另一方面排气端口内存在大量高温燃气,容易导致火焰回传而影响内燃波转子正常工作;图6-11(c)中同样由于来流速度与波转子转速不匹配,排气端口关闭后,混气与出口密封盘间形成一个隔离段,从而对点火造成困难,即"燃料邻近效应"。

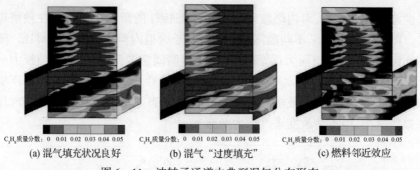

图6-11 波转子通道内典型混气分布形态

在实际应用中,想要一直确保6-11(a)的混气分布效果显然是不现实的,为了确保内燃波转子正常工作,可以采取图6-12所示的方案。在通道运动到射流点火端口之前,在波转子通道右端,额外补充一部分燃料,确保点火的可靠性。

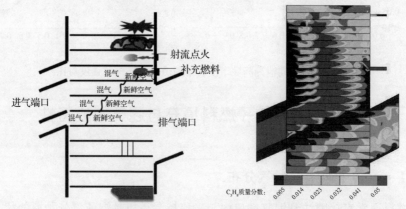

图6-12 补充燃料方案及仿真结果

6.2.2 内燃波转子燃料填充方案

在实际应用过程中,混气端口内不可能处于完全预混的状态,而是通过离散的燃料喷嘴将燃料喷入进气端口与来流进行掺混。燃料喷嘴的形式有很多,这里介绍四种气态燃料喷嘴的形式(图6-13),及其工作性能评估方法。图6-13中四种方案喷孔的总面积一样。其中方案A中燃料直接经过燃料支管从进气段壁面上的喷射孔垂直于气流方向喷出;方案B中燃料支管伸入进气段管道内,燃料从支管上的单个小孔沿气流方向逆向喷出;方案C与方案B类似,只不过此时每根燃料支管上开有2个喷孔;方案D中燃料通过燃料支管上侧向燃料喷孔喷出,每根支管上开4个侧向喷孔[3]。

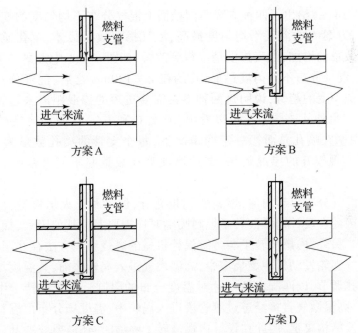

图6-13 内燃波转子燃料喷嘴的形式(附彩插)

针对上述四种喷嘴的形式,分别建立进气端口流动分析模型,模型总长为200mm,燃料进口距主流进口的距离为50mm。为了方便分析,选择进气端口横截面距进口边界的距离Z作为特征长度。采用经过实验验证的数值模拟方法对其进行燃料喷注与流动耦合仿真。选择燃料掺混不均匀度(fuel mixing deficiency,FMD)作为评价喷嘴方案优劣的基本评定参数,其值越小,代表燃料与来流空气掺混越均匀。FMD的计算方法如下:

$$\text{FMD} = \sigma/\bar{f} \qquad (6-1)$$

$$\sigma = \sqrt{\frac{1}{N-1}\sum_{i=1}^{N}(f-\bar{f})^2} \qquad (6-2)$$

式中:f 为某点的燃料浓度;$\bar{f}$ 为特征面上燃料平均浓度;σ 对应的燃料浓度标准差。

理论上 FMD 计算公式为

$$\text{FMD} = \frac{\iint |f-\bar{f}|\,\mathrm{d}A}{A\bar{f}} \qquad (6-3)$$

式中:A 为所计算平面的面积。

图 6-14(a)给出了四种方案不同截面上混气分布不均匀度的变化曲线,可以看出,方案 A 的混气不均匀度最高,混气掺混效果最差,单孔逆喷次之。随着喷孔数量的增加,混气掺混情况得到改善,如图 6-14 中方案 C 和方案 D 两种工况,混气分布不均匀度最低,且约在 $Z=120\text{mm}$ 之后,混气分布不均匀度保持近似不变的趋势,说明这两种方案需要更短的掺混距离来达到预期的掺混目的。另外从该图中还可以看出,方案 C 和方案 D 两种方案的曲线非常接近,说明在喷孔总面积一定的情况下,每个支管的喷孔数量为 2 个时,已经可以实现较好的掺混效果,继续增加喷孔数量并不能大幅改善混气掺混效果。

尽管混气分布得越均匀,燃料燃烧越充分,但不利于火焰稳定,稳定燃烧边界窄。因此在设计内燃波转子燃料喷嘴时还需要兼顾其他因素,如点火、熄火极限等。另外,内燃波转子与传统涡轮机械的燃烧组织方法存在明显区别。在传统燃气涡轮发动机主燃烧室中,高温燃气进入涡轮之前,其温度场品质均通过掺混孔调节,以匹配涡轮叶片对温度分布的限制。而在波转子中无两股气流通道,高温燃气直接经过过渡管段进入涡轮中,温度场分布由燃料浓度场和过渡管段结构决定,因此在设计内燃波转子喷嘴时,还需要兼顾其出口温度场分布。图 6-14(b)为不同方案燃料沿进口端口径向分布曲线与典型涡轮进口温度分布曲线的比较,不同径向高度燃料浓度值为该半径位置与进气端口截面交线的平均值。燃料浓度 m_s 为用相应截面燃料的平均浓度进行的无量纲化结果。纵坐标 H 为用通道高度无量纲化之后的径向高度,由于方案 A 混气分布效果很差,直接淘汰,故未参与比较。从图 6-14 中可以看出,方案 B 浓度沿进气端口高度方向 H 的分布与典型涡轮进口温度分布趋势十分相似,燃料浓度在无量纲通道高度为 0.6 附近达到最大,所以方案 B 被确定为所研究方案中最理想的选择。方案 B 外弧面浓度相对较高是因为喷孔的布置遵循了"等环面积"的原则。

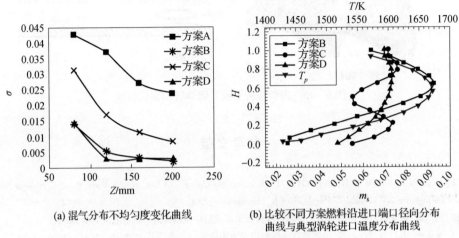

(a) 混气分布不均匀度变化曲线 　　(b) 比较不同方案燃料沿进口端口径向分布
　　　　　　　　　　　　　　　　　　曲线与典型涡轮进口温度分布曲线

图 6-14　内燃波转子燃料喷注特性

上述结果主要应用于气态燃料,当液态燃料应用于内燃波转子时,常用的燃料浓度场评价指标为索太尔平均直径(SMD)和液滴不均匀度(δ),计算方法分别为

$$\text{SMD} = \frac{\sum d_i^3}{\sum d_i^2} \quad (6-4)$$

$$\delta = \frac{D_{90} - D_{10}}{D_{50}} \quad (6-5)$$

式中:d_i 为第 i 个粒子直径;D_{90} 为该直径以内的液滴数量占总液滴体积的 90%;D_{10}、D_{50} 分别为对应直径内的液滴数量占总液滴体积的 10%、50%。

液体燃料喷注方案在传统燃气涡轮发动机中应用广泛,技术成熟,形式繁多,如离心式压力雾化喷嘴、气动雾化喷嘴、预混预蒸发喷嘴等,其结构特征及工作特性在此不细致介绍,仅展示目前研究阶段所用气动雾化喷嘴,如图 6-15 所示。在波转子进气端口内设置文氏管喉道,流线型油腔将燃油喷射到喉道壁面形成油膜,在高速气流的剪切作用下,油膜逐步破碎、雾化。

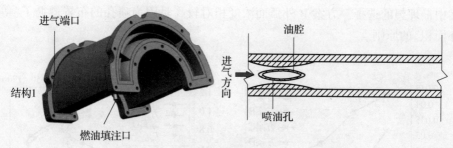

图 6-15 内燃波转子液态燃料气动雾化喷嘴

参考文献

[1] AKBARI P, NALIM M R, SNYDER P H. Numerical Simulation and Design of a Wave Rotor Combustor for Deflagrative and Detonative Propagation[R]. Sacramento, 2006.

[2] 巩二磊. 内燃波转子发动机非定常燃烧特性数值研究[D]. 南京:南京航空航天大学, 2012.

[3] 李建中, 巩二磊, 袁丽, 等. 内燃波转子燃料填充方案研究[J]. 推进技术, 2016, 37(11):2120-2125.

第7章 内燃波转子点火匹配技术

内燃波转子在工作过程中处于高速旋转状态。转子每旋转一周，均布在其周围的诸多波转子通道分别经历至少一个循环，每个循环需要进行一次点火，而通常情况下波转子包含几十个甚至更多的波转子通道，这就要求内燃波转子的点火器具有足够高的点火频率。另外，要在波转子通道内实现快速燃烧，要求点火能量足够大。很显然，传统的火花塞点火很难满足这两方面的要求。目前可以用于内燃波转子点火的方式包括连续热射流点火、等离子体点火及自给式点火等。

7.1 内燃波转子点火技术

1. 热射流点火

图7-1所示为一种小型化内燃波转子射流点火器，燃料和来流在预燃室外部掺混后进入点火器，再绕流过V形火焰稳定器后，下游形成对称分布的回流区用于火焰稳定。预燃室内的可燃混气采用火花塞点燃，燃烧后的高温燃气通过喷管加速后进入波转子进行点火。连续工作的射流点火器预燃室一直处于高温状态，因此在其外围设置了用于壁面冷却的两股气流通道。射流点火器结构简单，制造和维护成本低，点火能量大，不受发动机工作状态的影响，因此应用范围十分广泛[1]。

2. 等离子体点火

等离子体点火是利用气体放电形成局部高温区域，并激发大量的活性粒子，实现的快速点燃[2]，如图7-2所示。等离子体点火能够拓宽点火包线，并实现高空快速重新启动，具有点火区域大、能量高、延迟时间短、成功率高等优点。研究表明，等离子体点火的机理主要表现为三种效应：热效应、化学效应和气动效应。热效应是指在等离子体放电的过程中能够瞬间加热放电区域的介质,使其温度迅速升高,因此也称为温升效应;化学效应是指在等离子体放电过程中,电子与空气/燃料分子发生碰撞,大分子碳氢燃料被电离成活化能很小的带电活性粒子,空气中的氧气和氮气分子被电离成氧化性更强的活性粒子,从而加速化学连锁反应;气动效应是指在等离子体放电的过程会对流场产生扰动,一方面增强燃烧室内气流的湍流脉动度,另一方面有利于等离子体在混合气中的定向迁移,而迁移扩散又有利于火焰面的扩展,扩大了火焰的前锋面积,增大火焰的传播速度,增强燃烧的稳定性。等离子体点火技术根据激发形式的不同分为不同种类,包括射流电弧、直接击穿空气的电弧、滑动弧、电晕、微波等等离子体点火和介质阻挡放电(dielectric barrier discharge, DBD)技术等。

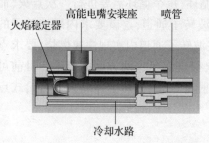

图7-1 射流点火器

图7-2 等离子体点火器

3. 自给式点火

自给式点火是指在内燃波转子正常工作过程中,从邻近处于燃烧状态的波转子通道中引流高温燃气,用于波转子通道内的可燃混气点火,如图7-3所示。自给式点火的优点在于结构简单、无须额外设置连续点火源,但在波转子启动时,需要启动点火源,启动点火源可以采用高频火花塞点火或者热射流点火[3]。

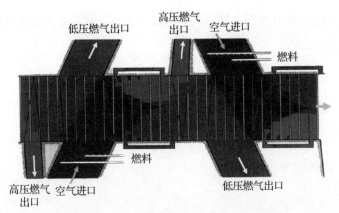

图 7-3 基于自给式点火的内燃波转子方案

7.2 内燃波转子射流点火器设计

内燃波转子射流点火器作为内燃波转子系统的点火装置,其设计要求如下:

(1)内燃波转子的热射流点火过程是一个湍流掺混和化学反应并存的过程,在设计射流点火器且保证点火能量的同时,要保证足够的湍流掺混能力。

(2)为了满足多通道内燃波转子试验系统的安装需求,射流点火器外形尺寸不宜过大,本设计外形尺寸为长度100mm、外径30mm、内径16mm。

(3)为了简化射流点火器结构,减轻点火器重量,本设计头部采用非叶片式涡流器形式。利用射流点火器头部锥形火焰稳定器稳定火焰,利用支管结构掺混空气与燃料,并以不均匀混气形式进入射流点火器,在头部火焰稳定器后利用高能电嘴进行点火。

(4)为了保证预燃室的冷却效果,在内外壁之间设置冷却通道,以便射流器进行冷却。

(5)喷管可以拆卸和更换,可以根据不同的试验工况要求选择不同尺寸和规格的结构。

7.2.1 预燃室设计

由试验条件给定外形尺寸:预燃室长度为 L_{ref},预燃室内径为 D_c = 16mm,根据设计点条件,给定射流点火器空气进口压力为 p_{in},射流点火器的压降比为 $\dfrac{\Delta p}{p_{in}}$,则出口压力为

$$p_{out} = \left(1 - \dfrac{\Delta p}{p_{in}}\right) p_{in} \tag{7-1}$$

由预燃室直径,得到预燃室参考面积为

$$A_{ref} = \dfrac{\pi D_{ref}^2}{4} \tag{7-2}$$

得到预燃室内的参考速度为

$$v_{ref} = \dfrac{W_{in}}{\rho_{in} A_{ref}} \tag{7-3}$$

计算出燃气驻留时间为

$$t_{驻留} = \dfrac{L_c}{v_{ref}} \tag{7-4}$$

燃气驻留时间在 5~7ms 时,可以组织燃烧。

以丙烷为燃料,根据设计点油气比,计算预燃室理论燃烧温度。已知射流点火器内预燃室总油气比为

$$f_a = \dfrac{W_f}{W_{air}} \tag{7-5}$$

且总气量为

$$W_{in} = W_f + W_{air} \tag{7-6}$$

则可以计算得到燃料和空气气量。

计算射流点火器预燃室内理论燃烧温度

$$T_{理} = \dfrac{Q_{低} + Q_{空} + Q_{燃}}{m_{产} c_{产}} \tag{7-7}$$

给定燃料的低热值 H_f,则预燃室中丙烷的总低热值 $Q_{低}$ 为

$$Q_{低} = H_f W_f t_{驻} \tag{7-8}$$

空气显热 $Q_{空}$ 为

$$Q_{空} = W_{air} c_{空} T_{in} t_{驻} \tag{7-9}$$

燃料显热 $Q_{燃}$ 为

$$Q_{燃} = W_f c_{燃} T_{in} t_{驻} \tag{7-10}$$

则射流点火器预燃室内理论燃烧温度为

$$T_{理} = \dfrac{Q_{低} + Q_{空} + Q_{燃}}{m_{产} c_{产}} \tag{7-11}$$

由此得到射流点火器预燃室几何模型,如图 7-4 所示。

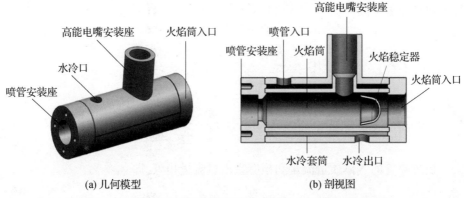

(a) 几何模型　　　　　　　　　　(b) 剖视图

图 7-4　射流点火器预燃室和冷却套筒的几何模型及剖视图

7.2.2　喷管设计

为了使热射流获得充足的点火能量,达到点火需求,同时避免气流出现壅塞情况,现对预燃室出口的喷管进行设计,喷管几何结构示意图如图 7-5 所示。

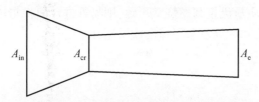

图 7-5　喷管几何结构示意图

首先对喷管喉道直径进行设计,经计算,预燃室出口质量流量为

$$W_{\text{out}} = W_{\text{in}} \tag{7-12}$$

流过喷管的气体质量流量计算公式为

$$\dot{m}' = \frac{k \cdot p^* \cdot A \cdot q(\lambda)}{\sqrt{T^*}} \tag{7-13}$$

在喷管喉道截面处,燃气的流速为声速 $q(\lambda) = 1$,则流过喷管的气流质量流量为

$$\dot{m}' = \frac{k \cdot p^* \cdot A_{\text{cr}}}{\sqrt{T^*}} \tag{7-14}$$

喉道处速度为喉道处声速 $v_{\text{cr}} = \sqrt{kRT}$。

式中:常数 k 近似取 $0.0397\text{s}\sqrt{\text{K}}/\text{m}$；$\rho_{\text{out}}$、$p_{\text{out}}^*$ 和 T_{out}^* 分别为出口气流密度、出口总压和出口总温,即

$$\begin{cases} \rho_{\text{cr}} = \dfrac{p_{\text{cr}}}{RT_{\text{cr}}} \\ p_{\text{cr}}^* = p_{\text{cr}} + \dfrac{1}{2}\rho_{\text{cr}}v_{\text{cr}}^2 \\ T_{\text{cr}}^* = T_{\text{cr}} + \dfrac{v_{\text{cr}}^2}{2c_p} = T_{\text{cr}} + \dfrac{v_{\text{cr}}^2}{2R\dfrac{k}{k-1}} \end{cases} \tag{7-15}$$

流过喷管的气体质量流量和预燃室出口流量相等,即

$$\dot{m}' = W_{\text{out}} \tag{7-16}$$

故可以得到喷管喉道截面面积为

$$A_{\text{cr}} = \frac{\dot{m}' \cdot \sqrt{T^*}}{k \cdot p^*} \tag{7-17}$$

喷管喉道直径为

$$d_{\text{cr}} = \sqrt{4A_{\text{cr}}/\pi} \tag{7-18}$$

接下来对喷管入口直径进行设计,根据流量公式 $\dot{m} = \rho A v$ 可知,若保持喷管进口气流的密度、质量流量与燃烧室一致,则喷管进口面积与燃烧室参考面积之比与喷管进口速度和燃烧室参考速度成反比,即

$$\frac{A_{\text{in}}}{A_{\text{ref}}} = \frac{v_{\text{ref}}}{v_{\text{in}}} \tag{7-19}$$

且出口速度为

$$v_{\text{out}} = W_{\text{out}}/\rho_{\text{out}}A_{\text{ref}} \tag{7-20}$$

故根据反比例关系得到喷管入口面积为

$$A_{\text{in}} = \frac{v_{\text{ref}}}{v_{\text{in}}} \cdot A_{\text{ref}} \tag{7-21}$$

得到喷管入口直径为

$$d_{\text{in}} = \sqrt{4A_{\text{in}}/\pi} \tag{7-22}$$

最后对喷管出口尺寸进行设计。气体总温与静温满足下式:

$$\frac{T_e}{T^*} = \tau(\lambda_e) = 1 - \frac{k-1}{k+1}\lambda_e \tag{7-23}$$

式中:λ_e 为速度系数,速度系数 λ 与马赫数 Ma 的关系如下:

$$Ma^2 = \frac{\dfrac{2}{k+1}\lambda^2}{1-\dfrac{k-1}{k+1}\lambda^2} \tag{7-24}$$

式中:k 为绝热系数,对于燃气取 1.33。热射流在喷管中的流动近似绝热等熵流动,则面积比 A_e/A_{cr} 与 Ma 数关系如下

$$\frac{A_e}{A_{cr}} = \frac{1}{Ma}\left[\left(1+\frac{k-1}{2}Ma^2\right)\frac{2}{k+1}\right]^{\frac{k+1}{2(k-1)}} \tag{7-25}$$

设喷管出口马赫数 $Ma=2.0$,则可以得到喷管出口面积为

$$A_e = \frac{A_{cr}}{Ma}\left[\left(1+\frac{k-1}{2}Ma^2\right)\left(\frac{2}{k+1}\right)\right]^{\frac{k+1}{2(k-1)}} \tag{7-26}$$

故喷管出口直径为

$$d_e = \sqrt{4A_e/\pi} \tag{7-27}$$

由此得到喷管几何结构及剖面图,如图 7-6 所示。

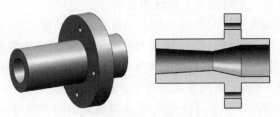

图 7-6 喷管几何结构及剖面图

7.3 内燃波转子热射流点火匹配特性研究

1. 热射流点火匹配实验系统

实验在常压状态进行,根据道尔顿分压定律,在任何容器内的气体混合物中,如果各组分之间不发生化学反应,则每种气体都均匀地分布在整个容器内,它所产生的压强和它单独占有整个容器时所产生的压强相同。根据不同组分之间的压力比,可以计算出组分间质量比,进而计算出混气的当量比(ϕ_p)。实验过程首先将通道内抽至真空状态后,再按照一定比例向通道内填充乙烯和空气,压力比与混气当量比之间的关系为

$$\frac{p_{乙烯}}{p} = \frac{1}{1+\dfrac{28}{1.972\phi_p}} \times 100\% \tag{7-28}$$

故此得到具体实验工况参数如表7-1所列。

表7-1 改变不同通道当量比实验初始条件及边界条件

序号	热射流当量比 ϕ_{JET}	$f_{空气}$ /(g/s)	$f_{丙烷}$ /(g/s)	ϕ_p	$p_{乙烯}/p$ /%
方案1	1.4	1	0.0952	1.0	6.6
方案2				1.2	7.8
方案3				1.4	9.0
方案4				1.6	10.1
方案5				1.8	11.3
方案6				2.0	12.4

2. 预混气当量比对射流点火特性的影响

在分析不同混气当量比对点火及火焰传播的影响规律之前,先对方案1的点火及火焰传播情况进行分析。利用Matlab对高速相机拍摄的图片进行滤波和伪色彩处理,图中标尺给出表征了实际火焰的亮度等级。如图7-7(a)所示,给出了泄漏间隙0.6mm,射流移动速度2m/s,通道内混气$\phi_p=1$工况下,点火过程及火焰传播的发展过程。可以看到,4ms以前火焰向下游发展缓慢,这是由于此时段内热射流与通道内混气进行湍流掺混,且没有形成稳定的火焰锋面;在6ms时刻形成火焰锋面雏形,证明在6ms时刻前通道内已完成点火。

如图7-7(b)所示,为方案1工况1ms时间间隔火焰锋面移动平均速度曲线,同时将射流刚进入通道的时刻(0)定义为射流作用起始边界,将射流离开通道时刻(16ms)定义为射流作用结束边界,将移动盖板打开时刻(55ms)定义为排气边界。根据上述边界将射流点火过程分为两个阶段,即0~16ms的射流作用时段和16~55ms的火焰传播时段。

图7-8给出了不同ϕ_p工况下,通道内火焰传播深度随时间的变化情况。0~16ms时段为热射流作用时段,这一时段内,火焰传播深度波动较大,这是点火过程和射流与通道内混气湍流掺混共同作用的结果。16~55ms时段为火焰传播时段,这一时段内,火焰发展深度随时间逐渐趋于线性发展,火焰锋面前缘移动速度趋于稳定。在各工况下,火焰发展深度随波动发展转为线性发展的时刻有所不同,即通道内当量比对火焰发展至稳定传播所需的时长影响较大。

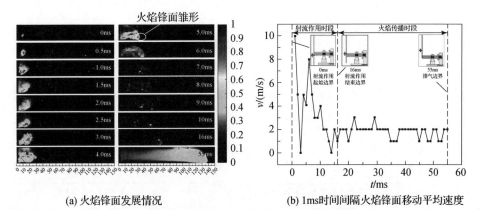

图 7-7 点火及火焰传播的发展过程

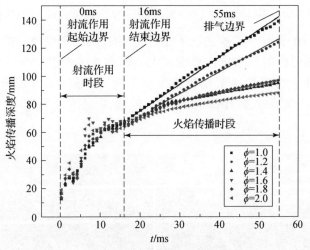

图 7-8 不同 ϕ_p 对火焰传播深度的影响

如图 7-9 给出各工况火焰稳定发展起始时刻 t_s，以及 t_s 随 ϕ_p 的变化情况。可以看到在不同的 ϕ_p 下，通道内火焰稳定传播所需时间差别较大。在 $\phi_p < 1.6$ 的情况下，火焰稳定传播所需时间随通道内填充混气当量比的增大而增大，即通道内混气越靠近化学恰当比，越容易稳定传播。这是由于越贴近化学恰当比，通道内的混气燃烧获得的能量越大，受移动射流的湍流扰动作用影响越小。在 $\phi_p > 1.6$ 的情况下，火焰稳定传播所需时间随通道内填充混气当量比的增大而减小，这是由于随着通道内当量比越来越大，已经逐渐接近燃料的富油燃烧极限，稳定火焰锋面形成的时间逐渐变长，待形成稳定火焰锋面后，射流作用已经逐渐趋于结束，反而对其传播的扰动越来越小，因此火焰稳定传播所需时间出现缩短的现象。

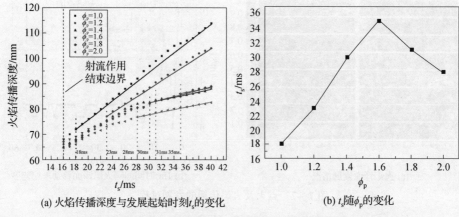

(a) 火焰传播深度与发展起始时刻t_s的变化　　(b) t_s随ϕ_p的变化

图 7-9　不同混气的当量比对火焰稳定发展起始时刻(t_s)的影响

如图 7-10 给出不同 ϕ_p 工况下排气时刻(55ms)火焰锋面形状，可以看到火焰锋面受通道内混气当量比影响较大。随着通道内混气当量比的升高，火焰锋面形状由上短下长逐渐变化为上长下短，在 ϕ_p=1.4 时形成类似手指形状的对称锋面。这里对锋面的 3 个传播深度值进行定义，如图 7-11 所示。

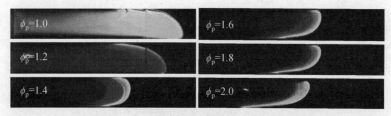

图 7-10　55ms 时刻不同当量比下火焰锋面形状

定义火焰锋面与通道上壁面交点处深度为上缘深度，火焰锋面与下壁面交点处深度为下缘深度，火焰锋面传播的最深点处深度为前缘深度，由此得到排气时刻(55ms)火焰锋面的三个特征深度随当量比 ϕ_p 的变化情况如图 7-11 所示。锋面前缘深度随 ϕ_p 的增加而逐渐降低，这反映了火焰锋面传播速度的降低。锋面上缘深度随 ϕ_p 的变化情况与锋面前缘类似，但锋面下缘深度受 ϕ_p 影响尤其强烈，随着 ϕ_p 的增加，出现大幅降低。这是受移动射流以及通道内成功点火位置的影响而导致的结果。因此为了探究火焰锋面形状随 ϕ_p 变化的原因，这里选取射流作用结束时刻(16ms)不同工况下火焰锋面结构如图 7-12 所示。

第7章　内燃波转子点火匹配技术

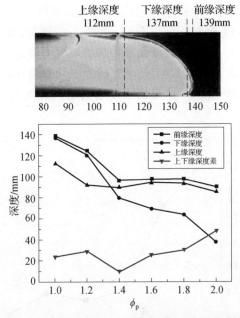

图7-11　55ms时刻火焰锋面三个特征深度随当量比 ϕ_p 的变化曲线

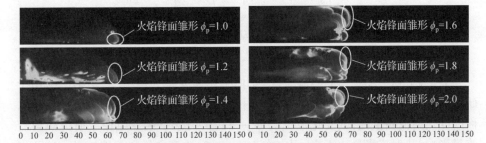

图7-12　16ms时刻不同工况下火焰锋面结构

可以看到，火焰传播深度比较接近，且随着 ϕ_p 的增加，火焰锋面锥形形成的位置逐渐上升，这是由于随着通道内混气当量比的提高，当量比逐渐远离化学恰当比，燃料的点火延迟时间逐渐变长，点火成功的时刻也逐渐延后。同时射流不断向上运动，点火成功的位置也不断上移，使出现火焰锋面锥形的位置不断上移。最初，在化学恰当比工况，在射流刚进入通道后不久，贴近下壁面区域形成火焰锋面，优先获得向通道下游传播的能力，因此在后续的发展中呈现上短下长的情况；同理在当量比大于1.4的工况下，通道内在接近上壁面区域点火成功，形成火焰锋面锥形，获得优先向下游发展的能力，使后续发展的火焰锋面形成上长下短的形状。

根据不同 ϕ_p 工况下,16~55ms 时段内火焰前缘移动距离,得到火焰锋面平均移动速度如图 7-13 所示。可以看到,随着 ϕ_p 的增加,锋面的平均移动速度逐渐降低,且在 $\phi_p \leqslant 1.4$ 时,火焰锋面平均移动速度下降剧烈,即 ϕ_p 对锋面平均移动速度影响较大;而当 $\phi_p > 1.4$ 后,火焰锋面平均移动速度变化平缓,即 ϕ_p 对锋面平均移动速度影响减弱。这是由于随着通道内混气当量比的增加,逐渐贴近富油燃烧极限。

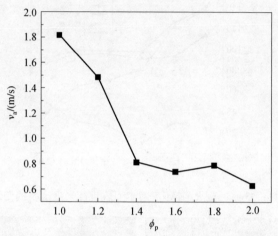

图 7-13 火焰锋面平均移动速度随当量比的变化曲线

3. 热射流状态对点火特性的影响

表 7-2 列举了具体的实验工况,总体上实验安排为两组,其中第一组用于研究热射流当量比的影响,此时保持热射流空气流量不变,改变丙烷气体流量从而改变热射流当量比,其变化范围为 $\phi_{JET} = 1.0 \sim 1.6$。第二组用于研究热射流流量影响,热射流当量比不变,固定在 $\phi_{JET} = 1.2$,改变空气和丙烷流量。这两组实验下波转子通道内预混气均为恰当比,即 $\phi_p = 1.0$,且射流点火器扫掠过波转子通道的速度也为定值。

表 7-2 热射流状态点火匹配实验工况

序号	ϕ_{JET}	$m_{JET}/(g/s)$	$f_丙/(g/s)$	ϕ	$v_{JET}/(m/s)$
案例 1	1.0		0.0680		
案例 2	1.2	1.0	0.0816	1.0	2.0
案例 3	1.4		0.0952		
案例 4	1.6		0.1088		

续表

序号	ϕ_{JET}	$m_{JET}/(g/s)$	$f_{丙}/(g/s)$	ϕ	$v_{JET}/(m/s)$
案例 5		1.0	0.0952		
案例 6		1.2	0.1142		
案例 7		1.4	0.1333		
案例 8	1.2	1.6	0.1523	1.0	2.0
案例 9		1.8	0.1714		
案例 10		2.0	0.1904		
案例 11		2.2	0.2094		

如图 7-14 左侧给出了不同热射流当量比条件下初始火焰形成与发展状况的对比图,该过程为从热射流进入波转子通道开始($t=0$ms)到离开波转子通道结束($t=16$ms),纵坐标为初始火焰前沿至波转子通道最左端的距离,命名为火焰传播深度。可以看到,火焰传播深度随时间的变化曲线是非线性的,这是受射流扫掠、湍流掺混作用影响的结果。同时可以看到在 $\phi_{JET}=1.6$、$t=4$ms 时,初始火焰出现短暂回传现象,而热射流当量比小于 1.6 的工况基本没有发生这种情况。为了探究这种现象的原因,取热射流当量比为 1.6 的工况下 1.5~4ms 通道内火焰结构如图 7-14 右侧所示。

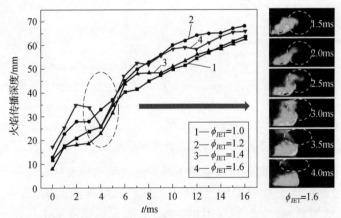

图 7-14 当热射流当量比小于 1.6 时在射流过程中火焰传播深度和火焰结构

可以看到,在 2ms 时,初始火焰前缘会出现一个亮度较暗的区域,该区域为热射流进入波转子通道形成头涡所夹带高温燃气与周围混气迅速掺混的结果。

随着回流区的发展这个区域逐渐在 4ms 时消散,说明漩涡内化学反应释热速率小于向周围散热速率,最终波转子通道内点火由头涡之后的热射流核心完成。且 $\phi_{JET}=1.6$ 热射流燃烧不充分点火能量偏低,热射流核心所引燃的初始火焰发展时间尺度远大于头涡内燃气冷却时间尺度。其他几种工况下没有出现初始火焰回传现象,是因为热射流当量比向恰当比靠近,热射流释热量较大,初始火焰形成与发展时间尺度小,淡化了头涡影响。因此,在内燃波转子的热射流点火匹配中,尽管现有研究结果普遍建议热射流当量比大于1,但其数值应小于1.6,否则对初始火焰形成及发展起不到促进作用。

图 7-15(a) 给出了热射流扫掠过波转子通道之后火焰传播情况,可以看出,热射流当量比为 1.2 的工况下,火焰传播深度明显大于同时刻的其他工况,而 $\phi_{JET}=1.4,1.6$ 时火焰传播深度明显偏小。这不仅说明此时点火源作用下形成的稳定传播火焰速率较低,也说明用于内燃波转子点火的射流点火器当量比不宜过高。为了解释 $\phi_{JET}=1.2$ 时火焰传播深度同时刻最大现象,图 7-15(b) 利用 Chemkin 计算不同当量比下的一维自由传播火焰中热释放率的分布情况,并对每个工况下的热释放率分布曲线沿 x 轴积分,得到单位体积热释放率。可以看到,在火焰当量比为 1.2 时,可以获得最大单位体积热释放率,在很大程度上促进了通道内点火及火焰传播的进程。

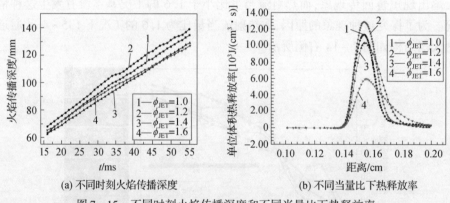

(a) 不同时刻火焰传播深度　　(b) 不同当量比下热释放率

图 7-15　不同时刻火焰传播深度和不同当量比下热释放率

图 7-16 所示为不同热射流流量下热射流火焰结构及热射流火焰长度。可以看到,随着热射流流量的增加,热射流火焰的长度逐渐变长,从 $m_{air}=1.0$ g/s 时的 94mm 增加到 $m_{air}=2.2$ g/s 时的 146mm,而火焰宽度基本保持不变。当热射流空气流量 m_{air} 超过 1.8g/s 后,热射流长度趋于近似不变。这是因为在射流点火器结构不变的情况下,随着热射流流量的增加,其轴向速度也在增加,混气在燃烧区内驻留时间变短,混气燃烧不充分。所以尽管增加热射流流量,点火能

量及热射流动量也会增加,有利于缩短点火延迟时间促进火焰加速,但仍要将其控制在一定范围内。而且由于喷管喉道的限流作用,热射流流量的增加也必然受到一定限制。

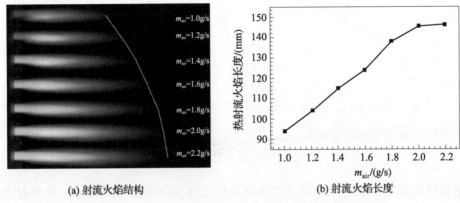

(a) 射流火焰结构　　　　　　　　　(b) 射流火焰长度

图 7-16　不同热射流流量下热射流火焰结构和射流火焰长度

图 7-17(a) 所示为从热射流进入通道至排气端口打开的过程中,不同热射流流量工况下通道内火焰的传播深度随时间的变化曲线。可以看到,在热射流扫掠过通道时段内(0~16ms),火焰传播深度波动较大,而在热射流离开通道后,通道内火焰的传播深度随时间的变化逐渐趋于线性发展,且各工况下曲线斜率差别不大,只是同一时刻火焰前沿位置有所差异。这说明在当前实验工况内热射流流量增加并没有对稳定传播阶段火焰传播速度造成明显影响,只对初始火焰的形成具有明显作用。图 7-17(b) 给出了各工况下火焰传播深度由非线性发展转为线性发展的时刻。可以看到,在热射流流量小于2g/s 的工况下,热射流流量对于火焰传播至稳定所需时间影响不大,热射流完全扫掠过波转子通道后,射流尾迹影响时间为 3ms 左右。当热射流流量大于 2g/s 时,火焰发展稳定传播所需时间明显变长。这是由于热射流流量增加,射流的动量也随之增加,带来的湍流掺混能力随之加大。当大于 2g/s 时,湍流掺混能力过大,已经对通道内火焰的正常发展造成影响。因此在内燃波转子热射流点火匹配过程中,应使热射流流量不大于2g/s,否则会对波转子自身流动与燃烧组织产生较大影响,且增大了点火系统负荷,相关研究建议热射流流量不应超过波转子总流量的5%。

为了探究不同热射流流量下波转子通道内的点火特征,图 7-18 给出了热射流扫掠波转子通道时段内(0~16ms)火焰传播的深度随时间的变化曲线。可以看出两个明显特征:①在区域Ⅰ范围内,热射流流量越大,拍摄得到的火焰传播深度越大。这是因为射流火焰进入波转子通道的速度较大,在相同时间内热

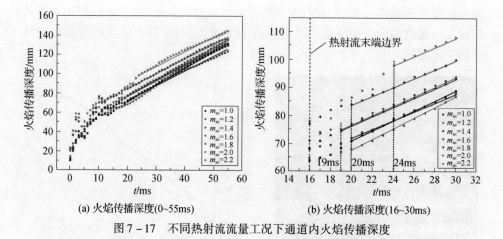

(a) 火焰传播深度(0~55ms)　　(b) 火焰传播深度(16~30ms)

图 7-17　不同热射流流量工况下通道内火焰传播深度

射流穿透深度较深,而在通道内混气被点燃之前,实验拍摄到的实际上是热射流火焰;②在区域Ⅱ范围内,除了 $m_{air}=1.0\text{g/s}$ 工况以外,其余工况火焰前沿均出现明显回传之后继续向下游传播的现象,这说明在此之前波转子通道内并没有形成稳定的火焰传播现象。热射流头涡与可燃混气掺混后,由于漩涡内散热速率大于化学反应热释放速率,头涡内夹带的射流火焰熄灭。如图 7-19 所示, $m_{air}=1.0\text{g/s}$ 工况没有出现火焰回传是因为此时热射流动量较小,掺混所形成头涡强度弱,夹带热射流燃气不明显。可以认为火焰前沿再次向下游传播至热射流进入波转子通道时间间隔为点火延迟时间,内燃波转子热射流点火延迟时间约为 4ms。即便是没有发生火焰回传现象的工况($m_{air}=1.0\text{g/s}$),在此时刻也存在明显火焰加速,证明此时通道内混气被成功点燃。可见在所研究参数范围内热射流流量对点火延迟时间没有显著影响,只是对初始火焰位置有影响。同时可以看到在各种工况下,着火点位置均在波转子通道轴向 30mm 以后。由此可以得出结论:在内燃波转子燃烧组织时,可以在波转子通道两端匹配一定范围的空气进行隔离,防止回火与热自燃发生。

综上所述,热射流流量改变并没有对火焰传播速度和点火延迟时间产生显著影响。这是因为尽管点火延迟时间在某种程度上取决于进入波转子通道内的热射流能量,但要求热射流火焰能够与可燃混气有效掺混且不发生淬熄。本章研究参数范围内,移动热射流发生强烈掺混的头涡区内均发生了淬熄(前文所述"火焰回传"),所以宏观上表现为热射流流量对点火延迟时间影响不大。而且过大的热射流流量会影响波转子自身流动与燃烧组织。因此在本章所研究的参数范围内,热射流流量越小越好,如 $m_{air}=1.0\text{g/s}$ 时可有效匹配波转子通道内预混气完成点火,且实现很好的点火性能。

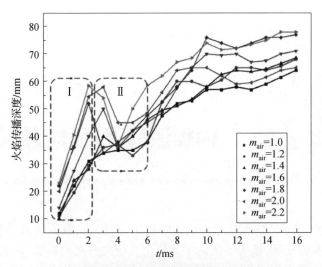

图 7-18 射流作用周期内不同射流下通道内火焰传播深度

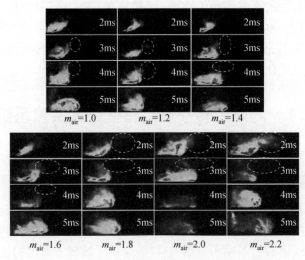

图 7-19 不同射流下 2~5ms 内的火焰结构

参考文献

[1] 巩二磊. 内燃波转子工作过程及燃烧特性研究[D]. 南京:南京航空航天大学,2017.

[2] STARIKOVSKAIA S M. Plasma Assisted Ignition and Combustion [J]. Journal of Physics D – Applied Physics,2006,39:265-299.

[3] WALRAVEN F. Operational behavior of a pressure wave machine with constant volume combustion [R]. ABB,1994.

第8章 内燃波转子增压燃烧特性

内燃波转子问题的研究方法包括解析法、类比法、数值仿真及实验等，近年来计算机技术的发展，极大地推动了数值仿真研究方法的发展，在航空发动机研制中发挥了重要作用，极大地缩短了发动机研制周期，并大幅减少了研制成本。由于实验研究方法的客观性和可靠性，使得其在发动机研制过程中持续发挥着不可替代的作用。本章基于课题组多年来的研究结果，从实验方面介绍内燃波转子的研究结果与进展，包括内燃波转子实验系统、非定常燃烧特性、多通道不协调工作特性及强化燃烧技术探索等。

8.1 内燃波转子燃烧特性研究实验系统

8.1.1 单通道实验系统

波转子的高速旋转对通道内数据采集造成很大困难。因此在波转子实验初级阶段，常常建立简化静止单通道实验系统，简化的思想通常是基于相对运动关系，将通道静止，而旋转两端密封盘，这样既保留了波转子通道的相对运动状态，又便于对静止通道进行观测和数据采集。下面介绍国内外已有的单通道波转子实验系统。

图 8-1 给出了国内南京航空航天大学建立的旋转阀式单通道内燃波转子实验系统[1]，简化前内燃波转子由 24 个长度为 200mm 的转子通道组成，转子通道逆时针旋转，进排气端口静止，转子通道转到进气端口的开口时进气，转子通道转到排气端口时排气。简化后，保持通道静止，将进排气端口按照顺时针旋转，当进气端口开口旋转到通道位置时，进气道可燃混气通过进气端口的开口进入通道，当排气端口的开口顺时针旋转到通道时，燃烧后的高温燃气通过排气端

口的开口排出通道。基于相对运动思想能够保证简化后的进排气端口旋转单通道内燃波转子工作时序与实际内燃波转子一致,包括进排气渐开渐闭动态过程。简化之后的旋转阀式单通道内燃波转子实验系统如图8-1所示,系统主要包括点火系统、内燃波转子、进气系统及驱动系统等部分,其中进出口密封盘与轴链接,在驱动电机的驱动下,相对于波转子通道旋转。波转子通道通过支架固定在实验平台上,通道两端安装扇形石墨片,与密封盘接触,起密封作用。通道一侧设置观察窗,用于观察波转子通道内的点火及火焰发展过程,另外波转子通道上均匀布置3个高频响动态压力传感器,用于测量波转子燃烧过程的压力增益。驱动电机采用高精度机床主轴电机,可以确保系统的同心性。

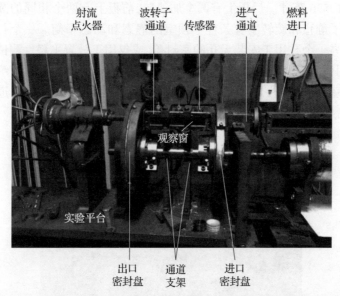

图8-1 南京航空航天大学建造的旋转阀式单通道内燃波转子实验系统

该简化系统针对内燃波转子通道内的燃烧特性,能够降低实验系统的复杂性,通道静止便于光学测量与静态数据采集。然而,它与真实状态下的内燃波转子也存在一些差异。首先在真实状态下,多个波转子通道按顺序工作,进排气端口内的气流是近似定常的,而简化之后进气端口内大部分时间是处于静止状态的,只在进气端口旋转到波转子通道位置时存在气流流动,因此简化之后所模拟的进气条件与真实情况有一定区别;其次简化之后实验系统中波转子通道处于静止状态,与真实状态相比,燃烧过程缺少了离心力场因素的影响,实验结果也会存在一定差别;另外在简化系统中,只关注单个波转子通道内的燃烧特性,不考虑多个通道之间的协调工作,在实际条件下,由于泄漏的存在,不同通道之间存在压力差,在通道两端可能存在质量交换,影响通道内的燃烧性能甚至工作可靠性。尽管如此,旋转阀式简化单通道实验系统,仍能够实现内燃波转子的作用时序和工作过程,实验结果对内燃波转子燃烧过程特点的揭露,具有重要意义。

美国普渡大学建造了旋转预燃室式单通道内燃波转子实验系统[2],如图8-2所示,该实验系统最初由美国华盛顿大学设计,后由普渡大学发展改进。该实验装置由两个组件组成,预燃室和主燃室,预燃室安装在一个轴上,可以通过电机带动皮带驱动。圆柱形预燃室通过火花塞点燃空气-燃料混合物产生热射流产物。然后,含有自由基的热射流产物通过收缩喷管注入主燃室。预燃室由前板、中环和后板三个部分组成,内径和宽度分别为6.519英寸(1英寸=25.4mm)、1.536英寸。后板上有两个加油口,前板上有两个相同的圆柱形阶梯切口,确保了静止和旋转实验条件下预室的静态和动态平衡。一个孔用于喷嘴插入组件,另一个孔用于安装无孔的密封盖,或仅用于放置平稳性测试的压力传感器。使用膜片来隔离预燃室与主燃室,并通过独立的空气燃料系统填充预燃室。主燃室截面尺寸为1.57英寸×1.57英寸,长度为16英寸。通道的两侧由光学观察窗组成,允许光线通过通道进行摄影。

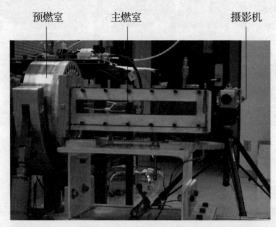

图8-2 美国普渡大学建造的旋转预燃室式单通道内燃波转子实验系统

该单通道实验系统通过点火器旋转建立相对运动状态,对波转子工作过程简化较大,只还原了射流点火的过程,忽略了进排气端口密封盘的作用,通道与点火器之间的密封通过膜片实现,当射流点火器经过通道时,膜片被高温射流融化,从而使射流引燃通道内燃气。因此,膜片需要采用易燃易碎的材料,厚度要足够薄,保证射流与通道接触瞬间膜片融化,而不会对射流状态造成太大的影响。同时,膜片本身燃烧不应该产生其他自由基,避免对点火延迟时间产生太大的影响。此外,该实验系统需要在通道内预填一定当量比的燃料、空气混合气,并通过循环泵进行完全掺混,因此并不能体现出波转子通道内的进气过程和燃料填充过程,也不能复现燃料分层现象,端口作用下的预增压和膨胀过程以及端口渐开渐闭过程也被忽略。通道处于静止状态,忽略了离心力对通道燃烧过程的影响。然而,该简化实验系统对单独研究射流点火过程、不同点火状态下点火延迟时间,以及燃烧特性和激波-火焰相互作用机理具有重要作用。

类似地,国内南京航空航天大学建造了横移射流式单通道内燃波转子实验系统,该简化实验系统如图8-3所示。该实验系统对热射流与通道的相对运动方式进行进一步的简化,考虑到在内燃波转子的工作过程中,每个通道与热射流相对运动轨迹运动弧度较小,可以近似为直线运动。因此这套实验装置利用相对运动原理,将通道设置为静止,将点火器按照圆周速度横移扫掠通道。

图8-3 南京航空航天建造的横移射流式单通道内燃波转子实验系统

同样地,该装置重点研究波转子通道内的点火及火焰传播过程,因此在此套装置中,进气端口设置为封闭,通过膜片及盖板进行密封。利用伺服电机进行精确控制的移动端板和射流点火器来模拟内燃波转子的排气端口。控制伺服电机使移动端板及射流点火器的竖直移动速度等于对应工况、对应时序下热射流射入波转子通道时的线速度,同时设置移动端板的长度及射流孔位置,使射流点火过程实现相对于波转子通道,依次经历填充、点火、火焰传播、排气端口打开的过程。其中可控移动射流系统由伺服电机驱动齿轮,带动竖直滑轨上的位移机构及射流点火器进行直线运动。可视化波转子通道处于静止状态,长度为200mm。此实验装置进行内燃波转子的单次点火及火焰传播过程,因此通道内的可燃混气需要预先填充,通过系统中填充管路进行空气和燃料的填充,利用真空泵、真空表,基于道尔顿分压定律实现燃料及空气的定量填充,并利用循环泵燃气充分掺混。相较于普渡大学建立的单通道系统,该横移射流系统在思路上进一步进行了简化,但是可以模拟波转子排气过程。

图8-4给出了日本东京大学建造的一种四端口单通道外燃波转子实验系统[3],与前两套实验系统类似,通道处于静止状态并有视窗,允许进行静态采集和光学测量。转子轴承连接到锥齿轮上,并通过电机驱动两边密封端口旋转。四端口采用回流式循环,燃气和空气分别在一端进出,使用螺杆式压缩机实现气体加压。其中旋转轴设计为中空,允许空气和燃气通过中空轴经过端口进入通道中,转子中径为60mm,通道长186mm、宽8mm、高16mm。在实验段安装了3个通道,因为在相邻通道之间会存在周向泄漏,但是实验测量的主要对象是中间的通道。

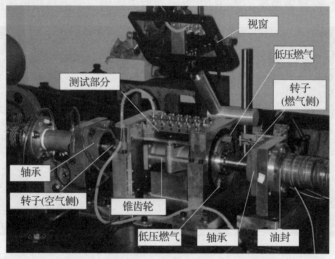

图8-4 日本东京大学建造的四端口单通道外燃波转子实验系统

8.1.2 双通道实验系统

在单通道实验系统的基础上,为了探索不同波转子通道之间的工作协调性,并考虑通道旋转作用的影响,有必要建立双通道实验系统。

如图8-5所示为南京航空航天大学建造的旋转双通道的内燃波转子实验系统[4],实验系统中密封盘通过固定架固定在实验平台上,波转子通道通过连接架与转轴连接,并在电机的驱动下相对于密封盘旋转。此系统为了确保系统的转动平衡,对称安装两个相同的波转子通道,系统每旋转一周,两个通道分别进行一个周期的循环。与单通道系统不同的是,该实验系统中波转子通道处于旋转状态,进气端口需要与密封盘上进气开口角度一致,以确保填充过程的持续进行。

第 8 章　内燃波转子增压燃烧特性

图 8-5　南京航空航天大学建造的旋转双通道的内燃波转子实验系统

由于单个时刻通道与进气端口连接区域较小，为了解决燃料在端口的累积问题，设计了如图 8-6 所示的混气填充方案，进气方案主要包括混气掺混段、混气缓冲段及端口挡板等部分，其中混气缓冲段连接在进口密封盘的开口处，燃料和空气在混气掺混段混合。端口挡板与转轴相连，其一侧开有石墨槽，石墨片安装在其中并且与进口密封盘接触摩擦，实现密封效果。如此一来，混气在掺混段内形成后，进入混气缓冲段内，当波转子通道旋转到密封盘上的开口位置时，混气向波转子通道内填充。而进气开口范围内的其他区域，则被端口挡板遮挡，且由石墨片密封。在当前的结构特点下，两个波转子通道不会同时到达填充区域，因此混气掺混段尺寸与波转子通道一致，在理想情况下，根据流体流动的连续性，混气掺混段内的流动状态，代表了混气缓冲段向波转子通道填充的气流状态，便于对实验结果进行定量分析。

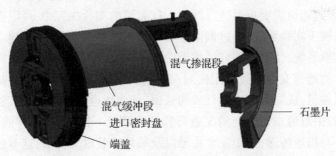

图 8-6　旋转双通道内燃波转子混气填充方案

8.1.3　多通道实验系统

在单通道和双通道实验系统的基础上，南京航空航天大学建造了八通道内燃波转子实验系统[5]，如图 8-7 所示。实验台主要包括转子部件、密封盘系统、进排气端口、燃料填充混气系统、射流点火系统、主轴电机驱动系统、数据采集系统以及气源等部分。其中，气源由最大流量为 1.0kg/s 的罗茨风机提供，气源压力在 0.005～0.07MPa 范围内可调。驱动电机为高速恒转矩电机,其最大可提供 10000r/min 的转速。传动模式采用皮带轮驱动,将主轴电机设置在实验件下方,由皮带轮和皮带将实验系统主轴与主轴驱动电机连接传动。加工过程针对内燃波转子转动部件进行动平衡测试,以保证其平稳运动,对静止部件包括轴承座、密封盘座及整机底板等进行三坐标测试,保证其同轴度、水平度及垂直度等精度要求。

图 8-7　南京航空航天大学建造的八通道内燃波转子实验系统

将波转子通道布置于两端的安装盘之间,通道与安装盘之间采用橡胶垫进行密封,这样的安装方式可以使每个波转子通道进行单独安装,可以根据不同的实验需求进行安装和拆卸,也使得在波转子中参与工作的通道的个数可调,如图 8-8 所示。这样的安装结构既可以根据需求选择较少数目波转子通道,简化实验系统的复杂程度及实验成本,又可以方便研究不同波转子通道之间工作过程中的相互影响。由于通道是旋转机构,安装的同时需要满足轴向质量分布的均匀要求,因此通道需要成对进行拆装。在后续的实验探究中,可以首先建立双通道内燃波转子实验系统,通过调试使其协调工作后,再逐步调试建立四通道以及八通道实验系统,使实验探究过程循序渐进。在拆下部分通道后,需要对原有的安装盘上的通道安装座处利用密封盖板进行封闭。另外,可以在其中成对替换原有金属通道,成对改为透明材质的通道,使多通道内燃波转子实验系统可视化,方便实验中对通道内燃烧情况进行监测和测量。同时,在这样的结构中,各个通道不参与扭矩传递,扭矩完全在轴以及前后安装盘上传播,这有效地避免了通道受力破损。

由于多通道内燃波转子实验系统的通道在工作时处于高速旋转状态,对于通道内的数据的动态采集具有较大的挑战。因此设计了一种多通道内燃波转子旋转通道数据采集装置及工作方法,如图 8-9 所示。该装置主要包括旋转轴、传感器、传感器底座、动态采集环、信号放大器及美国国家仪器公司(NI)生产的 NI 采集器等部分。在采集系统中,将压力传感器的水冷安装座安装在波转子通道上,采用进排水套及密封圈装置,将冷却水引入空心轴上的水槽,空心轴沿轴

第 8 章 内燃波转子增压燃烧特性

图 8-8 可拆卸式通道示意图

图 8-9 多通道内燃波转子数据动态采集系统示意图

向布置进水通道和排水通道并于水槽连通,实现静止进排水与转动用水之间的过渡,连接水管与转子系统同步旋转,在实现传感器有效冷却的同时,避免连接管路缠绕。压力传感器安装在通道上的水冷安装座上,数据传输线由轴内部穿出,并在轴外与动态采集环连接。在动态采集环中,电刷与电刷导轨滑动接触,传感器数据通过电刷、电刷导轨以及导线传送至信号放大器和 NI 采集器并送至计算机,实现燃烧室旋转状态下的数据采集。

普渡大学实验室建造一个 20 通道定容燃烧室[6],实验台的主要部件是进气端口、排气端口、转子、密封板、点火源、燃料喷注段和电动机,其内燃波转子实验系统如图 8-10 所示。电动机用于为转子提供必要的扭矩。初始测试的端口设计为匹配 2100r/min 的运行速度和大约 4.31kg/s 的质量流量。燃料喷注段位于进气的上游,燃料喷注段具有与进气室相同的横截面形状,并且在 15 个圆周位置具有燃料喷注口,通过打开或关闭若干喷注口控制燃料掺混。转子由

20个圆周均匀分布的燃烧室组成,平均半径为9英寸。每个燃烧室的尺寸大约是2英寸×2.5英寸×31英寸。在特定的燃烧通道内安装了热电偶、压力传感器和离子探针。静止部件和转子之间的密封由位于转子两端的密封板建立,该实验装置并没有考虑泄漏间隙调控问题。

图8-10 普渡大学建造的20通道内燃波转子实验系统

初始测试时,供给测试波转子等容燃烧室(WRCVC)的空气温度接近环境温度,但计划在未来的测试中使用空气加热。因此,该实验系统是在接近大气压的进气条件下工作的。并且单次工作时间实验持续时间较短(1~3s),以保持转子和机载传感器在其设计温度范围内,可多次重复循环实验。

8.1.4 射流点火实验系统

内燃波转子的热射流点火过程是一个湍流掺混和化学反应并存的过程,如果流体微团内化学反应释放热量小于湍流向周围输运的热量,将会发生"淬熄"现象;相反,如果湍流不足以提供足够的掺混能力,将会延长点火延迟时间降低反应速率。因此,设计射流点火器的时候,在保证点火能量的同时,要保证足够的湍流掺混能力,而旋转射流可以有效增加射流的卷吸能力,因此设计如图8-11所示的内燃波转子射流点火装置[7]。该装置主要包括供气管路、火焰筒、冷却通道及喷管等部分,其中空气管路包括4条空气支管,将空气沿轴向呈60°夹角输送到火焰筒内,在火焰筒内形成旋流,进而使射流存在旋转特性。燃料管道包括2条支路,其中燃料支路Ⅰ将燃料输送到火焰筒壁面上的燃料腔体内,经腔体内均匀分布的切向孔沿切向进入火焰筒,与空气流动所形成的旋流相互作用达到燃料掺混的目的。燃料支路Ⅱ通过管道将燃料输送到空气支管内,在空气支管内与空气掺混后以预混气的形式进入火焰筒,并在火焰筒内完全燃烧后经喷管喷出形成热射流点火源。热射流经靠近出口端口密封盘上的射流入口顺序进入各旋转的波转子通道,实现通道内可燃混气的点火。为避免射流点火器持续工作时火焰筒壁面过热,用空气进行冷却,冷却空气经冷却空气进口进入冷却通道,与火焰筒壁面换热后排出冷却通道。为了提高射流能量,在材料允许的情况下,冷却方案一般不采用。喷管采用可更换式设计,可以根据不同的热射流要求,选择不同规格的喷管结构。

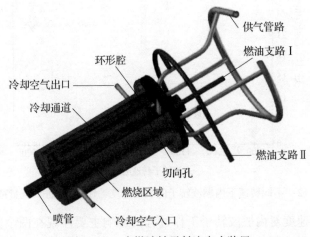

图 8-11　内燃波转子射流点火装置

当进出口压差不够高,该装置工作时,气体总流量不能超过喷管喉部处于临界流状态的流量,即 $\dot{m}_{\max} = \dfrac{K p_0}{\sqrt{T_0} F_{\mathrm{cr}}}$,其中 $\dot{m}_{\max}$ 为最大质量流量,p_0、T_0 分别为主燃烧室内的初始压力、初始温度,F_{cr} 为喷管喉道面积,K 为常数。

8.2　内燃波转子稳定工作范围

内燃波转子工作过程受诸多因素影响,如波转子转速、来流速度、混气组成等,掌握其稳定工作范围,有利于指导内燃波转子燃烧组织。

1. 来流速度范围

图 8-12 给出了不同转速下内燃波转子的填充速度工作范围。波转子转速变化直接引起内燃波转子工作时序的变化,为了实现内燃波转子的稳定工作,需要调整填充速度等边界条件,在内燃波转子内建立合适的气动热力过程。从图 8-12 中可以看出,在较高的转速下,内燃波转子稳定工作的进口边界范围较宽,内燃波转子稳定工作的进口填充速度最大马赫数为 0.1 附近,有待进一步提

高。此外,在所研究试验工况范围内,波转子转速为1200r/min时,内燃波转子工作范围最宽。

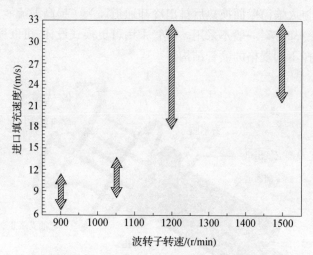

图 8-12 不同转速下内燃波转子的填充速度工作范围(进口流量范围)

气流填充速度对内燃波转子工作过程的影响主要体现在两个方面:一方面是影响填充过程的预压缩作用,来流马赫数越高,气流在密封盘的滞止作用下产生的压缩波越强,获得的冷态压力增益越高,有利于内燃波转子总体增压比的提高;另一方面是气流填充速度直接影响波转子通道内的混气形成情况,如图 8-13 所示,混气在波转子通道内的分布主要有三种情况,当填充速度过低时(状态 a 所示),出现填充不足,点火之前,波转子通道内混气集中区域与热射流火焰之间有一定的区域处于贫油状态,或者是纯净的空气,这对点火是不利的,严重时会直接导致点火失败。状态 b 填充速度适中,点火区域充满合理的可燃混气,既保证了点火的可靠性,又有利于在波转子通道内组织高效燃烧;而状态 c 中,由于填充速度过快,出现填充过度,点火之前部分混气进入排气端口内,这样一方面会造成燃料的浪费,另一方面可燃混气与排气端口内其他通道或上一循环排出的高温燃气混合发生化学反应,会造成当前通道内的混气提前着火发生热自燃,引起内燃波转子的不稳定工作。

图 8-13 中在较高的转速下,填充过程经历的时间短,如果填充速度偏小,则出现了图 8-13 中的状态 a,混气填充不充分,点火区域燃料太贫甚至没有燃料分布,内燃波转子不能正常工作,因此在较高的转速下,其稳定工作的填充速度对应的速度值也较高。以波转子转速为 1200r/min 为例,其工作时序如图 8-14 所示,假设一个循环的时间为 t_{total},则此时 $t_{total} = 60 \times 1000/1200 = $

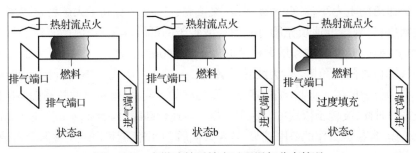

图8-13 内燃波转子填充过程混气分布情况

50(ms),可以计算出此时有效的填充时间 $t_{fuel} = (120/360) \cdot t_{total} = 16.67(ms)$,燃料填充至图8-13中状态b需要的最低填充速度 $V_{in} = L_w/t_{fuel} = 11.99(m/s)$,其中 L_w 为波转子通道长度。当填充速度低于11.99m/s时,将出现图8-13中状态a的情况,内燃波转子不能正常工作。一个工作循环时间 t_{total} 与波转子转速呈反比,因此其稳定工作速度范围也近似随波转子转速呈反比变化。

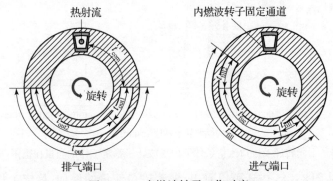

图8-14 内燃波转子工作时序

图8-12中1200r/min对应的最小填充速度值为18m/s,高于计算的 V_{in} 值,这是因为填充过程波转子通道内含有上一循环未排净的高压燃气,部分阻碍了混气填充。如果填充速度较大,则发生了图8-13中状态c的情况,燃料过度填充,达到一定程度时,会使工作过程不稳定,故内燃波转子填充速度也应限制在一定值以内。

2. 混气当量比范围

图8-15给出了不同转速及进口流量条件下内燃波转子稳定工作的油气比范围。由上述分析结果可知,在较低的转速下,内燃波转子稳定工作的填充速度范围较窄,但从图8-15中的结果中发现,转速较低时,内燃波转子稳定工作的油气比范较宽。这主要有以下几方面原因:首先在较低的填充速度下,气流滞止产生的压缩波强度较小,即波转子冷态预压缩的增压比较小,点火时热射流进入

波转子通道的阻力小，对点火有利；其次填充速度偏小有利于火焰稳定发展不容易被吹熄；另外与低速填充所对应的是波转子的低速运行，内燃波转子每个通道、每个循环内，燃烧过程最大持续时间 $t_{com}=60\alpha/(2\pi R_{rs})$，其中 α 为射流端口至排气端口之间的角度，R_{rs} 为波转子转速(r/min)。从式中不难看出，波转子转速越小，则 t_{com} 值越大，为火焰传播提供了足够的时间，即使在富油状态火焰传播速度较慢的时候，波转子依然可以稳定工作。转速较高时，内燃波转子只在贫油范围稳定工作，且稳定工作的范围较窄，转速降低后，工作范围可以从贫油跨至富油。

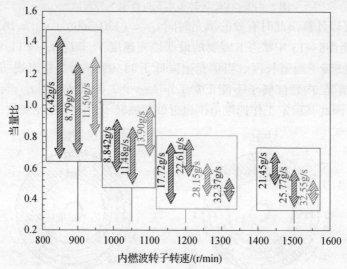

图 8-15　不同转速及进口流量条件下内燃波转子稳定工作的当量比范围(附彩插)

此外，从图 8-15 中还可以看出，随着进口流量的增加，稳定工作的当量比范围有减小的趋势，同样是因为高填充速度造成预压缩增强，以及气流速度自身对点火及火焰稳定方面的影响。

8.3　内燃波转子燃烧过程特点分析

为了说明内燃波转子燃烧过程特点的普遍性，选择典型实验结果进行详细分析，包括压力波系发展、火焰发展、火焰锋面形态等。

1. 内燃波转子工作过程波系发展

图 8-16 给出了 1200r/min 转速下，填充速度为 28.15m/s 时内燃波转子工作过程的压力历程曲线，其中 PT1～PT3 按照火焰传播方向编号。图中信号采集持续时间为 0.4s，在该时间段内内燃波转子经历 8 个循环。图中对其中一个循

环的压力曲线进行放大显示在图 8-16 右侧。从局部放大的曲线(红色虚线圆内所示)可以看出,由于填充过程密封盘对气流的滞止作用,波转子通道内产生一束与气流方向相反的压缩波,在其作用下,波转子通道内压力增加,实现了内燃波转子的冷态增压效果,即预压缩。随后滞止压缩波在波转子通道内约经历两次反射,由于泄漏的存在,点火前波转子通道内的压力有所下降,滞止压缩波的往复运动,有利于波转子通道内燃料和空气进一步掺混,并且起能量快速交换的作用。当射流通过点火端口进入波转子通道时,热射流流动作为一种扰动,会在波转子通道内引入一束新的压缩波,如图 8-16 中洋红虚线框内所示,通常情况下此束压缩波强度要比滞止压缩波稍弱一些。该压缩波之后,波转子通道内压力值迅速上升,混气燃烧形成压缩波,由于剧烈的化学反应,燃烧所产生压力波强度要比滞止压缩波和射流引起的压缩波强得多。另外,从图 8-16 中还可以看出,燃烧所产生压力波的波峰上升侧和下降侧均有一定的斜率,并没有像爆震波那样陡升,这说明当前试验条件下,波转子通道内的燃烧模式没有达到爆震的剧烈程度,可以认为燃烧所产生压力波和火焰锋面是完全分离的,压力波以声速传播,比火焰传播速度大得多。每个微元时间段 Δt 内都有一定量的燃料燃烧,燃烧释放热量都会引起波转子通道内的混气增温增压,其中压力增加的扰动相对于火焰及温度的传播可以认为是瞬间叠加到每个压力测点位置,而且每次压力扰动的传播,在理论上都增加了未燃混气的初始能量,都会导致火焰传播到该位置时化学反应剧烈程度增加,火焰传播速度加快,所以图 8-16 所示燃烧产生的压力波曲线上升段持续一定时间后才达到峰值压力,该上升段所经历的时间可以近似认为是燃烧过程持续时间。

从上述分析可知,随着燃烧产生压力波强度的叠加,波后的火焰传播速度越来越快,总会存在一个时刻火焰追赶上压力波,和压力波叠加在一起形成了爆震波,这个火焰追赶燃烧所产生压力波的过程也就是通常所说的爆燃向爆震转捩的过程(deflagration to detonation transition,DDT)。因此,在当前试验结果的基础上,如果要进一步增加内燃波转子的压力增益有两种途径:其一,增加波转子通道的长度,为燃烧所产生压力波的继续叠加提供时间和空间;其二,采取强化燃烧的方式来增加火焰传播速度,相对缩短火焰追逐燃烧所产生压力波的时间,其中第二种途径将会在下文研究中进行尝试。

图 8-16 中在第一个测点所测得的压力曲线上作了两条辅助线,用于标示多个循环的可重复性,其中红色虚线放置在燃烧所产生压力波曲线处,绿色虚线放置在滞止压缩波处,这两条虚线的值均为第一个循环所对应的峰值压力,将其作为比较的基准。从图 8-16 中可以看出,燃烧所产生压力波的峰值压力分布在红色虚线附近,其中一部分循环峰值压力高于该值,一部分循环峰值压力低于

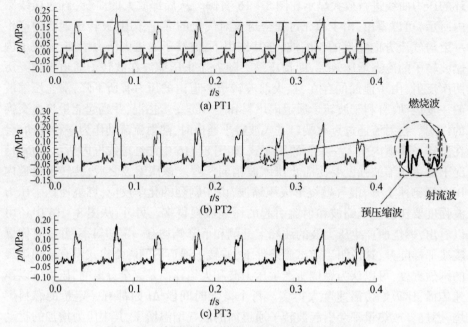

图 8-16 内燃波转子燃烧过程波系结构(附彩插)

该值,这说明在同样的结构、同样的转速和边界条件下,内燃波转子燃烧过程呈现出一定的不可重复性。这一方面是由于湍流燃烧自身的不稳定性,另一方面是由于在每个循环填充过程的起始阶段,受到波转子通道内上一循环高压燃气反压的影响,填充气流的状态参数发生了变化。而滞止压缩波产生的预压缩过程相对具有稳定性和可重复性,其冷态预压缩的峰值压力基本保持在同一水平。

图 8-17 给出了燃烧过程内燃波转子压力分布特点,其中图 8-17(a)为测量时间内各测点的压力历程曲线。针对每个转速挑选一种工况为代表,说明其压力分布特点。从该图中可以看出,在相同的测量时间内,转速越高,压力曲线的波峰个数越多,即经历的工作循环数越多,频率越高,可以相对更稳定地输出功。另外,还可以看出,波转子转速越高,各测点所得到压力波的峰值压力越高。以 1500r/min 压力曲线为例,此时燃烧所产生压力波的波峰远远大于冷态预压缩波的波峰,曲线显得十分光滑,而在低转速下,燃烧所产生压力波的峰值比预压缩波峰值大得不多,且曲线不光滑。

为了说明燃烧过程波转子通道内的压力分布特点,图 8-17(b)仍以图 8-17(a)的 4 组试验数据为代表,每个测点的值为 0.4s 采集时间内,所有循环值的平均值,其中红色曲线表示燃烧所产生压力波压力,黑色曲线表示预压缩

第8章 内燃波转子增压燃烧特性

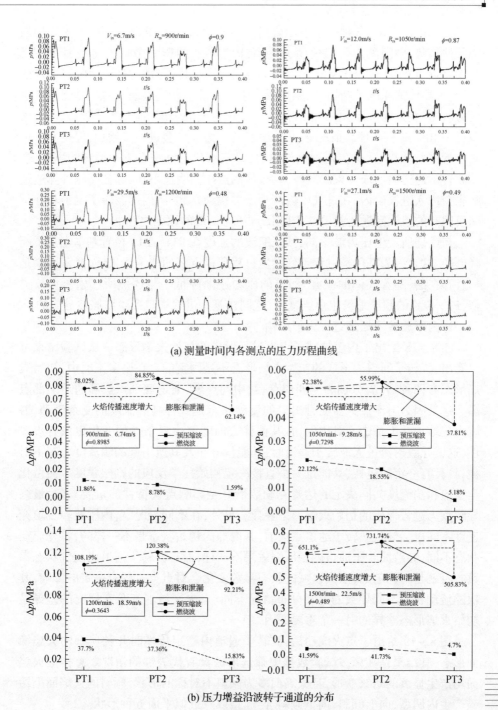

(a) 测量时间内各测点的压力历程曲线

(b) 压力增益沿波转子通道的分布

图 8-17 燃烧过程内燃波转子压力分布特点

波压力。可以看出,各种转速下燃烧所产生压力波峰值压力均呈现出先增加后降低的趋势,中间测点的峰值压力最高,PT3 测点的压力最低。这是因为,PT1 测点靠近点火端,燃烧初始阶段化学反应不剧烈,其压力值偏低,而随着燃烧的进行,火焰传播速度不断增加,燃烧所产生压力波不断追赶前一时刻燃烧所产生压力波,并叠加在一起,增加了燃烧所产生压力波的强度,到 PT2 位置时,压力增益提高 10% 左右。理想情况下,PT3 测点的压力应该会进一步增加,但是 PT3 位置靠近进气端口,火焰传播到进气段时,进气端口打开准备下一循环的填充,会在波转子通道内形成一束膨胀波,导致该测点压力明显下降,部分高压气体通过膨胀会进入进气段内,在进气段内产生压力扰动。此外,内燃波转子定子和静子间所固有的泄漏问题也是 PT1、PT3 测点压力偏低的原因之一。

与燃烧所产生压力波不同,预压缩波的强度在 PT1 ~ PT3 位置基本上是不断降低的,这是因为其传播过程不像燃烧过程那样有新的能量注入,而泄漏因素是一直存在的,随着气体的泄漏,测点的压力逐渐降低。与燃烧所产生压力波类似,PT3 位置的预压缩波也急剧减弱,这同样是在进气端口产生膨胀波导致的。

2. 内燃波转子燃烧过程火焰结构

图 8 – 18 给出了内燃波转子点火过程形成的初始火焰形态。从试验结果可以看出,波转子通道内形成的初始火焰形态不是固定的。在诸多工况中,初始火焰形态有四种情况,分别为从四周点燃、中间点燃、通道底部点燃和通道上部点燃。这是因为射流点火器喷管出口的流动状态是一种高湍流度的复杂流动,射流火焰结构并不是中心对称的,且其偏移方向随着边界条件的变化也没有规律性,这就导致射流进入波转子通道时,其能量分布及其所引起的湍流度分布不对称,且具有一定随机性,其能量大小直接决定初始化学反应的剧烈程度。而由化学反应和湍流度共同决定的达姆克勒数恰好是影响点火特性的重要参数,最终导致点火过程形成的初始火焰形态各异。另外,在不同工况下,内燃波转子填充速度不同也会导致波转子通道点火前,其内部的初始状态是不一样的,首先流动状态不同,导致波转子通道内预压缩效果不一样,而且波转子通道内混气状态参数本身就是不均匀的,点火区域的状态参数变化会对点火过程有一定的影响;其次随流动状态不同导致的混气分布情况不同,点火区域混气分布情况的差异是初始火焰形态差异的另一个重要原因。

图 8 – 19 给出了点火成功后,波转子通道内稳定传播时几种典型的火焰锋面形态,其结果是在诸多试验数据中筛选出的具有代表性的情况。总体上火焰面均产生显著的褶皱变形,且火焰面多为倾斜不对称的形状,倾斜的火焰面上褶皱产生内凹型、向上倾斜、向下倾斜、凸起型以及近似平面五种形状。

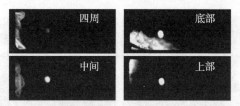

图 8-18　内燃波转子点火过程形成的初始火焰形态

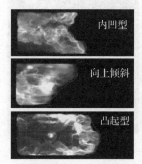
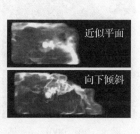

图 8-19　内燃波转子通道内火焰锋面形态

产生这种现象的原因也是多方面的：一方面原因是上述分析所阐述的点火过程形成的初始火焰形态差异，初始火焰形态对之后的火焰发展起到决定性作用；另一方面重要的原因是波转子通道内火焰自身发展存在的差异性。实际上内燃波转子的点火及湍流燃烧过程，伴随各种复杂的涡系发展，除了由燃烧室尺寸控制的大尺度涡结构变化较为稳定之外，其他较小尺寸的含能涡及耗散涡的发展、破碎、脱落等过程都是随机的，这些漩涡的发展会导致火焰锋面褶皱、变形扭曲，增加反应区与未燃混气的接触面积，即增加放热速率，也因此湍流火焰的传播速度要比层流燃烧快得多。

为了说明内燃波转子燃烧过程中通道内具体的化学反应情况，图 8-20 以转速为 900r/min 其中一种工况的试验结果给出了燃烧过程化学反应区域的分布情况，需要说明的是，拍摄区域仅限于观察窗范围内，观察窗两端存在 15mm 左右的拍摄盲区，用于安装法兰等。高速摄影图片的亮度表征了化学反应的剧烈程度，以高亮度曲线大致标出高亮度的反应区。从图 8-20 中可以看出，随着反应的进行反应区的面积逐渐增加，直至 $t=12$ms。且从 $t=5$ms 开始，反应区之后开始出现灰色的高温燃气区，该区域气体成分为燃尽的高温燃气，不存在强烈的化学反应，然而 t 在 9～12ms 范围内，反应区明显向正、反两个方向同时扩张，可以认为是该时间段内火焰双向传播。可见，随着反应的加剧，波转子通道内依然存在气流流动，这一方面与密封盘处的气体泄漏有关，另一方面与燃烧所产生压力波运动及放热脉动等因素有关。

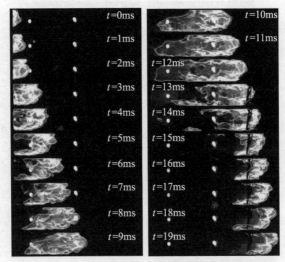

图 8-20 900r/min 某工况火焰反应区发展过程

在 $t=12\mathrm{ms}$ 以后,火焰传播至进口端,由于波转子通道内的压力持续升高,泄漏因素加剧,再加上进口端产生的膨胀波等原因,化学反应开始进入消退阶段,反应区的后边缘不断扭曲并从主反应区脱落,反应区之后迅速形成大面积的黑色或灰色的高温燃气区,反应区面积迅速下降,这与图 8-20 中峰值压力沿波转子长度方向的分布规律一致。

8.4 内燃波转子燃烧性能变化规律

8.4.1 预压缩效果变化规律

作为内燃波转子工作过程的一部分,首先分析其预压缩的增压效果。定义预压缩的增压比为 $\delta p=(p_2+p_0)/(p_1+p_0)$,其中 p_0、p_1、p_2 分别为环境压力、进气压力和预压缩波之后的压力。图 8-21 给出了不同因素对预压缩效果的影响规律。可以看出,在较低的转速(900r/min 和 1050r/min)下,δp 随着填充速度的增加逐渐增强,而当波转子转速增加到 1200r/min 时,预压缩的增压比先是随填充速度增加然后迅速减小,波转子转速继续增加到 1500r/min 时,填充速度对预压缩的影响完全无规律可循。理论上填充气流速度越大,气流滞止时转变成静压的动能越大,预压缩增压比应当越大,这在低转速上得到很好的体现;至于高转速条件的异常规律,应当与相应的燃烧情况相关。

从图 8-21 中还可以看出,随着填充气当量比的增加,除了内燃波转子稳定工作范围边界处及个别点之外,在波转子转速不大于 1200r/min 范围内,预压缩增压比基本上是随着当量比的增加而逐渐减小的。这反映了一个重要的现象:内燃波转子工作过程中,其预压缩效果的好坏,与其内部的燃烧情况是相关的。一方面燃烧状态不一样,波转子通道内的温度分布不一样,在新的一轮循环中,会影响预压缩波的传播速度,进而影响其冷态增压效果;另一方面,燃烧状况不同,燃烧所产生压力波强度不同,燃烧所产生压力波在波转子作用时序组织不合理的情况下,会进入进气段,改变填充气流状态的变化,填充气流状态的改变,反过来会直接影响下一循环的预压缩效果。内燃波转子稳定工作范围边界点上冷态增压比的异常现象是由其对应的燃烧特性导致的。

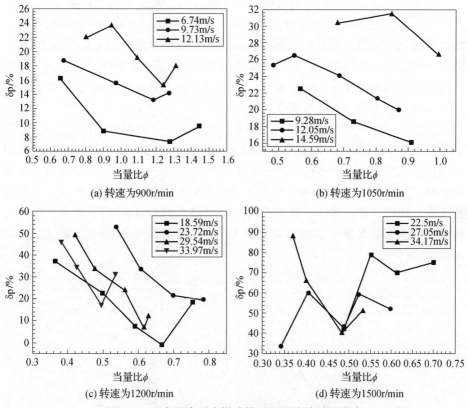

图 8-21　各因素对内燃波转子预压缩效果的影响

从图 8-21 中可以看出,随着波转子转速的增加,预压缩的冷态增压比有逐渐增强的趋势,如在 900r/min 时,δp 最大在 24%,而在 1500r/min 时,δp 最大可以达到 90%,最小为 30%。实际上这并不单纯是波转子转速的影响,由图 8-12

分析可知,在较高的转速条件下,内燃波转子稳定工作的填充速度范围较宽,且主要分布在相对较高速度区域,该图展示的是在该稳定工作范围的试验结果。而在较高的填充速度下气流滞止产生的预压缩波强度会更强,因而会产生更高的冷态增压比。可以认为波转子转速是通过影响内燃波转子稳定工作的填充气流速度范围而间接影响其冷态预压缩的增压效果,在这种机制的影响下,还导致了低转速时冷态增压比的分布比较集中,而相对高转速条件下冷态增压比的变化范围比较大,如900r/min 和1050r/min 时冷态增压比变化幅度不超过20%,而在1200r/min 和1500r/min 时,该增压比最大值和最小值之间相差将近60%。

8.4.2 燃烧波强度变化规律

图8-22 给出了不同因素对燃烧所产生压力波峰值压力的影响规律,需要说明的是,波转子通道上所布置的3 个压力测点中,第二个测点上燃烧所产生压力波峰值压力最高,其他两个测点受射流冲击、端面泄漏等因素影响较大,所以此处分析过程中采用中间测点的数据作为代表,衡量燃烧过程内燃波转子的增压效果对不同因素变化的响应规律。而且为了弱化循环之间的差异,其值处理为0.4ms 内所有循环对应值的平均值。

从图8-22 中可以看出,除了在转速为900r/min 时,燃烧过程压力增益随填充速度增加逐渐减小外,其他各种转速下的变化均没有规律可循。这表明,填充速度变化导致的波转子作用时序变化,对燃烧峰值压力的影响,要比对预压缩的影响强烈得多。这是因为压力波以当地声速传播,而声速跟温度的1/2 次方成正比。假设燃烧后波转子通道内高温燃气温度为1500K,则燃烧所产生压力波的传播速度将是预压缩波波速的2 倍以上,因而其对作用时序变化将更加敏感。

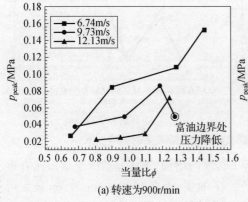

(a) 转速为900r/min

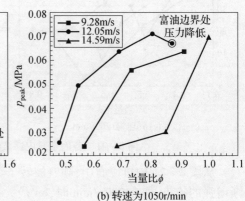

(b) 转速为1050r/min

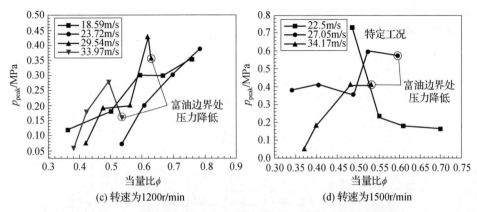

(c) 转速为1200r/min　　　　(d) 转速为1500r/min

图 8-22　各影响因素对内燃波转子燃烧过程压力增益的影响

从图 8-22 中还可以看出,填充气体的当量比,对燃烧所产生压力波峰值压力也有较大影响,总体上除了转速为 1500r/min,气体填充量为 21.5g/s 的工况外,其他所有工况的燃烧增压比,均随着当量比的增加呈逐渐上升的趋势,这与冷态预压缩的压力增益变化趋势完全相反。这是因为随着当量比增加,单位体积内燃料燃烧所释放的能量更多,而且燃烧过程更加剧烈,可以获得更高的压力增益。当然,与冷态过程相类似,在稳定工作范围边界点上也会出现异常现象,这种现象主要出现在相对富油边界点处,富油边界点燃烧过程稳定性变差,局部堆积的燃料容易发生强烈爆炸反应。但这种强烈的压力波对气流填充的影响也更大,会导致下一循环的填充不足,使新的循环压力增益急剧下降,最终导致内燃波转子工作过程的可重复性变差,如图 8-23 所示,相邻两个循环的峰值压力相差 71.2%~213.4%。如此在一段时间内进行平均,便出现了这种异常变化。

图 8-23 中随着转速的变化,在转速为 1050r/min 时燃烧所产生压力波的最高峰值压力为 0.07MPa,甚至低于 900r/min 时的相应值,这说明针对当前内燃波转子结构,1050r/min 所对应的作用时序不利于组织内燃波转子燃烧。但是从总体上看,波转子的转速增加,燃烧过程压力增益也是随之增加的。这是因为,高转速对应着更宽的稳定工作填充速度范围,且其速度值较高。填充速度高表明单位时间向波转子通道内填充的混气量更多,且转速高冷态增压比更高,在波转子通道容积固定的情况下,参与燃烧的混气量更多,燃烧释放的能量更大,因此产生了较高的压力增益。波转子转速通过影响内燃波转子稳定工作范围的填充速度,间接实现对压力增益的影响。另外,波转子转速增加,内燃波转子进行一个完整循环所经历的时间相对较短,留给泄漏等性能损失因素作用的时间也相应变短,对内燃波转子维持在较高的压力增益是有利的。与冷态增压比分

布类似,燃烧过程的压力增益也是在低转速条件下集中分布,而在高转速条件下变化范围较宽。

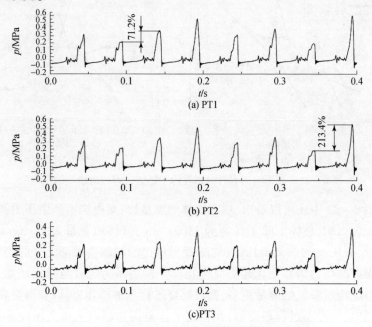

图 8-23 相对富油边界点处燃烧过程压力历程

由于燃烧过程产生的压力波对进气填充过程的影响,会对下一循环的工作过程产生一定影响,导致内燃波转子循环存在不可重复性,即工作过程的稳定性,也成为不同循环间的不协调工作特性。正常情况下总是希望在获得较高燃烧性能的基础上,还能满足推进系统具有更高的可重复性。为了实现这一目标,首先要对推进系统的不稳定现象进行分析认识。通过定义不同循环间燃烧压力分布不均匀度的概念,衡量内燃波转子循环的不可重复指数,其定义为

$$\sigma_p = \sqrt{\frac{1}{N}\Big(\sum_{i=1}^{n}(p_i - \bar{p})\Big)^2} \qquad (8-1)$$

式中:N 为测量时间内经历的循环数;p_i 为每个循环的峰值压力;$\bar{p}$ 为测量时间内所有循环峰值压力的平均值;σ_p 为内燃波转子循环燃烧峰值压力偏离平均值的情况,该值越小,表明内燃波转子各循环燃烧特性越相似,该值越大,表示各循环之间的差异越大,可重复性越差。因此 σ_p 值反映了内燃波转子燃烧过程可重复实现的程度。

从图 8-24 中可以看出,内燃波转子循环不可重复指数 σ_p 随着转速的变化,也分为两种情况,其中在低转速条件下,不可重复指数较低,最大值只

有 2%，这说明在这种转速下，各个循环的燃烧所产生压力波峰值压力相差不大，内燃波转子循环的可重复性良好，工作稳定性佳。当波转子转速增加到 1200r/min、1500r/min 时，不可重复指数大幅度增加，最大值可以增加到 20% 以上。其原因是在高转速下气流填充过程中更容易受到波转子通道内的反压影响。由图 8-24 所示的工作模型时序可以看出，排气时间 $t_{out} = t_{out1} + t_{out2}$，其中在 t_{out1} 时间内，进气端口尚未打开，波转子通道内的高压燃气通过排气端口自由膨胀。而在 t_{out2} 时间内，进气端口打开，填充与排气过程同时发生，如果波转子通道内高压气体在时间 t_{out1} 内自由膨胀得不充分，此时就会对填充过程造成反压影响，其影响程度与波转子通道内压力有关。t_{out1} 与波转子转速成反比，波转子转速越小，t_{out1} 越大，高压燃气自由膨胀时间越长，膨胀越充分，对填充过程影响越小，因此在低转速下内燃波转子不同循环间燃烧压力分布不均匀度越小，可重复性越好。

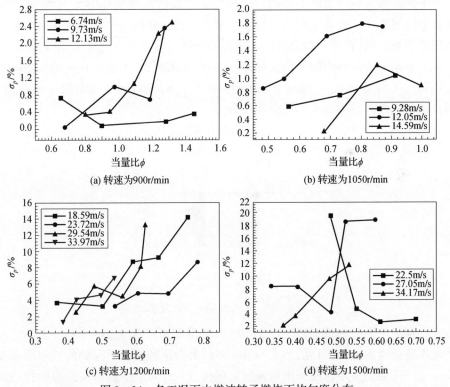

图 8-24 各工况下内燃波转子燃烧不均匀度分布

图中内燃波转子循环不可重复指数随着填充气体当量比的增加，基本上呈增加的趋势。这是因为在较高当量比下，波转子通道内混气燃烧后的压力更高，

在相同的 t_{out1} 时间内,自由膨胀的程度相对来说更不彻底,对填充气流的反压影响更加明显。如果仔细对比图 8 – 24 和图 8 – 22 的结果可以发现,内燃波转子循环不可重复指数和燃烧所产生压力波峰值压力的分布规律是类似的。唯一的不同点在于,燃烧所产生压力波峰值压力曲线的一些特殊点,出现在内燃波转子稳定工作范围的富油燃烧边界点处,这些点处燃烧所产生压力波压力值降低。而内燃波转子循环不可重复指数曲线的特殊点出现在稳定工作范围的贫油边界点处,这些点处内燃波转子循环不可重复指数偏高。这一现象反映了一个单从图 8 – 22 得不到的结论,内燃波转子工作不稳定的现象不仅出现在其稳定工作范围的富油边界点,在贫油边界处同样存在,只不过在这些点处的燃烧压力本身会偏低,吻合了图 8 – 22 中燃烧压力随当量比逐渐上升的趋势,而容易被忽视。

8.4.3 火焰传播速度及火焰结构变化规律

上述各种影响因素除了影响内燃波转子燃烧过程各循环的压力增益,还会对其燃烧过程火焰传播速度与火焰发展过程产生一定影响。在分析其对火焰传播速度影响之前,有必要对此处涉及的传播速度进行定义。此处火焰传播速度,实际上是某一段距离内的平均火焰速度,如图 8 – 25 所示,假设在 t_1 时刻观测到火焰到达 X_1 位置,而在经过一个微小时间段后,t_2 时刻观测到火焰到达 X_2 位置,则在该时间段内的平均火焰传播速度为

$$v_{\text{flame}} = \frac{X_2 - X_1}{t_2 - t_1} \tag{8-2}$$

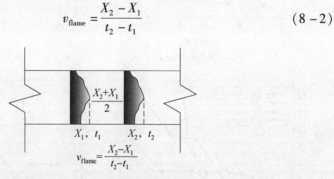

图 8 – 25 火焰传播速度的定义

并且为了方便分析,假设式(8 – 2)中求得的速度为火焰在 $(X_2 + X_1)/2$ 处的瞬态传播速度,由此可见,当 $t_2 \sim t_1$ 越小时,采用这种假设所得到的结果误差越小。火焰锋面的发展情况采用高速摄影捕捉,$t_2 - t_1$ 的最小值由高速摄影仪的帧数决定,试验过程取 0.5~1.5ms 的时间间隔,可以实现较高的精度。

通过对大量试验数据的分析发现,各种工况下火焰沿波转子通道轴向传播的情况有一定的共性,图 8 – 26 以 1200r/min、填充速度为 23.72m/s 时各种当量

比 φ 下火焰传播速度的分布情况，说明火焰传播速度分布的共性。从图中可以看出，在形成初始火焰的过程中，火焰传播速度沿波转子长度方向具有一个明显的上升阶段，图中每两点之间的时间间隔为 0.5ms，即这个火焰加速的时间持续约 1ms，但图中的数据只是观察窗范围，观察窗之前仍有 20mm 的波转子通道长度，如果将图中上升段曲线反向延长至 $X = -20$mm，则火焰传播速度上升段持续时间增加至 2ms 左右，而在 1200r/min 的转速下，热射流经过 15° 的点火端口所经历的时间为 2.08ms，恰好与火焰传播速度上升时间相当。可见，该区间内火焰传播速度的上升，主要是由热射流产生的冲击波导致的。

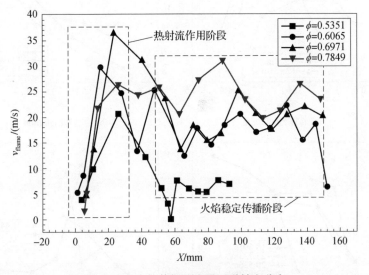

图 8-26 火焰传播速度沿通道轴向分布

火焰传播速度上升至射流影响消失后，会经历一个短暂的消退区，紧接着火焰在波转子通道内以波动的形式传播。从图 8-25 中可以看出在有些情况下，火焰传播速度上下波动的幅值甚至高达 10m/s，说明总体上火焰在波转子通道内的传播是极其不稳定的，这与剧烈的湍流燃烧特性有关，燃烧过程漩涡的脱落、湍流火焰的无规律脉动都会导致这一现象。更重要的是，波转子通道内火焰传播速度较低，燃烧产生的压力波以声速传播，在火焰传播的过程中，会经历多次与反射燃烧波相互作用，每次相互作用都会造成火焰传播的波动。

随着进气当量比的增加，图 8-15 中火焰在相对稳定传播的阶段，火焰传播速度有逐渐增加的趋势，然而这种趋势只在内燃波转子稳定工作的贫富油边界处比较明显，而且在其他一些工况下，随着当量比的变化，火焰传播速度的变化规律很杂乱。这说明当量比对火焰传播速度的影响是一个复杂的问题,有待进一步分析。

为了进一步分析各影响因素对火焰传播速度的影响,对各工况下火焰沿波转子通道方向的传播速度进行平均化处理,图8-27用处理后的平均速度表示各工况的火焰传播速度,分析不同因素对火焰传播速度的影响规律。

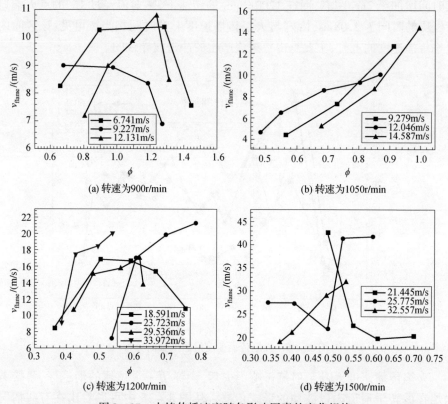

图8-27 火焰传播速度随各影响因素的变化规律

从图8-27中可以看出,在所研究的影响因素中,波转子转速对内燃波转子燃烧过程火焰传播速度的影响最大,无论是火焰传播速度值,还是火焰传播速度的变化范围,都随着波转子转速的增加,而呈现出不断增加的趋势,其中在1500r/min、填充速度为25.775m/s时,火焰传播速度最大可以达到45m/s,实现了剧烈的增压快速燃烧。

相比波转子转速,填充速度和混气成分对火焰传播速度的影响作用显得更加复杂,且其影响效果存在明显的交叉现象。如在波转子转速为1050r/min和1500r/min时,在内燃波转子稳定工作的填充速度范围边界点处,火焰传播速度明显偏低,而在转速为 900r/min 和 1200r/min 时,又不存在这种现象;随着填充气体当量比的增加,在转速为 900r/min 时,火焰传播速度呈先增加后减小的趋势,转速为 1050r/min 时,火焰传播速度随当量比的增加逐渐增加,在转速分别为 1200r/min 和 1500r/min 时,除了个别富油边界点以外,火焰传播速度总体上也是随着当量比的增加而逐渐增加。

在图 8-20 中的分析中指出,高速摄影所采集的火焰反应区发展过程中,高亮度的区域代表了反应剧烈的区域,而且分析发现这些反应剧烈的区域在燃烧过程中是变化的。如果针对某一组试验结果而言,假设设定一个图片亮度的临界值,定义大于该临界值的区域为化学反应区,低于该值的区域为反应结束后的高温燃气区或新鲜混气区域。统计出反应区的范围随时间的变化,即可从化学反应强度变化的角度反映该循环燃烧过程的发展历程。图 8-28 基于该思想给出了反应区比例随时间的变化,反应区比例定义为 $\eta = A_{\text{reaction}}/A_{\text{total}}$,其中 A_{reaction} 为亮度大于设定临界值的区域面积,即反应区面积,而 A_{total} 为波转子通道总的截面面积。式中 A_{reaction} 和 A_{total} 均以高速摄影所拍摄截面进行计算。

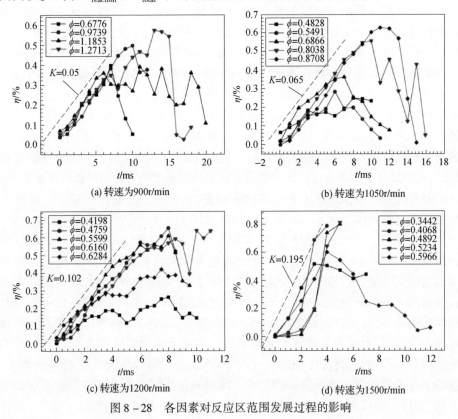

图 8-28 各因素对反应区范围发展过程的影响

鉴于上述分析经验,在内燃波转子稳定工作填充速度范围边界处,燃烧性能容易出现异常,为了讨论结果具有普遍适应性,同时增强分析的条理性,图8-28中针对每种波转子转速,尽量从其稳定工作的填充速度范围中心附近,选择一种填充速度工况作为代表,来分析其反应区范围的发展过程。从图8-28中可以看出,在大部分的波转子转速、填充气体当量比的组合下,反应区所占比例随时间的发展有十分相似的规律。在燃烧过程起始阶段,热射流点燃波转子通道内的混气,形成初始火焰,此时反应区的面积很小。随着时间的推移,反应区释放的能量不断向周围新鲜混气内扩散,并点燃相邻区域内的混气,反应区范围所占的比例迅速增加,直至燃烧过程接近尾声,由于混气中燃料逐渐燃尽、泄漏间隙的泄漏、排气产生膨胀波等原因的综合影响,反应区范围逐渐减小,甚至逐渐消失,反应区消失标志着内燃波转子开始为新一轮循环的燃烧过程做准备。

虽然在不同工况下反应区范围的发展过程具有一定的相似性,但随着不同条件的变化,表现出各自的特点,最明显的不同是波转子转速的影响。如图8-28所示,在固定的转速下,随着填充气流当量比的变化,不同工况下反应区范围增长段表现出了一定的相似性,且仔细观察发现不同当量比时反应区增长的快慢程度基本上是一致的,即图8-28中 η 随时间 t 变化的曲线斜率一致。只是有些条件下曲线增长段持续的时间长,有些持续的时间短,如1050r/min所示的情况。将一条黄虚线作为辅助线反映反应区范围增长的趋势,并标出辅助线的斜率,直观表述反应区范围增长的快慢程度。可以看出,随着转速的增加,辅助线的斜率不断增加,从900r/min时的0.05增加到1500r/min时的0.195。这表明增加波转子的转速,有利于增加反应区范围的增长速度,即增加了从波转子通道内形成初始火焰发展到剧烈燃烧的迅速程度,对提高波转子的燃烧性能是有利的,这一点从上述燃烧过程压力增益和火焰传播速度的分析也可以得到证实。

导致反应区范围速率上升的原因有很多,其中一个重要原因是内燃波转子自身工作过程特点。图8-29所示为内燃波转子点火过程中,射流点火器、出口密封盘和波转子通道之间相对位置的示意图。这几个部件之间的相对运动有两种情况,两种情况下射流点火器均处于固定不变的状态。其中一种情况为出口密封盘固定不变,射流点火器安装在出口密封盘上的点火端口内,波转子通道旋转经过点火端口和射流点火器;另一种情况为波转子通道固定不变,其中心与射流喷管中心一致,出口密封盘随转轴一起旋转,点火端口旋转经过射流点火器和波转子通道时,射流进入波转子通道点火。本章所采用的试验方法为第二种情况。由分析可知,内燃波转子点火过程中,不论采用哪种情况的相对运动关系,波转子通道靠近射流点火器一端总有一段时间是暴露于点火端口和射流点火器中的,这段时间即射流作用时间 τ,在 τ 时间内,射流火焰进入波转子通道,同时造成严重的通道泄漏,射流点燃混气后,形成的初始火焰沿波转子通道发展的同时,压力升高导致高温高压燃气经点火端口流出波转子通道。在点火端口开口角度固定的情况下,波转子转速越高,τ 越小,泄漏因素影响的时间也越短,迫使燃烧过程尽早沿波转子通道单方向发展。

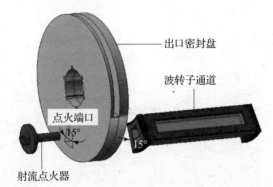

图 8-29　点火过程中射流点火器、出口密封盘及波转子
通道之间相对位置的示意图

图 8-30 列举了不同工况下火焰锋面形状的分布情况,可以看出,在任何一种工况下,采用乙烯作为燃料时,火焰锋面均出现明显的褶皱变形,呈现出明显的湍流燃烧特征,这一点明显区别于丙烷的燃烧情况。在波转子转速为 900r/min 时,在各种填充速度下,火焰锋面的倾斜规律一致,在贫油状态下,波转子扇形通道中内弧面火焰传播速度较快,即火焰锋面向下倾斜;而当进气状态为富油时,波转子通道的外弧面火焰传播较快,火焰锋面过渡为向上倾斜状态。波转子转速为 1050r/min 时,由于其稳定工作状态均为贫油状态,因此火焰锋面基本上呈向下倾斜的状态,只在填充速度为 14.59m/s、当量比增加至 ϕ = 0.996 时,火焰锋面过渡至向上倾斜。综合上述两种转速情况,可以认为在低转速情况下,火焰锋面在波转子通道内向上或向下倾斜的临界点近似位于化学恰当比的位置,而且当量比对火焰锋面形态的影响要比转速和填充速度的影响大得多。

当波转子转速继续增加至相对高转速时,波转子转速和气流填充速度对火焰锋面形态的影响逐渐凸显,如在转速为 1200r/min,填充速度为 18.59m/s 时,火焰锋面倾斜方向转变点减小至 ϕ = 0.667 和 ϕ = 0.756,填充速度增加至 23.72m/s 和 29.54m/s 时,转变临界点分别减小至 ϕ = 0.535 和 ϕ = 0.419 以下,填充速度增加至 33.97m/s 时,转变临界点也减小到 ϕ = 0.424 至 ϕ = 0.494 之间。很显然,相对于低转速状态,此时火焰锋面倾斜方向转变的当量比临界点大大降低。当转速继续增加至 1500r/min 时,不仅转变临界点的当量比进一步降低,火焰锋面的倾斜情况也会发生一定变化,如在填充速度为 34.17m/s 时,相对贫油状态下火焰向下倾斜,当量比增加到 $\phi=0.484$ 时,火焰转而向上倾斜,这与其他工况均不同。

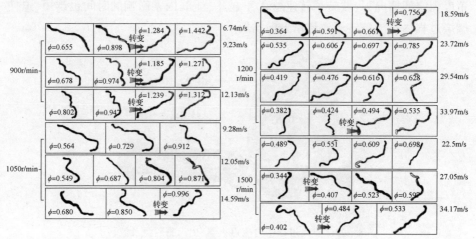

图 8-30　不同工况下火焰锋面形状的分布情况

由上述分析可知,当量比作为影响燃烧过程的一个重要参数,除了对内燃波转子燃烧过程的峰值压力、燃烧过程的不可重复性、火焰传播速度、火焰锋面形态等产生显著影响外,对火焰的发展过程也会有显著的影响。图 8-31 选取转速为 900r/min、填充速度为 6.74m/s,不同当量比条件下试验结果,比较不同当量比对火焰发展过程的影响。关于火焰倾斜方向的变化已在图 8-30 中加以分析,此处不再论述。随着填充气体当量比的逐渐增加,从图 8-31 中可以看出火焰发展过程具有两个显著的变化规律。首先,随着混气当量比的增加,在相同条件下拍摄到的火焰反应区亮度显著增加,前文分析指出,反应区亮度表征了化学反应的剧烈程度,因此,这一现象再次说明了波转子通道内化学反应强度是随着当量比的增加而增加的;其次,当量油气比 $\phi=0.655$ 时,从 $t=7\text{ms}$ 开始,化学反应开始衰退,反应区强度减弱,同时反应区范围减小,并随着时间的推移逐渐消失,然而此时火焰并没有传播至整个波转子长度,只到达约 2/3 波转子长度处。这样波转子的空间利用率低,总体上系统的容热强度较小,不利于内燃波转子发动机的结构紧凑,并且会降低其燃烧性能。随着当量比的增加,火焰传播的最大位置逐渐增加,当当量比增加到 $\phi=0.898$ 时,火焰基本上传播至整个波转子长度。火焰在波转子通道局部传播的原因有很多,其中最主要的原因是燃烧过程与作用时序的不匹配。波转子通道经过射流点火形成初始火焰后,将在燃烧时序 t_{com} 内充分发展,在某些恶劣的环境下(如油气分布不合理、射流工作不稳定等),火焰在波转子通道内传播得很慢,火焰在没有充分发展的情况下,已经开始进入膨胀排气过程,甚至是下一循环的填充过程已经开始,在填充气流的影响下,上一循环未充分发展的火焰会出现被吹熄的现象,因而不能在整个波转子长度范围内传播。

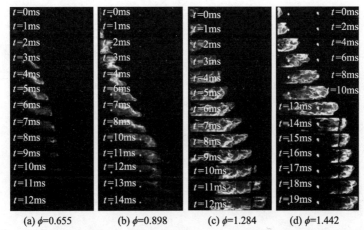

图 8-31　转速为 900r/min、填充速度为 6.74m/s 时不同当量比下火焰发展过程

为了提高燃烧系统的总体性能,需要尽可能地利用燃烧室的空间,这样做同时可以达到燃烧系统结构紧凑、质量轻、体积小的目的。图 8-32 统计了所有试验工况下火焰在波转子通道内传播到达的最大距离情况,统计结果基于高速摄影所拍摄的火焰传播过程。图 8-32 中横坐标为观察窗长度坐标(X),其定义方法为:观察窗左边缘定义为 $X=0$mm,观察窗右边缘定义为 $X=156$mm,由于误差的存在,火焰传播至 $X=150$mm 以上时,则认为火焰可以在整个波转子通道内传播。图中椭圆内所包围的点均属于实现火焰传播过整个波转子通道的工况。由于混气当量比对火焰传播最大位置的影响较大,将其设为纵坐标。

从图 8-32 中可以看出,不论在什么样的转速下,内燃波转子的燃烧过程均存在火焰在局部波转子通道内传播的情况。如果将火焰传播到的最大位置定义为 X_{max},气流填充速度对 X_{max} 存在一定影响,但影响作用的规律性不强,在 1050r/min 时,气流填充速度的影响效果最明显,在相同的当量比及较低的填充速度下,火焰传播的 X_{max} 更大,这是因为填充速度低,新循环对未充分发展火焰的吹除能力弱。如果不考虑转速为 900r/min 的情况,在内燃波转子稳定工作的范围内,X_{max} 的最小值有随波转子转速逐渐增加的趋势,如转速增加到 1500r/min 时,X_{max} 的最小值可以达到 140mm,这是因为在高转速条件下火焰传播速度高,在新循环填充过程开始之前,火焰有条件传播得更远。

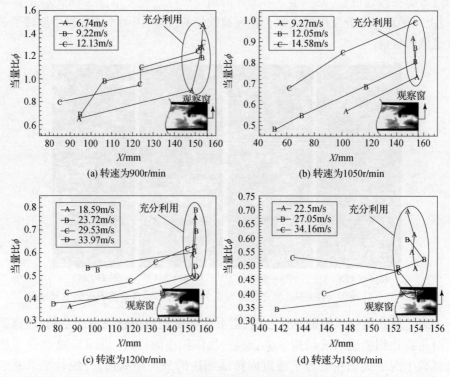

图 8-32 火焰锋面到达的最大位置

8.4.4 进排气端口相位差对燃烧性能的影响

进排气端口相对位置的变化,会直接改变波转子的工作时序,进而影响其燃烧特性。图 8-33 所示为三种不同作用时序内燃波转子结构。其区别在于,进出口密封盘开口的相对位置不同,即进排气端口的相对位置不同,其中上文的讨论结果是基于图中相对位置 I 的结构,此时进气端口与排气端口的相位差为 37°,在该相位差内,出口端口相对于波转子通道封闭,进气端口继续向波转子通道填充混气,起预压缩的作用;自由膨胀的区域 $\psi = 47°$。相对位置 II 的结构加大了进排气端口相位差角度。该相位差角度的增加,在出口端口封闭之后,填充气流在波转子通道内的作用时间延长,同时会改变压缩波、燃烧所产生压力波、膨胀波等在波转子通道内传播的时序,另外图中所示的角度 ψ 也会随之增加。ψ 代表排气端口打开之后到新一轮填充过程开始之前的间隔,在该区域内虽然燃烧后的高温气体自由膨胀排出,但未燃烧完全的混气仍有继续燃烧的可能性,越过该范围,在填充气流的作用下,波转子通道内的火焰将迅速被吹熄。相对位置Ⅲ的结构变化与作用时序Ⅱ的相反,相位差角度减小至7°。

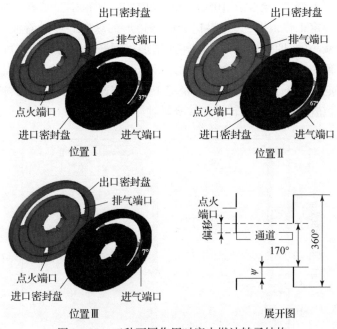

图8-33 三种不同作用时序内燃波转子结构

从前文的分析结果可以看出,在相对位置Ⅰ所对应的结构下,内燃波转子稳定工作的转速可以达到1500r/min,而且提高波转子转速,可以获得较好的内燃波转子燃烧性能,考虑到系统运行的安全性,没有尝试1500r/min以上的转速。改变波转子进出口密封盘相对位置之后,通过试验研究发现,在相对位置Ⅱ对应的结构下,波转子转速超过1050r/min以后,不能正常工作;而对于相对位置Ⅲ,在任何转速下,内燃波转子均不能正常工作。这表明,改变结构实现的作用时序,对内燃波转子的工作稳定性存在很大影响,甚至导致其不能正常工作,所研究的三种相对位置对应的结构中,在当前的工作环境下,相对位置Ⅰ下内燃波转子稳定工作的转速范围最宽。改变波转子进排气端口的位置之所以对其工作过程有如此大的影响,是因为改变了有效填充时间和排气过程的自由膨胀时间。

鉴于相对位置Ⅲ下内燃波转子不能正常工作,之后关于结构改变影响燃烧性能的讨论主要对另外两种结构进行讨论。图8-34所示为在两种结构下,内燃波转子稳定工作的填充速度范围的比较,离散地给出了固定转速下的值。如果将试验值的上下边界点分别相连(如图中虚线所示),则虚线及其包围的区域为内燃波转子稳定工作的填充速度范围。从图中可以看出,相对位置Ⅰ对应的工作范围所构成的四边形形状,接近平行四边形,即其纵向高度随着波转子的转速变化是近似不变的,至少在1050r/min以内的转速范围是这样。而相对位置Ⅱ所对应的稳定工作范围,其边界构成的四边形的纵向高度随着波转子转速的增加是逐渐减小的,四边形总体上随转速增加呈逐渐收缩的趋势。可以想象,如果波转子转速一直增加,必然会导致四边形的上下两条边交汇于一点的情况,在该点所对应的转速下,波转子对应的稳定工作填充速度范围不存在,这就解释了为什么相对位置Ⅱ下内燃波转子在较高转速下不工作。

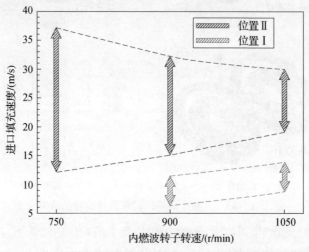

图8-34 作用时序对内燃波转子稳定工作速度范围影响(附彩插)

从图8-34中还可以看出,在相同的波转子转速下,相对位置Ⅱ所对应的稳定工作的填充速度范围要宽得多,而且其对应的填充速度值也要大得多。这是因为与相对位置Ⅰ相比,其对应的有效填充时间 t_{fuel} 减小了近30%,在相同的波转子转速下(波转子单个循环时间 t_{total} 相同),在较短的有效填充时间内,要实现合理的混气填充,则需要更高的气流填充速度。当波转子转速继续增加时,要求的气流填充速度也相应增加,然而由前文分析可知,气流填充速度过高时,其冷态增压比较高,当冷态增压效果高到抑制射流火焰进入波转子通道时,将影响其正常工作,因此在高转速状态,相对位置Ⅱ所对应的结构下,内燃波转子不工作。

图8-35给出了相对位置Ⅱ所对应的不同转速、不同填充速度下内燃波转子稳定工作的当量比范围,图中以不同深浅的颜色来区别不同的转速,同样将工作范围的边界用虚线连接,构成稳定工作的区域。

第8章 内燃波转子增压燃烧特性

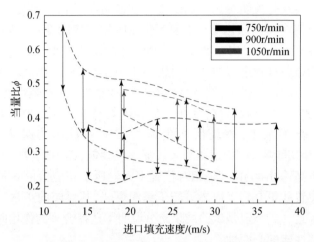

图 8-35 相对位置 Ⅱ 对应的内燃波转子当量比工作范围

从图 8-35 中可以看出，在转速为 750r/min 时，内燃波转子稳定工作的范围在当量当量比 $\phi=0.2$ 到 $\phi=0.4$ 之间，在不同填充速度下该范围的边界、宽度等变化不大，说明在 750r/min 的转速下，内燃波转子工作对混气成分的要求相对比较稳定。当转速继续增加至 900r/min 时，随着填充速度的增加，内燃波转子稳定工作的油气范围有小幅度变宽的趋势，同时，其对应的当量比值明显上升。由于波转子转速增加到 1050r/min 时，接近其稳定工作的填充速度范围边界，燃烧过程的不稳定造成其当量比范围相对较窄。比较图 8-35 中不同转速下的稳定工作范围的面积可以看出，单从油气成分的角度来说，900r/min 的转速是最适合当前结构内燃波转子工作的。

图 8-36 给出了在相对位置 Ⅱ 对应的结构下，波转子转速为 1050r/min 时几种工况内燃波转子工作过程预压缩增压比及燃烧过程增压比的分布。预压缩的增压比 δ_p 沿波转子通道长度方向逐渐降低，其变化范围约为 5%~30%，与相对位置 Ⅰ 对应转速下的试验值相仿，可见进排气端口相对位置的改变对预压缩效果影响并不是很大。另外，比较不同工况的预压缩增压比，结合对应的燃烧所产生压力波分布可以发现，冷热态的压力增益是相互影响的，总体上呈此消彼长的关系，即燃烧所产生压力增益越高，其对应的冷态压缩比越低。这一规律跟作用时序 Ⅰ 的情况是一致的。由前文分析可知，相对位置 Ⅰ 所对应的内燃波转子结构中，1050r/min 是试验范围内燃烧性能最差的情况，其燃烧过程燃烧所产生压力波的峰值压力最大只有 0.07MPa，远低于工作范围内其他转速值对应的工况，这是因为在当前转速对应的工作时序与内燃波转子工作过程极度不匹配，包括波转子通道内的混气形成质量、燃烧所产生压力波行进至波转子通道一端时

波转子通道不能及时关闭等。然而随着内燃波转子结构的改变,当图8-33中的相位差增加到67°时,结构变化引起了作用时序相应的变化。试验过程发现,此时1050r/min反而成了内燃波转子燃烧性能的最佳工作转速,在该转速下,波转子通道内的燃烧过程进行的最为剧烈、工作过程最稳定,因此图8-36选择该转速下的几个工况作为代表,阐述结构改变对内燃波转子燃烧性能的影响。

从图8-36中可以看出,在相对位置Ⅱ中,燃烧所产生压力波的峰值压力大幅提高,在试验工况中,燃烧所产生压力波的峰值压力最大可以增加到0.52MPa,采用中间测点的峰值压力来表征燃烧性能,图中燃烧所产生压力波最大峰值压力也高达0.44MPa,是相对位置Ⅰ同转速下相应值的6倍多。但这并不是说相对位置Ⅱ更有利于内燃波转子组织燃烧,其对应的正常工作的转速范围窄也说明了这一点。但是试验结果充分说明了选择合理的作用时序对保证内燃波转子燃烧性能的必要性。

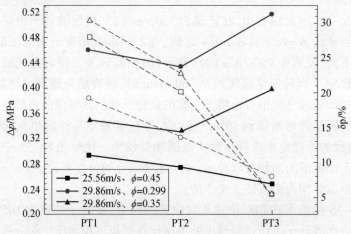

图8-36 作用时序Ⅱ1050r/min时内燃波转子增压比分布

从图8-36中还可以看出,燃烧所产生压力波峰值压力在波转子通道内的分布也与作用时序Ⅰ时的不一样。对于相对位置Ⅰ而言,燃烧所产生压力波首先在火焰加速的影响下逐渐升高,在中间测点位置附近达到最大值,随后由于燃烧过程的衰退、膨胀波、泄漏等,燃烧所产生压力波的峰值压力转而走低,且这种现象存在于所有相对位置Ⅰ的试验工况中,被认为是其燃烧过程的共性。而对于当前的相对位置Ⅱ,三种试验工况中有两种工况,燃烧所产生压力波峰值压力沿波转子通道方向呈先下降后升高的趋势,而且在PT3测点附近达到最大值,另外一种工况(填充速度为25.56m/s、当量比$\phi=0.45$)燃烧所产生压力波峰值压力沿波转子通道逐渐下降。

图 8－37 给出了相对位置 II 试验工况对应的内燃波转子循环不可重复指数 σ_p 的分布,可以看出在填充速度为 29.86m/s、当量比为 $\phi=0.299$ 的时候 σ_p 最大,达到 13%,与相对位置 I 同转速条件相比,是其 6 倍多,这个比值与燃烧所产生压力波最大峰值压力比相近,可见 σ_p 的变化与燃烧过程压力增益是近似成正比的。燃烧过程越剧烈,实现的压力增益越高,则对填充过程以及下一个循环的影响越大,σ_p 就会越高,即燃烧过程不同循环间的差异增加,循环的可重复实现性变差。σ_p 的变化规律与相对位置 I 的相似,所以可以得出结论:不管在什么样的作用时序、工作环境下,燃烧压力的不均匀性都是存在的,是内燃波转子非定常工作过程所固有的特性。这种不均匀性的存在直接导致内燃波转子燃烧性能的不稳定,如其输出的功是随时间变化的、出口排出的燃气状态参数是变化的等,显然这种现象的存在对推进系统是不利的,成为内燃波转子工程应用的障碍,需要投入大量研究加以解决。

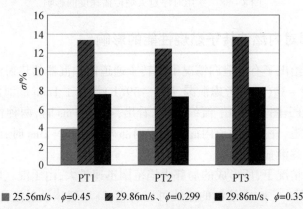

图 8－37 相对位置 II 1050r/min 时内燃波转子燃烧压力不均匀度

图 8－38 给出了两种作用时序下波转子通道内火焰传播速度分布的比较,其中实线表示相对位置 II 对应的工况,虚线表示相对位置 I 对应的工况,所有工况试验均在 1050r/min 的转速条件下进行。可以看出,这两种结构下火焰传播速度沿波转子通道方向的分布规律是相似的,随着火焰的发展,其传播速度均呈先上升后下降的趋势,而且火焰加速过程都是发展至波转子通道中间位置附近开始衰退。这两种结构下火焰传播速度最大的区别在于,相对位置 II 对应工况的火焰传播速度值要大得多,在 $X=80$mm 附近达到 30m/s 以上,而相对位置 I 对应的最大值为 15m/s 左右,二者相差 1 倍。结合图 8－36 燃烧所产生压力波及相对位置 I 的燃烧性能试验结果来看,不难发现火焰传播速度和燃烧过程增压比也是有一定关系的,火焰在波转子通道内传播速度越大,实现的燃烧压力增益越高。

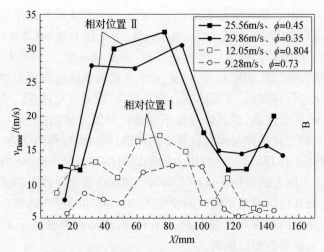

图 8-38　作用时序对火焰传播速度的影响

8.4.5　泄漏对内燃波转子燃烧性能的影响

图 8-39 给出了有无泄漏情况下波转子通道内预混器的热射流点火过程的比较，其中图 8-39(a) 不考虑泄漏，图 8-39(b) 设置了 1mm 的泄漏间隙。为了方便分析，部分云图上绘制了流线，可以看出，在 $t=1\text{ms}$ 时，两种情况下射流均进入波转子通道，并点燃通道内混气形成局部火焰，到 $t=2\text{ms}$ 时，两种情况下的燃烧状态差异逐渐显现。

在无泄漏情况下，所形成的局部火焰范围迅速扩大，由于混气燃烧后通道内压力升高，从图 8-39 中绘制的流线可以看出，高压气体沿射流孔发生回流，但此时化学反应释放的热量大于回流的损失，最终射流成功点燃预混气，并形成向下游传播的火焰。而在图 8-39(b) 中，在 $t=2\text{ms}$ 时，波转子通道内的气流分成两束，其中一束为回流，与图 8-39(a) 中的类似，而另一束使流体经泄漏间隙流出波转子通道，直至 $t=4\text{ms}$ 时，因为泄漏影响，导致点火失败，这说明泄漏的影响，是决定点火成功与否的一个重要因素。

为了进一步说明泄漏对内燃波转子点火以及燃烧过程的影响，图 8-40 给出了改变内燃波转子泄漏间隙的探索结果。分别计算了泄漏间隙为 0.3mm、0.5mm 和 0.7mm 时的点火及燃烧情况。从图 8-40(a) 的火焰传播速度可以看出，当泄漏间隙为 0.3mm 和 0.5mm 时，火焰传播速度曲线相似，具有明显的火焰传播特性，而当泄漏继续增加到 0.7mm 之后，除射流作用时间范围内，火焰传播速度基本上趋于零，说明要保证内燃波转子正常点火与组织燃烧，泄漏间隙不能大于 0.7mm，这与国外的研究建议值相符。从图 8-40(b) 中可以看出，虽然

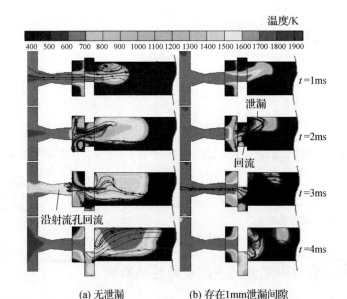

(a) 无泄漏　　　(b) 存在1mm泄漏间隙

图 8-39　不同条件下波转子通道内预混器的热射流点火过程

在 0.3mm 和 0.5mm 的泄漏间隙下,火焰传播速度变化相似,但波转子通道内的压力特性呈现出完全不同的规律。图 8-40(b) 以距波转子通道左端 10mm 位置处截面为特征面,给出了特征面上总压及泄漏间隙泄漏量的比较,可以看出,在 0.3mm 泄漏间隙时,波转子通道内的压力不断增加,但上升的趋势逐渐变缓。而泄漏间隙为 0.5mm 时,随着燃烧过程的进行,波转子通道内的压力最终趋于不变甚至缓慢下降。其燃烧获得的压力增益,明显要低于 0.3mm 泄漏间隙时的相应值,这说明泄漏对内燃波转子的工作特性会产生极大的影响。值得注意的是,从图 8-40(b) 中的泄漏量变化曲线可以看出,泄漏量与压力保持着几乎同步的变化趋势,说明泄漏间隙只提供了泄漏通道,泄漏量多少由波转子内外压差决定。

上述分析表明,通过减小泄漏间隙控制泄漏量,可以实现波转子燃烧性能的提高,但从图中燃烧性能最高的 0.3mm 泄漏间隙来看,特征面压力增加到 50622.5Pa 左右,由于火焰传播速度减慢、泄漏量增加等,特征面压力上升趋势已经变缓,很难进一步实现大幅度的增加。此时燃烧压力增益要比不采取泄漏抑制时高得多,但其压力增益仍不够高,依然没有体现射流点火的优越性。其主要原因在于,泄漏还有一个主要通道,即图 8-39 中所描述的沿射流孔回流的泄漏量,而且其面积要大得多,在本章研究过程中,由于空间的限制,热射流作用时间选择得比较长,相当于波转子转速很低时的情况,这也为波转子通道内混气燃烧回流提供了很长时间,应该是导致热射流点火优越性不能体现的主要原因。

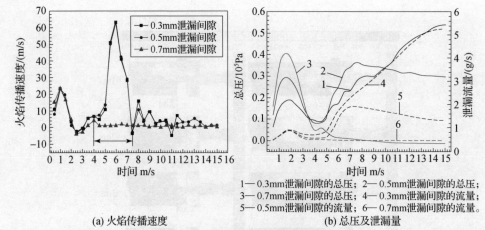

(a) 火焰传播速度 (b) 总压及泄漏量

1—0.3mm泄漏间隙的总压；2—0.5mm泄漏间隙的总压；
3—0.7mm泄漏间隙的总压；4—0.3mm泄漏间隙的流量；
5—0.5mm泄漏间隙的流量；6—0.7mm泄漏间隙的流量。

图 8-40　泄漏间隙对燃烧性能的影响

8.4.6　离心力对内燃波转子燃烧特性的影响

在分析离心力场对内燃波转子火焰传播速度影响规律之前，先针对 500r/min 时案例 A 的火焰传播速度分布特点进行分析，此时波转子转速较低，离心力场相对较弱。火焰传播速度沿波转子通道轴向的分布如图 8-41 所示。从图中不难看出火焰速度沿轴向的变化大致可以分为四个阶段，在 X 为 0~30mm 以内，由于射流进入波转子通道冲击作用的影响，火焰传播速度 v_{flame} 较高，最大为 60m/s；随着时间推移，射流喷管终将转过波转子通道范围，因此在 $X=(30\sim60)$mm 范围内，v_{flame} 逐渐降低，直至 $X=60$mm 位置，射流的影响完全消失，波转子通道内火焰开始稳定传播，如图 8-41 中 X 为 70~120mm 时；在此之后，由于空气段内没有燃料分布，燃烧逐渐结束。

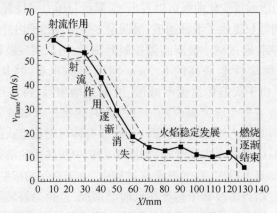

图 8-41　火焰传播速度沿波转子通道轴向的分布

从图 8-41 中还可以看出一个现象,尽管在初始状态下,只在 $X \leqslant 100\mathrm{mm}$ 范围以内存在燃料分布,但火焰可以传播至 $X = 200\mathrm{mm}$ 处。这是因为随着燃烧的进行,一方面未燃混气向空气段扩散;另一方面由于燃烧之后混气段内气体压力上升,混气向空气段内膨胀。鉴于火焰传播速度 v_{flame} 沿波转子通道轴向呈不均匀分布,不便于不同工况之间的比较,在分析离心力场对火焰传播速度影响时,对 v_{flame} 沿通道轴向进行平均化处理,且处理过程不包括图 8-41 所示的"燃烧逐渐结束"阶段,处理后各工况的平均火焰传播速度表示为 $\bar{v}_{\mathrm{flame}}$。

离心力场强度(体现为波转子的转速)对 $\bar{v}_{\mathrm{flame}}$ 的影响如图 8-42 所示。可以看出,三种当量比下,平均火焰传播速度随离心力场强度增加,均呈现先增加后不变的变化趋势,即在所研究的离心力场强度范围内,离心力场对火焰传播速度的影响只在部分范围内起主导作用。从图 8-42 中还可以看出,不同当量比下,离心力场影响火焰传播速度的范围不同,其中 $\phi = 1.0$ 时,离心力在 $[0,250g]$(对应 $[0,1500]\mathrm{r/min}$,此处 g 表示重力加速度)范围内强化燃烧,当 $\phi = 0.8$ 和 $\phi = 0.6$ 时,离心力在 $[0,700g]$(对应 $[0,2500]\mathrm{r/min}$)范围内强化燃烧。$\bar{v}_{\mathrm{flame}}$ 之所以随离心力场呈如此变化趋势,与离心力场影响火焰传播机制有关。

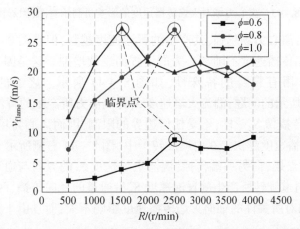

图 8-42 不同当量比下离心力场强度对火焰稳定传播速度的影响

为了说明离心力场对火焰传播速度的影响机制,图 8-43 基于前人的研究成果给出了其示意图[8]。红色阴影部分为初始的湍流火焰,在无离心力作用的情况下,以湍流火焰速度 S_{T} 向周围传播,在时间增量 ΔT 之后,传播至蓝色虚线位置;而在离心力场的作用下,初始火焰除了以自身的 S_{T} 传播,还存在离心力场作用下产生的冒泡速度 S_{B},冒泡速度在时间增量 ΔT 内使火焰传播至洋红线处。

当离心力场较弱，$S_B < S_T$ 时，宏观上离心力的作用体现不出来，如图 8-43 左侧所示；而当离心力场增强到一定程度之后，$S_B > S_T$，经过时间 ΔT 之后，火焰则发生明显的变形，且宏观上表现为火焰传播更快，如图 8-43 的中间部分所示。当然，离心力场的作用还与其他因素有关，如图 8-43 右侧所示，当采用的燃料具有更快的湍流火焰速度 S_T，在等量级的离心力场下仍会表现为 $S_B < S_T$，此时冒泡速度的影响在宏观上也体现不出来。换句话说，在混气自身火焰传播速度较快的时候，离心力场的作用更不容易体现，因此在图 8-41 中 $\phi = 1.0$ 离心力场的影响最先消失。

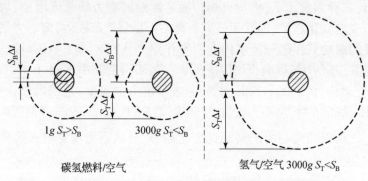

图 8-43 离心力场对火焰传播速度的影响机制示意图（附彩插）

按照常理，离心力场越强，其产生的冒泡速度越强，但在图 8-41 中临界点之后，平均火焰传播速度不随离心力的增强而继续增加。这是因为内燃波转子离心力场的作用有自身的特殊性，如图 8-44 所示。之前的研究均属于图 8-44 左侧所示的问题，湍流火焰速度 S_T 与离心力所产生的冒泡速度 S_B 方向相同，且 S_B 的传播像 S_T 一样，不受任何边界的限制，因而离心力场越强，表现出的总体火焰传播速度越快。在内燃波转子中（图 8-44 右侧所示），混气从波转子通道一端被点燃，向另一端传播，湍流火焰速度 S_T 的方向与通道轴向方向一致；而波转子通道旋转所产生的冒泡速度 S_B 沿通道的径向传播，两者相互垂直，因此 S_B 的增加对所关注的轴向火焰传播速度影响不大，而且由于波转子通道壁面的限制，S_B 的增加也有一定的限度。这就解释了图 8-41 中临界点之后 $\bar{v}_{\text{flame}}$ 趋于不变的现象，也说明了内燃波转子内 S_B 的存在不是影响其火焰传播特性的主要原因。

为了解释图 8-41 临界点之前平均火焰传播速度 $\bar{v}_{\text{flame}}$ 随离心力场增加的现象，本节分析离心力场对火焰锋面形状的影响，由于燃烧过程 HO 离子只出现在火焰锋面的位置，因此下面分析采用 HO 离子的等值面反映火焰锋面的形状。

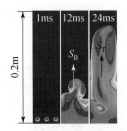 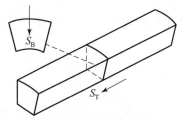

图 8-44 内燃波转子内离心力场作用的特殊性

同样地,图 8-45(a)给出离心力场比较弱的当量比 $\phi=1.0$、转速 $R=500$r/min 工况火焰发展过程的对比。从图 8-45(a)中可以看出,热射流进入通道后,可以迅速点燃混气,火焰一面向前传播,一面向四周扩散,直至火焰传播到壁面。由于壁面的耗散作用,靠近壁面处的火焰传播速度稍慢,最终火焰锋面发展为"凸"形,如图 8-45 中 $t=4.2$ms 和 $t=7.2$ms 时。由于此时离心力场强度较弱,火焰锋面为对称的"凸"面,火焰面基本未发生倾斜。图 8-45(b)中给出了 $\phi=1.0$ 不同转速下的火焰锋面形状对比,可以看出,在转速为 1000r/min 时,参考面 $L=100$mm 之前火焰锋面为对称"凸"面,而在参考面之后,与图 8-45(a)中转速为 500r/min 相比,火焰锋面发生了轻微的倾斜;当转速增加到 2000r/min 时,参考面之前火焰锋面形状开始变形,参考面之后火焰锋面变形加剧,转速继续增加参考面前后的火焰锋面变形程度增加,转速为 4000r/min 时,参考面之前火焰锋面出现了明显的倾斜,参考面之后火焰面极度扭曲。这说明在内燃波转子中,离心力对火焰传播速度影响的真正原因应该是火焰锋面倾斜,而不是传统情况下引起冒泡速度 S_B 的增加。

图 8-45(c)和(d)还给出了当量比分别为 $\phi=0.8$ 和 $\phi=0.6$ 两种情况下火焰锋面形状随离心力场的变化情况,比较三种当量比的火焰面形状可以看出,在相同离心力场的作用下,当量比小的时候,火焰锋面的扭曲变形量略大一些。由图 8-42 结果可知,$\phi=0.6$ 时波转子通道内稳定火焰传播速度最小,而此时火焰锋面倾斜变形量最大,正是因为 $\phi=0.6$ 时火焰传播速度较慢,旋转所产生的"浮生力"对火焰的作用时间较长,才引起火焰锋面大幅变形。

由上述分析得出内燃波转子中离心力场引起火焰传播速度变化的真正原因是火焰锋面的倾斜,为了保证该结论的正确性还要排除一个因素的影响,那就是在强离心力场作用下,火焰锋面的倾斜到底是离心力场作用导致的,还是在离心力场作用下,波转子通道内的燃料分布发生了倾斜。为此,图 8-46 给出了转速为 4000r/min 某时刻通道中间截面的燃料分布云图,此时离心力场强度最大,可以看出,通道内的燃料并未出现不均匀分布,在离心力场作用下,燃料与空气的接触面仍为平面,所以图8-45中火焰面的变形,纯粹是由通道旋转产生的离心力作用于燃烧过程导致的,进一步说明了上述结论的正确性。

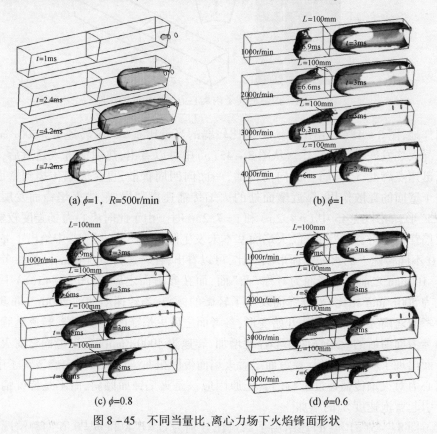

图8-45 不同当量比、离心力场下火焰锋面形状

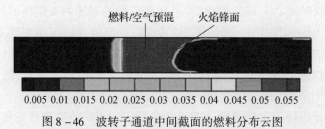

图8-46 波转子通道中间截面的燃料分布云图

8.5 内燃波转子激波与火焰相互作用机制

目前现有的试验和数值研究结果表明,由于波系及其与火焰相互作用的复

杂性,激波与火焰的强耦合都是在特定情况下实现的,建立的模拟区域由3个固定通道和移动射流点火器组成,简化模型如图8-47所示。中间通道为研究对象,充满当量比为1.0的可燃乙烯和空气的混合物,射流点火器以42m/s的速度平移,以代表转速4000r/min做相对运动,通道长度为200mm。

图8-47给出了初始点火过程的火焰传播情况,将点火器与中间通道连接的瞬时时间定义为零时刻,监测中间通道内的点火过程。从温度云图可以看出,由于点火器与通道之间的相对运动,初始射流沿着通道下壁面运动,并形成一个反向涡对且逐渐增大。监测通道内的初始反应区出现在0.05ms左右,表现为中间产物的质量突然上升,点火延迟时间约为0.8ms,此时通道内出现了明显的核心高温区,同时中间产物的质量也达到峰值附近。

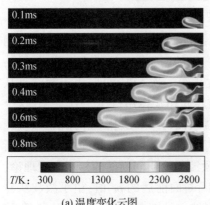
(a) 温度变化云图

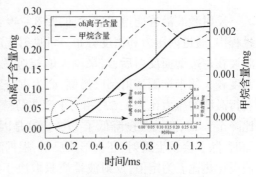
(b) 中间产物含量变化曲线

图8-47 监测通道内初始点火过程和中间质量变化

通道内初始激波的形成是射流作用的结果,射流产生的压力波会在通道内汇聚,并逐渐增强为激波,激波表现为强间断面,即激波面两边气体参数发生了明显变化,激波也会发生耗散,从而退化成强压缩波,本节主要研究波系与火焰相互作用过程,因此对于强压缩波,这里仍然采用广义的激波概念进行描述。

图8-48给出了初始激波在通道内的形成过程,通道在与射流点火器接触后,通道末端压力有所上升,并形成压力波向前发展,此时通道内波速在400m/s左右,略高于当地声速。在0.4ms时刻,压力波压比增至1.4左右,可以认为此时通道内已经产生激波。激波随后在通道左侧密封端发生第一次反射,由于激波强度较弱,反射后激波压比与反射前基本一致,在0.7ms时刻,通道内压力峰值达到了0.18MPa左右,反射波在未燃侧传播速度有所下降。

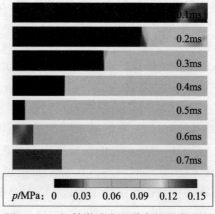

图 8-48 初始激波在通道内的形成过程

反射激波沿着通道向后运动，图 8-49 给出了第一次激波-火焰相互作用过程中，通道内压力和密度分布。可见射流产生的压力波在通道内汇聚成激波，激波在左边壁面反射后，与来流火焰相遇，发生第一次 SFI 事件，由于激波是从密度较大的未燃侧透射到已燃侧，此为重/轻界面相互作用。在 SFI1 之前，这个右行激波的压力比为 1.53，相当于激波马赫数 1.21，第一次相互作用后，激波压比降至 1.27，激波强度降低了 17%。这是因为激波经过火焰面导致的物质间断面时，除了会发生透射，还会形成反射，根据激波与物质间断面的相互作用理论，假设比热比 k 为定值，反射波性质只取决于间断面前后的 ρc 值，由于激波从冷端到热端，$\rho_2 \to 0$，故 $\rho_2 c_2 < \rho_1 c_1$，反射波为膨胀波。从图 8-49 中可以看出，激波经过火焰面后，反射波为膨胀波，使激波增压后的区域压力下降。

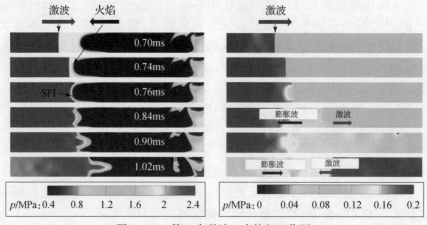

图 8-49 第一次激波-火焰相互作用

第一次激波-火焰相互作用之后,通道内存在向右发展的透射激波,以及向左发展的反射膨胀波。透射激波在通道后端发生第二次反射后,二次反射激波与火焰传播方向相同,激波追赶火焰并发生第二次 SFI 事件,由于激波是从密度较小的已燃侧透射到未燃侧,此为轻/重界面相互作用。第二次激波-火焰相互作用过程如图 8-50 所示,激波在 SFI2 之前,左行激波的压力比为 1.19,相当于激波马赫数 1.08,二次反射激波强度明显减弱,这是因为入射激波强度较弱时,反射激波和入射激波静压增量基本一致,此时激波退化为压缩波。第二次相互作用后,激波前后压比上升至 1.45,较 SFI2 前激波增大了 25.5%。可见虽然激波在物质间断面处发生透射和反射,但是由于火焰前后温度差别很大,激波强度大幅增长。同样根据激波在物质间断面的反射理论,激波从热端到冷端,$\rho_1 \to 0$,故 $\rho_2 c_2 > \rho_1 c_1$,反射波为激波,反射激波使得激波增压后区域压力继续上升。

通过监测通道内燃料和中间产物质量,可以量化激波-火焰相互作用对燃烧释热的影响。图 8-51 图给出了通道内乙烯(C_2H_4)燃料和中间产物甲烷(CH_4)总质量随时间的变化。乙烯含量变化的斜率可以表示燃料消耗速率,从而可以表征反应释热的速率,而甲烷存在于多个链引发反应中,可以作为火焰的标记物。从图 8-52 可以看出,第一次激波-火焰相互作用造成了燃料消耗速率下降,表现为乙烯总质量下降的斜率下降,而中间产物的变化滞后于激波-火焰相互作用过程,SFI1 过后,燃料消耗率和中间产物质量分别降低了 11% 和 22%。可见与火焰传播反向的激波造成了反应速率的下降,推测是反射膨胀波降低了未燃侧的温度和压力,导致该区域初始反应速率相对较慢。SFI2 过后,燃料消耗率和中间产物质量分别上升了 56% 和 21%。可见与火焰传播同向的激波可以大大加速燃料消耗速率和反应速率。

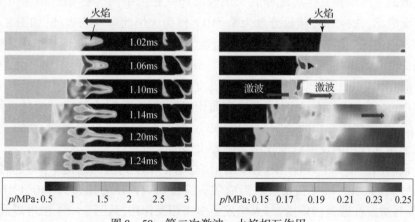

图 8-50　第二次激波-火焰相互作用

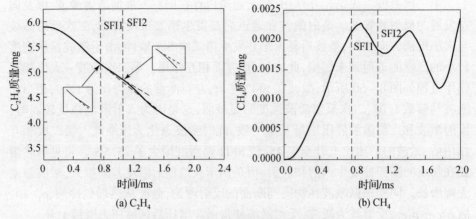

图 8-51 监测通道内组分质量变化

火焰在通道内的传播过程用 CH_3 组分进行表示,如图 8-52(a)所示,可见激波与火焰相互作用,造成火焰锋面的起皱扭曲。初始火焰呈外凸状向前发展,SFI1 后,火焰表面积迅速增加,两侧火焰面被拉伸弯曲,中间区域和火焰压缩程度更大,呈现出"尖钉"形态,这导致该区域火焰表面积和热释放率的显著增加。SFI2 过程继续拉伸火焰,火焰面前端演变成"帽"结构以及两侧的"涡"结构,这几种结构也是 RM 不稳定性造成火焰面变形的典型特征。图 8-52(b)也给出了涡量变化,可见无论是重/轻界面还是轻/重界面相互作用,火焰锋面处涡量都会显著增加,即出现"涡量沉积"现象。可见激波作用于火焰,使得火焰面形成涡系产生应变,初始涡系增大并破碎成小涡,进一步增加了火焰的起皱和火焰锋面面积。

激波-火焰相互作用过程的火焰表面积变化由中间产物 CH_3 质量分数的等值面表示,选择 CH_3 质量分数为 5×10^{-5} 作为火焰面形状的表征,如图 8-53 所示。两次 SFI 都会造成火焰表面大量起皱和拉伸,重/轻界面相互作用带来的火焰面变化范围比轻/重界面要大得多,SFI1 过后,火焰表面开始扁平化,并起皱弯曲,火焰中心受剪切力影响较小,火焰变形表现为轴向拉伸。紧接着 SFI2 过程中,由于 RM 的不稳定性,火焰表面积继续增加,此时火焰前沿形状已经特别复杂,而火焰中心锋面受 SFI2 影响较小,并继续朝通道末端延伸,推测是轻/重界面相互作用的反射激波作用于中心火焰锋面所致。

最后给出了 SFI 对通道内增压的影响,图 8-54 为监测通道中间截面处压力随时间的变化,可见初始射流形成的激波将通道内压力提升到了 0.1MPa 左右,随后激波在通道内传播,与火焰发生多次相互作用,从图 8-54 中可以看出,每次 SFI 过后,通道内的压力都会显著提升。第一次 SFI 过后,监测截面处压力

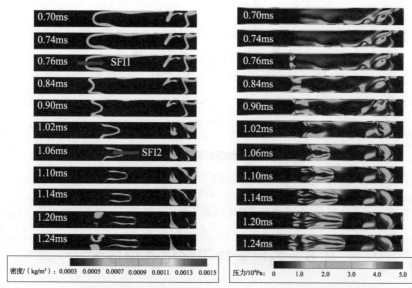

(a) 监测通道内火焰锋面变化　　(b) 监测通道内涡量变化

图 8-52　监测通道内火焰锋面变化和监测通道内涡量变化

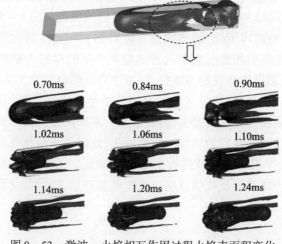

图 8-53　激波-火焰相互作用过程火焰表面积变化

上升至 0.14MPa，激波强度有所下降。激波在通道末端反射后，经过监测点，进一步将截面处压力提升至 0.21MPa，随后由于轻/重界面反射激波，监测点峰值压力继续上升至 0.23MPa。可见与火焰传播速度同向的激波对于燃烧增压更为重要，其作用于火焰的反射激波可以实现通道内二次增压，SFI2 过程达到了 32% 的压力增益。

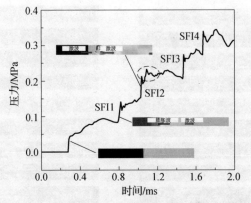

图 8-54 监测通道中间截面处压力随时间的变化

8.6 内燃波转子强化燃烧技术

由前面分析可知,内燃波转子在工作过程中,燃烧过程进行得越剧烈,越能实现较高的总体性能,包括更高的压力增益、更快的火焰传播速度等。常用的强化燃烧装置为不同结构的扰流装置,其强化燃烧的机制如图 8-55 所示,假设火焰在一个矩形直通道内传播,通道内设有障碍物。在 t_0 时刻火焰面形状近似为一平面,火焰面放热面积为 f_0,此时通道内湍流产生的途径为壁面处的边界层效应以及流动和化学反应自身的湍流扰动,由于高温燃烧产物的膨胀,诱导未反应区产生流动。随着火焰的传播,t_1 时刻火焰传播至障碍物位置,在障碍物的扰流作用下,诱导气流在该处流线发生变化,形成一系列的漩涡。障碍物的扰动作用导致湍流度的增加,并且成为湍流的主要源头,此时湍流度比扰动前的湍流度强得多。在湍流的作用下火焰放热面积迅速增加至 f_1,$f_1 \gg f_0$,从而导致诱导气流速度增加,火焰传播速率及化学反应速率也迅速增加,达到强化燃烧的目的。

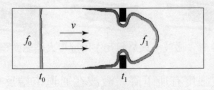

图 8-55 扰流装置强化燃烧的机制

基于上述燃烧强化机制,图 8-56 给出了两种尺寸的扰流片结构,其中扰流片 A 装在波转子通道外弧面处,扰流片高度为 2.5mm,堵塞比 Br = 10%,即其横截面积与波转子通道横截面积比为 10%;扰流片 B 安装在波转子通道内弧面处,扰流片高度为5.8mm,对应的堵塞比为18%。由于波转子通道形状为扇形,不同于传统的圆形燃烧室,因此扰流片的形状也设计成扇形。在整个波转子长度范围内,布置两片扰流片,两片扰流片之间采用连杆连接,并固定扰流片之间的距离及其在波转子通道中的位置,连杆两端与波转子通道壁面连接,将整个扰流装置固定在波转子通道内。扰流装置在波转子通道内的分布采取了两种方式,其中方案 A 只在波转子通道内弧面布置两片扰流片,外弧面为光滑壁面,此时通道的堵塞比为18%;方案 B 在波转子通道内外弧面分别布置两片扰流片,外弧面处安装扰流片 A,内弧面处安装扰流片 B,且内外弧面处的扰流片采取了对排的方式,即扰流片 A、扰流片 B 的位置在波转子通道的同一截面上,此时堵塞比为28%。

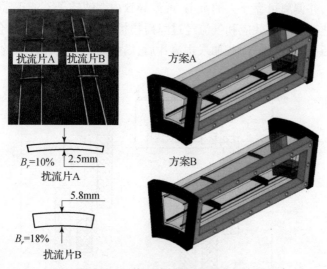

图 8-56　扰流片结构和布置方式

图 8-57 给出了添加扰流装置之后,内燃波转子稳定工作的填充速度变化范围。可以看出,加入扰流片后内燃波转子稳定工作的填充速度范围明显减小,且在相同转速下加入扰流片之后,内燃波转子在相对较低的填充速度下工作。这表明扰流片的存在,对波转子的燃烧过程有不利的影响,最显著的一点通道截面积变小,导致气流速度增加,在相同的初始填充气流速度下,可以更迅速地实现预期的混气填充状态;另外添加扰流装置会引起进气阻力的增加。这一点在脉冲爆震发动机上表现较为突出,成为其产生净推力的重要障碍之一。对于内燃波转子而言,其采用连续的热射流进行点火,而热射流点火过程受湍流度的影响很大。在热射流点火能量及射流强度一定的情况下,如果待点燃的混气湍流度太小,射流火焰及其在局部点燃的混气的热量和活性离子只能靠扩散作用向

周围传播,不利于初始火焰的形成与发展。而当湍流度太大的时候,射流火焰及其在局部点燃的反应区,在湍流的脉动作用下,向周围迅速扩散,高温区的能量被更大范围未燃混气均分。如果选择一个控制体作为分析对象,当该控制体内化学反应产生的能量不足以弥补湍流作用下向周围扩散的能量时,则该控制体内的温度会逐渐下降,温度下降到着火温度以下时,会导致该控制体点火失败,即发生了淬熄现象。可见,采用热射流点火时,要合理组织未燃混气的湍流度。

针对图 8-57 的结果,不添加扰流片时,内燃波转子可以在一定的填充速度范围内稳定工作,加入扰流片后,点火过程中混气的湍流度有三方面的来源,分别为边界层效应、射流扰动及扰流片的扰动。如果填充速度和热射流参数不变,扰流片的扰动作用使气流的湍流度大幅增加,此时衡量射流点火的参数 $D_a = \tau_t/\tau_c$ 也迅速增加,并偏离可靠点火的范围,最终导致内燃波转子不能正常工作。当填充速度降低时,边界层效应和气流经过障碍物扰动产生的湍流度都会降低,D_a 也会随之回归到合理范围,因此加入扰流片后,内燃波转子会在较低的填充速度范围稳定工作。

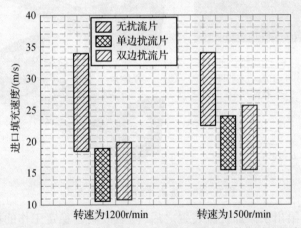

图 8-57 扰流片对波转子工作的进口填充速度范围的影响

图 8-58 给出了添加扰流片前后,内燃波转子稳定工作的当量比范围的对比。可以看出,在扰流片的作用下,内燃波转子主要集中在较低的填充速度范围内工作,其工作的当量比范围较无扰流片时有所加宽,这种变化在波转子转速为 1500r/min 时更加明显。这是因为此时填充气流较低,低速气流中火焰较为容易稳定。另外气流经过扰流片后,会在扰流片后方形成回流区,回流区内的高温燃气可以作为稳定的点火源,保证火焰在波转子通道内传播不容易熄灭。

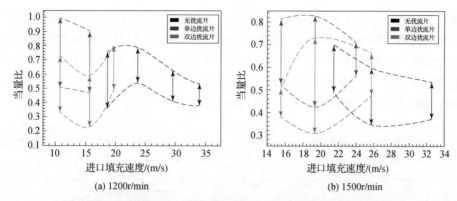

图 8-58 不同转速下扰流片对波转子当量比范围的影响(附彩插)

从图 8-58 中还可以看出一个现象,在波转子通道内外两侧弧面处均布置扰流片时,其对应的当量比范围虽然变宽,但其对应的当量比的数值没有特别明显的变化。而只在波转子通道内弧面单侧布置扰流片时,对应当量比范围在加宽的同时,向富油区蔓延,贫油区的边界有所收缩。

图 8-59 给出了加扰流片前后内燃波转子工作过程预压缩增压比及燃烧所产生压力波峰值压力的对比。为了方便比较,试验工况选择在图 8-57 和图 8-58 中几种扰流片布置方式(包括无扰流片、内弧面单侧布置和内外弧面双侧布置)对应的填充速度范围及当量比范围的交集内,具体为在 1200r/min 的转速下,选择填充气流速度为 19.7m/s,当量比 $\phi = 0.75$;1500r/min 转速下,填充气流速度为 22.5m/s,当量比 $\phi = 0.61$。从该图中可以看出,在 1200r/min 的转速下,添加扰流片对预压缩的增压比影响不大,而在 1500r/min 的转速条件下,由于选择的工况无扰流片时预压缩增压比很高,扰流片对预压缩作用的影响十分明显。在扰流片的扰动作用下,δ_p 的最大值由原来的 70% 减小到 20% 左右,这是因为添加扰流片之后,增加了气流阻力,造成了预压缩的压缩比 δ_p 的损失。另外,扰流片的堵塞比越大,气流损失越大,δ_p 也随之越小,如图中在两种波转子转速下,内外弧面双侧布置扰流片时,δ_p 值明显更低。

从图 8-59 中燃烧所产生压力波峰值压力的分布来看,在波转子转速为 1200r/min 时,加入扰流片后似乎并没有起到强化燃烧的作用,燃烧所产生压力波的峰值压力反而比无扰流片时低很多。而在 1500r/min 的转速下,扰流片起到明显的强化燃烧作用,而且扰流片堵塞比越高,对燃烧过程的强化效果越好。其中双侧布置扰流片燃烧峰值压力始终比单侧布置时的高,说明扰流片在任何转速下都是可以起到强化燃烧作用的。只不过这里涉及波转子作用时序、扰流片对气流阻碍作用等的综合影响,综合作用的结果导致了 1200r/min 时扰流装置没有起到很好的强化燃烧作用。结合前面分析结果,预压缩比 δ_p 与燃烧所产生压力波峰值压力"此消彼长"的关系,图中 1200r/min 时加入扰流片之后燃烧所产生压力波峰值压力降低,其对应的预压缩比 δ_p 本应该升高,而图 8-59 中结果 δ_p 几乎没变,唯一的原因就是被扰流片的阻碍作用抵消了。这再次印证了扰流片的阻碍作用,会造成预压缩作用的损失。

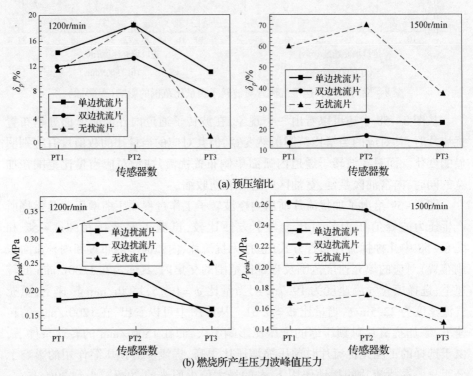

图 8-59 加扰流片前后预压缩比及燃烧所产生压力波峰值压力的对比

图 8-60 给出了添加扰流片前后内燃波转子各循环间压力增益不均匀度(循环的不可重复指数) σ_p 的对比,从表面上看扰流片布置方式的变化对 σ_p 有很明显的影响,但是结合燃烧所产生压力波的峰值压力来看可以发现, σ_p 的变化仍然是随燃烧过程压力增益同步变化的,同样是燃烧过程压力增益越高,循环间的不可重复指数越高。可以认为扰流片的存在与否及其布置方式对 σ_p 并没有直接影响。

图 8-61 给出了扰流片对波转子通道内火焰传播速度及火焰发展过程的影响。在图 8-61(a)中同时给出了相同工况下无扰流片时火焰传播速度的变化,作为对比的参考。从图中可以看出,无论在哪种波转子转速下,在无扰

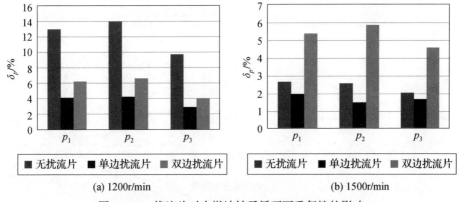

图 8-60　扰流片对内燃波转子循环可重复性的影响

流片的情况下，整个燃烧过程火焰传播速度值均处于一个相对较低的水平，而且在燃烧过程后期呈逐渐减小的趋势。而加入扰流片之后，扰流片的扰动作用会使火焰传播速度大幅增加。不同的是在转速为 1200r/min 时，火焰在第一次遇到扰流片之前，其传播速度变化不大，而在绕过扰流片之后，火焰开始迅速加快传播，当火焰第二次传播过扰流片时，其传播速度变化趋势没有明显变化，继续保持加速，直至燃烧过程结束。当波转子转速增加到 1500r/min 时，火焰第一次经过扰流片之前，火焰传播过程已经开始受到扰流片的扰动作用，火焰传播开始逐渐加速，火焰经过障碍物的两次强化作用，最终上升到一个较高的水平。

从图 8-61(b) 中的火焰发展过程可以看出，加入扰流片之后火焰结构与无扰流片时存在明显的区别：高速摄影所记录的火焰形态中，最明亮的区域涉及不到火焰的最前沿。这说明此时火焰锋面的位置不再是反应最强烈的区域，图中最明亮的区域出现在扰流片之后，该区域化学反应最剧烈，燃烧放热率更高。这是因为化学反应诱导的气流流动绕过障碍物时，在障碍物之后形成了回流区，回流区内卷入的高温燃气，可以在障碍物之后更长时间驻留，可以作为高能点火源点燃周围的可燃混气。另外，由于障碍物之后的气流速度较低，本身有利于化学反应的进行。图中火焰锋面附近的区域颜色较为模糊，是由于扰流片增加了混气内的湍流度，在强湍流的作用下，高温燃气迅速扩散到未燃混气的区域，高温燃气的能量被相对分散，反应区域亮度减弱。但是也正是这种湍流的快速扩散作用，使得火焰放热面积大幅增加，或者可以理解为高温燃气快速扩散到未燃混气，在不同位置同时点燃了混气，因此表现出来的火焰传播速度显著增加，达到了强化燃烧的目的。

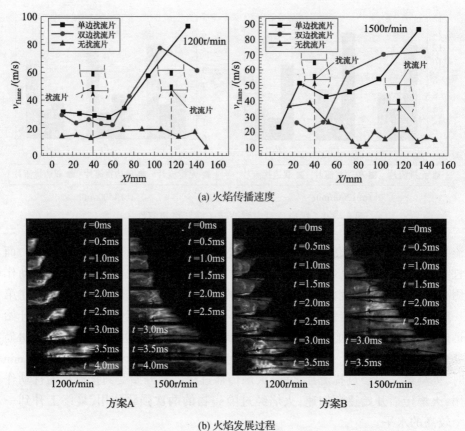

(a) 火焰传播速度

(b) 火焰发展过程

图 8-61 扰流片对波转子通道内火焰传播速度及火焰发展过程的影响

8.7 内燃波转子不协调工作特性分析

内燃波转子在工作过程中,多个独立通道顺序工作,理论上各通道以及同一通道不同循环间的工作性能应当完全一致,但由于湍流不稳定性、泄漏及激波前传等因素的存在,同一循环不同通道或同一通道不同循环之间的燃烧性能常表现出一定的差异,这种差异被定义为内燃波转子的不协调工作。不协调工作在工程上是不希望出现的,或希望将这种不协调性降至最低。因此探索内燃波转子不协调工作特性机理,具有重要的工程应用价值。

图 8-62 所示为追踪内燃波转子工作过程中两个对称分布通道的工作特性,得到的几种典型的压力历程曲线。相邻两个压力波峰分别发生在两个不

同的通道内,用 WRC 1、WRC 2 加以区分。可以看出,当波转子通道旋转到试验系统底部时,射流火焰进入通道,当波转子通道旋转到试验系统上部排气端口位置处,燃烧产物经排气端口排出,在排气端口可以观察到明显的高温燃气。这说明热射流成功点燃旋转状态波转子通道内所填充的混气。从右侧的压力曲线可以看出,两个波转子通道内混气燃烧产生的压力存在明显差异,图 8-62(b)中 WRC 1、WRC 2 的循环压力差异尚属较好的情况,大部分情况下出现图 8-62(c)和(d)的情况,其中 WRC 2 的循环压力极低,甚至在某些情况下根本不工作。

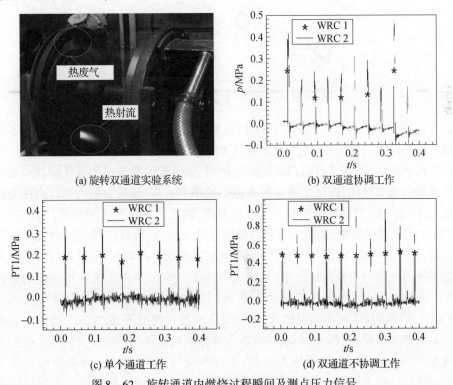

图 8-62　旋转通道内燃烧过程瞬间及测点压力信号

为了说明图 8-62 中两个波转子通道循环压力存在较大差异的原因,在进气端口内增加两个压力传感器,测量内燃波转子工作过程进气条件的变化,其布置方式及相对位置如图 8-63 所示。

由图 8-64(a)可以看出不论是隔离端口内还是进气端口内均存在压力脉动,且脉动波形变化基本同步(因为两个测点布置得比较靠近),隔离端口内采用空压机供气,压力略高。当前工作状态不协调,从该图中可以看到只有一个波转子通道工作,且波峰具有周期性,设该周期为 T_1。进气压力脉动同样具有周

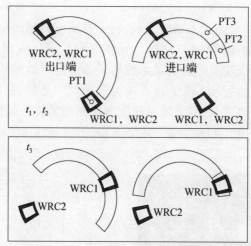

图 8-63 压力传感器布置方式及相对位置

期性，设为 T_2，$T_2 = T_1$。结合 8-63 和图 8-64（b）分析波转子通道 WRC2 不协调工作的原因。在 t_1 时刻，WRC1 到达 PT1 测点位置，测量到燃烧压力信号，随着波转子旋转，波转子通道内高压燃气排出，紧接着隔离端口和进气端口向波转子通道内填充气体，即图中所标出 WRC1 的填充过程，该段时间内端口内压力逐渐下降（前一时刻端口出口被进气挡板封闭，填充气滞止产生相对高压）。由于 WRC1 内反压的影响，WRC1 内的高温燃气进入端口，导致进气端口内气体压力升高，如图 8-64（b）所示，波转子通道 WRC2 在填充过程中，进气端口内的填充气流压力处于一个较高的水平（对应 t_3 时刻）。可见，WRC2 工作不稳定的原因并不是填充不足，相反其填充速度更大，只是此时进气端口内的混气混入了 WRC1 通道因反压回流高温燃气，导致填充的混气纯度不够，WRC2 通道内点火及组织燃烧困难，直到 t_2 时刻，WRC2 内没有实现预期的燃烧压力信号。也正是因为 WRC2 内没有足够的压力增益，不存在反压影响，WRC1 通道能够正常工作。当前结构下波转子排气膨胀过程时间充分，出现反压的另一个重要原因是波转子通道与密封盘之间的泄漏，因此采用高效的密封方案有助于进气端口内反压形成，进而解决多个波转子通道不协调工作的问题。

为了解决内燃波转子的泄漏问题，图 8-65 给出了多通道内燃波转子密封盘部件的安装及调节方式的示意图及试验件，其中在转子部件的进出口分别布置前密封盘和后密封盘，两个密封盘与转子部件同心，前后密封盘上气流通道部分开口，与进排气端口相连，以保证多通道内燃波转子试验系统的工作时序不受影响。密封盘分为固定端盖和移动端盖两个部分，固定端盖通过螺栓固定在密

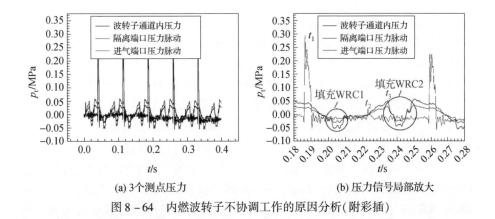

(a) 3个测点压力　　　　　(b) 压力信号局部放大

图 8-64　内燃波转子不协调工作的原因分析(附彩插)

封盘座上,移动端盖通过 6 个由内外套筒结构组成的密封间隙调节装置,定位了固定端盖和移动端盖之间的周向位置,移动端盖在密封间隙调节装置中弹簧的作用下仍可以沿轴向移动,确保其一侧平面与波转子端面密切接触,从而实现接触密封的效果。因此在最初设计时,在移动端盖处于初始位置,即与固定端盖密切接触位置时,移动端盖的密封面与转子部件的端面间需要预留一个调节间隙,给予移动端盖轴向移动空间的同时,也为通道旋转摩擦以及燃烧后的热膨胀留出裕度,防止转子部件与密封盘间出现卡顿。

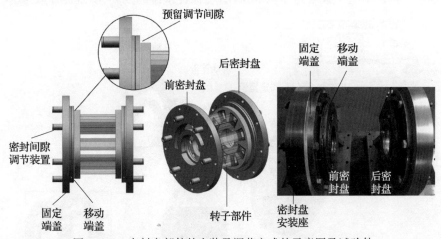

图 8-65　密封盘部件的安装及调节方式的示意图及试验件

密封盘的具体结构如图 8-66 所示,在固定端盖和移动端盖之间,需要设置篦齿密封结构。在移动端盖经调节后离开固定端盖与转子端面密切接触后,原来预留的调节间隙转移到移动端盖和固定端盖间,在这里设置篦齿结构来增加流动阻力,以实现抑制气流从此处的缝隙泄漏的效果。其中,篦齿结构分为固定篦齿和移动篦齿,固定篦齿通过螺钉固定在固定端盖上,保持静止。移动篦齿通过螺钉固定在移动端盖上,与移动端盖一起沿轴向移动。这里封严篦齿中篦齿的高度需要大于预留调节间隙的最大值,以确保在完整的调节区间内,封严篦齿可以起到密封的作用。移动端盖通过图 8-66 中的密封间隙调节装置进行调节移动。密封间隙调节装置由 1 外套筒、2 内六角螺钉、3 六角螺母、4 弹簧、5 内套筒组成,其中外套筒焊接在固定端盖上,内套筒焊接在移动端盖上,内六角螺钉通过外套筒内的台阶和端部的盖板,封闭在外套筒内,使其仅可以周向旋转,不能轴向移动。六角螺母放置在内套筒中,内套筒前段内壁面为六角形,后段内壁面为圆形。前段的六角形内壁面控制六角螺母仅可以轴向运动,不能旋转,后段的圆形内截面,控制了六角螺母的最大轴向行程。六角螺母通过螺纹与内六角螺钉配合,弹簧压在螺母下,套在螺钉上。这样,当通过六角扳手拧动内六角螺钉时,由于螺纹的作用,六角螺母沿螺钉轴向地向套筒内部运动,六角螺母推动弹簧,进而使得弹簧推动移动端盖轴向移动,实现移动端盖的轴向距离的调节。在密封盘周向布置了 6 个同样的调节装置,使移动端盖和固定端盖同心的同时,可以实现距离的均匀调节。另外,由于移动端盖需要与转子部件端面紧密接触,在多通道内燃波转子试验系统高速转动时,会因摩擦产生大量的热量,因此需要对其进行水冷处理。在移动端盖内部设置如图 8-66 中所示的水冷槽,并在移动端盖径向的侧壁上设置进水口和出水口,保证水流的循环,实现冷却效果。

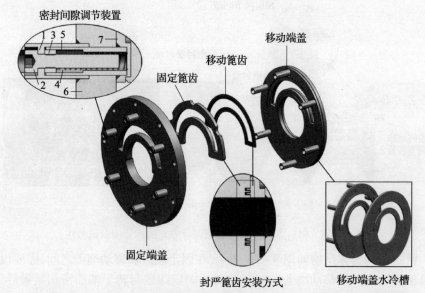

1—外套筒;2—内六角螺钉;3—六角螺母;4—弹簧;5—内套筒;6—固定端盖;7—移动端盖。

图 8-66 密封盘的具体结构

第8章　内燃波转子增压燃烧特性

为了验证采用设计的密封方案能否解决多通道不协调工作的问题，基于上述密封方案，建立了八通道内燃波转子原理试验平台，如图 8-67 所示。在试验过程中，首先需要打开水冷试验系统中的各处冷却循环水路，以保证试验平稳持续安全运行。需要进行水冷的部件为前后密封盘、主轴电机以及压力传感器。在确认四路排水处有水流出后，打开空气、丙烷、乙烯三路气瓶减压阀以及罗茨风机电源，并确认四路调节阀均处于关闭状态且气量均为 0，此时试验准备工作完毕。打开主轴电机，调节转子至 300r/min 平稳运行，调节射流点火系统使热射流点火器稳定工作。这里在开启射流点火系统前需先使通道处于旋转状态，避免射流的高温对转子通道及其垫片等部件造成破坏。接下来调节风机至指定气量，并将内燃波转子转速调至指定转速。调节乙烯路浮子流量计至点火成功，再将乙烯气量调节至指定气量。待排气端口尾焰稳定，整机平稳工作后，开启印制电路板(PCB)采集波转子通道出口压力。

图 8-67　八通道内燃波转子试验平台

由于多通道内燃波转子试验系统在工作过程中处于高速旋转的状态，在试验环境中存在大量的振动及噪声干扰，而采集的压力信号为毫伏级别的电压信号容易受到振动和噪声的干扰。因此在压力信号采集的过程中对干扰信号的屏蔽和滤波尤其重要。首先在 LabVIEW 中建立压力信号采集控制面板，每次采集时长为 1s，采集次数为 51200 次，并对采集结果进行傅里叶变换获得对应的频谱信息，使得在试验过程中可以较为直观地判断主频信号是否出现。试验中采用 113B27 型 PCB 压力传感器，最大测量信号为 7471mV/MPa，即最大测量量程不大于 0.6MPa，以确保合适的测量区间，保证采集数据的准确性，具体采集系统控制面板如图 8-68 所示。

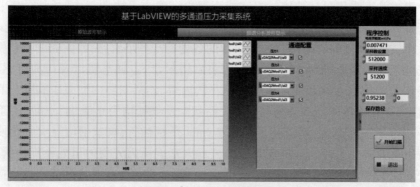

图 8-68　采集系统控制面板

然而这样采集出的原始信号中依旧存在大量的干扰信号,使压力的主频信号不容易获得,因此对获得的原始信号,在 Matlab 中进行滤波处理。利用 medfilt1 函数,对采集的原始信号进行中值滤波处理,将滤波窗口宽度设为 8,经过滤波处理后的信号与原始信号对比如图 8-69 所示。可以看到经过滤波处理后的信号可以更清晰地显示各通道压力峰值情况。

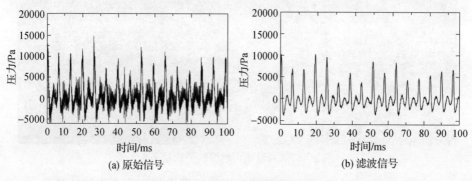

(a) 原始信号　　　　　　　　　　(b) 滤波信号

图 8-69　滤波前后压力信号对比

由前面分析可知,在射流当量比 $\phi_j = 1.2$ 的工况下,火焰传播深度明显大于同时刻的其他工况,因此将射流丙烷空气的当量比设为 1.2,同时为了使点火后火焰快速发展至稳定传播并且为了尽可能避免头涡失效,经研究将射流流量控制在 1g/s。在此工况下,对多通道内燃波转子工况进行点火匹配,本次试验将内燃波转子固定在 1200r/min,将空气气量固定为 500g/s。点火后,保持多通道内燃波转子在持续工作状态,并连续调节乙烯气量,待排气端口出现蓝色稳定尾焰如图 8-70 所示,此时乙烯气量为 $0.3 \text{m}^3/\text{h}$。当波转子通道旋转到热射流所在位置时,射流火焰进入通道,当波转子通道旋转到试验系统排气端口位置处,燃烧产物经排气端口排出,在排气端口可以观察到明显的高温燃气,说明热射流成功点燃旋转状态波转子通道内所填充的混气。

图 8-70　旋转通道内燃烧过程瞬间(附彩插)

图 8-71 给出了 PCB 测得的压力曲线,图中 8 个不同标识的峰值展示了 8 个不同通道的压力情况。可以看到,在波转子转速为 1200r/min 的工况下,一个旋转周期的时长为 50ms,而在 50ms 内存在 8 个明显的压力峰值。这说明在一个旋转周期内 8 个通道都已实现工作,且各个通道中均出现明显的压力增益,虽然各通道压力增益峰值并不均匀,但各通道压力增益均在 5000~10000Pa 波动,因此可以初步验证,在此工况下,多通道内燃波转子系统各通道间实现初步的协调工作。

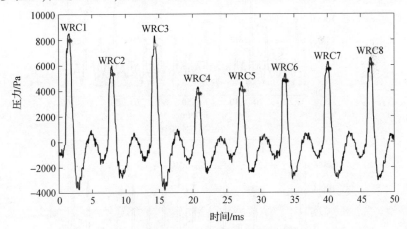

图 8-71　测点压力信号

为了验证设计的多通道内燃波转子验证样机的持续工作性能,以及在持续工作的过程中,各通道的工作情况,本试验将试验样机持续运行 4min,且在每分钟内各采集一次压力信号,并分别取两个周期,每次采集得到的两个周期的压力曲线如图 8-72 所示。可以看到,试验样机在持续工作的 4min 内,在取得的

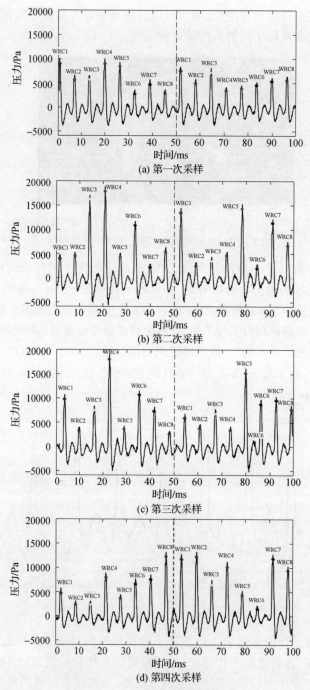

图8-72 4次压力数据采集结果

4个压力数据中,均可以看到明显的压力峰值,且各周期内均存在8个压力峰值。由此验证说明本节研究设计的试验样机可以在4min内稳定持续工作,且在本节研究给出的点火条件下,各通道基本实现协调工作。同时可以明显看到,随着试验样机工作时间的增加,各通道出口的压力峰值差异逐渐增大,各个相邻通道间的压力逐渐出现脉动。

综上所述,内燃波转子多通道间不协调工作的主要原因是高温高压燃气泄漏进入进气端口,造成进气端口内反压,影响了相邻通道正常混气填充,通过采用合理高效的密封方式,完全可以解决多通道间的不协调工作问题。

参考文献

[1] 巩二磊,李建中,韩启祥,等.单通道内燃波转子燃烧性能实验[J].航空动力学报,2016,31(5):1127-1132.

[2] PERERA U. Experimental Investigation into Combustion Torch Jet Ignition of Methane – Air, Ethylene – Air, and Propane – Air Mixtures[D]. West Lafayette City:Purdue University,2011.

[3] OKAMOTO K,NAGASHIMA T,YAMAGUCHI K. Visualization of Wave Rotor Inner Flow Dynamics[J]. Journal of the Japan Society for Aeronautical and Space Sciences,2006,54(631):345-351.

[4] 李建中,巩二磊,韩启祥,等.一种基于相对运动的简化内燃波转子实验装置:CN104458269B[P]. 2017-04-19.

[5] 金武,郑仁传,李建中,等.一种基于透明可视化和可变多通道的内燃波转子实验装置及实验方法:CN112082765B[P]. 2021-09-17.

[6] NALIM M R,SNYDER P H,KOWALKOWSKI M. Experimental Test,Model Validation,and Viability Assessment of a Wave – Rotor Constant – Volume Combustor[J]. Journal of Propulsion and Power,2017,33(1):163-175.

[7] 李建中,巩二磊,韩启祥,等.一种基于旋流掺混和气态燃料持续燃烧的热射流发生装置:CN103835837B[P]. 2016-01-13.

[8] ZELINA J,STURGESS G J,SHOUSE D T,et al. The Behavior of an Ultra – Compact Combustor(UCC) Based on Centrifugally – Enhanced Turbulent Burning Rates[R]. Florida:Fort Lauderdale,2004.

第 9 章 外燃波转子非定常流动特性

与内燃波转子不同,外燃波转子更加关注波系设计和非定常流动特性,本章通过建立二维和三维波转子数值分析模型,介绍外燃波转子波系结构以及非定常流动特性。

9.1 非定常流场结构特征

在波转子内部,流场结构因多种复杂因素相互作用而展现出显著的多维特性。这些因素包括端口设计的渐开渐闭机制、转静部件间微小间隙导致的泄漏现象、离心力和科里奥利力对流体产生的加速效应,以及固体壁面与流体间进行的热交换过程等。

1. 端口渐开渐闭的影响

转子通道转过一个端口的宽度并非瞬时完成,那么必然存在部分开启和部分关闭的状态,引起掺混和分离。高压进气端口开启后,燃气进入转子通道,弧形激波经过通道两侧壁面的交替反射,不断追赶叠加,最终形成一道锋面与通道相垂直的正激波。激波锋面附近的流动呈现一维特征,而由于壁面剪切和工质交界面失稳等原因,通道进口附近形成复杂的涡系结构[1]。如果反射激波到达时进气端口尚未完全关闭,那么激波将喷射进入上游过渡段。当端口完全关闭后,转子通道内部形成反向旋转的对涡结构[2]。端口渐开渐闭对局部波系的形态和强度也存在影响,特别对端口角点处激波形成和反射的影响非常明显[3],在进行波系组织时需要细致考虑。

2. 转静间隙泄漏的影响

为了避免出现摩擦和碰撞,波转子的转子和静子之间留有一定的间隙,带来泄漏的问题[4]。连续反射膨胀波、周期性出现的弓形激波及其反射激波引起通道内压力的波动,幅值与间隙宽度有关。泄漏过程包括三个主要的流动阶段,即通道激波的绕射、反射与传播阶段,间隙出口非定常膨胀波的逆向传播及其与间隙激波的非定常相互作用阶段,以及准稳态流动阶段,而间隙宽度在一定范围内变化时,前两个阶段的流动特征基本不变,仅第三阶段有所区别。泄漏过程中激波马赫数、激波静增压比与无量纲间隙宽度近似呈线性关系,泄漏流动通过产生的主膨胀波对激波传播过程施加影响,激波衰减是理想激波与主膨胀波叠加效应的结果[5]。

3. 离心力和科里奥利力加速的影响

通道内的空气和燃气跟随转子转动,将受到离心力和科里奥利力的作用,使流场结构沿径向出现变化,冷热工质的交界面沿径向产生扭曲变形,压力和温度分布存在径向梯度,密度较小的高温燃气偏向内径侧,密度较大的低温空气偏向外径侧[6]。离心力和科里奥利力加速对流场结构的影响程度与转速有直接关系。当转速较低时,进气端口附近流场主要受端口渐开渐闭的影响,基本呈现二维特征,仅在科里奥利力作用下沿径向存在微小差异。而当转速较高时,端口渐开渐闭作用减弱,离心力的影响增强,工质交界面出现明显三维形态[7]。

4. 固体壁面传热的影响

通道内部工质和固体壁面之间存在着热量的交换,在压缩过程中,工质向壁面放热,而在膨胀过程中,工质由壁面吸热。在其影响下,压缩前工质压力有所升高,使形成的激波强度减弱,同时低压进气端口开启时压力更高,而低压排气端口开启时压力更低,引起进气和排气流量降低。传热降低了波转子性能,并且尺寸越小,影响越显著[8]。

9.2 二维波转子通道内波系发展规律与流动特性

波转子是由多个通道围绕轴旋转工作的,通道之间进排气的相互干扰是不可避免的,并且从单通道计算结果来看,通道内的压缩波、激波等复杂波系使通道内的流动呈现典型的非定常流动特征,通道内非定常流动进入排气端口使端口内的流动十分复杂,因此,开展多通道波转子内流动特性研究,摸清多通道非定常流动干扰和影响端口内复杂流动的规律非常有必要,能够为波转子设计提供技术支持。多通道二维波转子计算模型如图9-1所示,采用Gambit软件进行网格划分(网格间距为0.2mm),如图9-2所示,波转子通道平移速度根据波转子的中径切向速度计算获得。

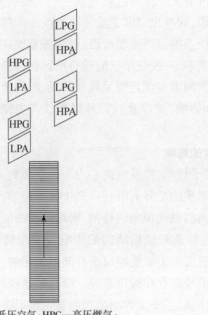

LPA—低压空气;HPG—高压燃气;
HPA—高压空气;LPG—低压燃气。

图 9-1　多通道二维波转子计算模型　　图 9-2　多通道二维波转子计算网格

波转子通道以恒定速度向上平移,随着通道向上平移时序打开或关闭进排气端口,图 9-3 和图 9-4 分别给出 $t=3.82\text{ms}$ 时多通道波转子内密度和压力分布云图,从图上可以看到,波转子通道内产生了压缩波、激波、膨胀波和接触间断形成的复杂波系。随着通道的平移,激波在通道内平移,当激波运动到波转子通道两端时,若通道刚好在端口处,激波就会进入进排气端口,破坏进排气端口内的流场结构,导致进排气端口内气流流场畸变,从图 9-3 和图 9-4 上端 LPG 端口中可以看到,激波进入 LPG 端口形成了复杂的非定常流,这会导致进入涡轮的气流出现非定常流动特征,降低涡轮做功能力或破坏涡轮叶片,因此,需要设计合理的 LPG 过渡段,使得非定常流通过 LPG 过渡段调整满足气流稳定要求。从图 9-3 和图 9-4 中还可以看到,通过通道内压缩波、激波、膨胀波和接触间断形成的复杂波系的作用,使得从 HPG 过渡段进入波转子通道的高温燃气与 LPA 过渡段进入波转子通道的空气快速完成能量交换,验证了波转子利用复杂波系实现能量快速交换。

第 9 章　外燃波转子非定常流动特性

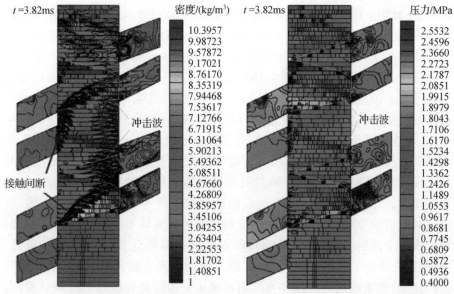

图 9-3　多通道内密度时空分布(附彩插)　　图 9-4　多通道内压力时空分布(附彩插)

9.3　三维波转子通道内波系发展规律与流动特性

波转子的 4 个端口是静止的,转子通道按照一定的转速旋转,静止端口和转子之间存在动部件、静部件密封问题,计算过程中忽略,不考虑密封导致泄漏对波转子内流动的影响。三维波转子计算模型及网格如图 9-5 所示。

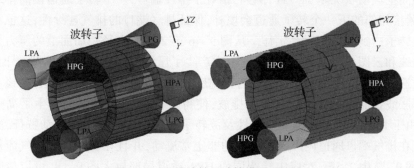

图 9-5　三维波转子计算模型及网格

利用 Fluent 软件模拟波转子通道内复杂流动的动态过程,波转子设计转速为 16800r/min,由计算可得波转子旋转 1 周需要 3.571ms,波转子循环 2

213

次/周,即每个转子通道旋转 1.7855ms 完成进气、交换能量、排气整个工作循环过程,波转子 1 周共计 52 个通道,每个通道占 6.923°,后面通道转移到前面相邻通道位置需要的时间为 0.0687ms,根据时间差可以计算转子通道下一时刻的位置。图 9-6 和图 9-7 分别给出了三维波转子通道内压力和密度与温度分布云图,其中第 1 列为三维立体压力分布,第 2 列为波转子中径圆周面上的密度分布云图,在 0.3ms 时刻,经 LPA 和 HPG 进气端口低压低温空气和高压高温燃气进入波转子,波转子通道存在压力梯度,这是通道内产生压缩波导致的,随着波转子旋转,到 0.5ms 时刻,通道 1 转到 0.3ms,对应图中通道 3 的位置,同时,压缩波向转子右封闭端传播并压缩转子通道内气体,压缩波逐渐叠加形成激波并在转子通道右端封闭端反射形成更强的反射激波,如 0.5ms 对应图中激波压力提高至 3.8MPa,反射激波在波转子通道内向左端传播,反射激波对通道内空气进一步压缩,当反射激波遇到波转子左端封闭端时,反射激波再次发生反射,同时波转子旋转使得通道右端移至 HPA 排气出口位置,在 HPA 边缘产生了膨胀波系,膨胀波传入通道并向上游传播,被压缩的空气排向燃烧室,膨胀波遇到左端壁面反射回来进一步降低通道内总压和总温,当 LPA 端口打开时,有利于来自压气机的空气进入波转子通道,同时减弱反射激波能量,当波转子通道转到 LPG 排气端口时,减少排气过程中复杂波系对涡轮的影响。

波转子继续旋转,压缩波和激波等复杂波系在波转子通道内移动,加速了从 HPG 进入波转子的高温气体和从 LPA 进入波转子的低温空气进行能量交换,提高波转子通道内空气的压力和温度,如图 9-7 所示,从图上可以发现,波转子从 0ms 到 2.0ms 完成了启动,2.0ms 以后,波转子通道内的流动相对进排气端口位置相同则流动状况基本一致,例如,相对于排气端口,一个转子通道偏离排气端口,紧接相邻的下一个转子通道会填补,保证排气端口的排气连续性,这也验证了波转子达到了稳定时序工作。从图 9-6 第 2 列的中径圆周面上的压力分布等值线和云图可以看到,波转子通道内产生了压缩波和激波,并且均为平面波,激波遇到两端封闭面发生反射均为正规反射,在 HPA 和 LPG 排气端口边缘产生的膨胀波系加速了通道内气流的排放,使得在 HPA 排气端口内产生了高速气流,由于 HPA 排气端口的非对称性及波转子通道排气的非定常流动特征,高速气流在排气端口通道内形成了复杂的非定常流动,并且在局部形成了气流加速区,图 9-7 中 2.5ms 对应中径圆周面 HPA 通道局部放大图 9-8,可以清晰看到,HPA 内的流场非对称并且产生了局部回流区,不仅增加了总压损失,也会造成燃烧室进口流场的畸变。

第9章 外燃波转子非定常流动特性

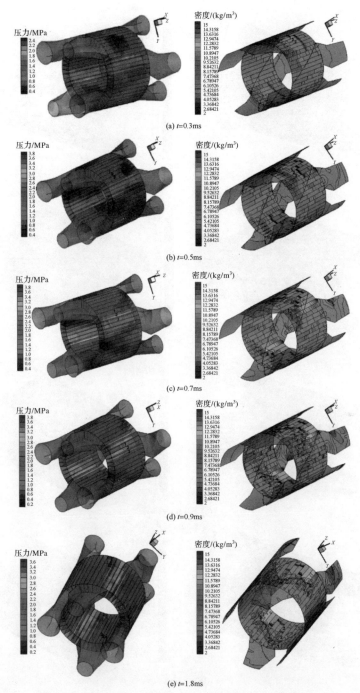

图9-6 三维波转子通道内压力和密度分布云图(附彩插)

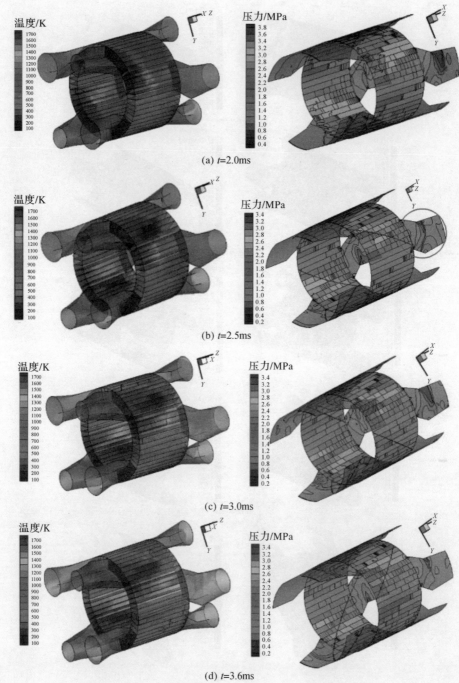

(a) $t=2.0$ms

(b) $t=2.5$ms

(c) $t=3.0$ms

(d) $t=3.6$ms

图9-7 波转子通道内温度和压力分布云图(附彩插)

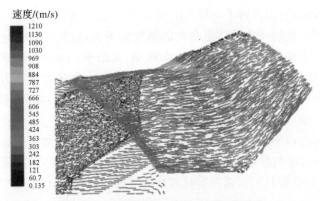

图9-8 HPA通道内速度矢量图(附彩插)

图9-9给出了波转子排气端口HPA和LPG出口截面的马赫数、温度、密度和紊流强度的分布云图,可以看到排气端口出口截面的流场呈现非均匀性,尤其对于HPA过渡段更为严重,需要设计合理的波转子至燃烧室的过渡段HPA,尽量减弱波转子非定常流动对燃烧室进口流动的影响。波转子是以16800r/min

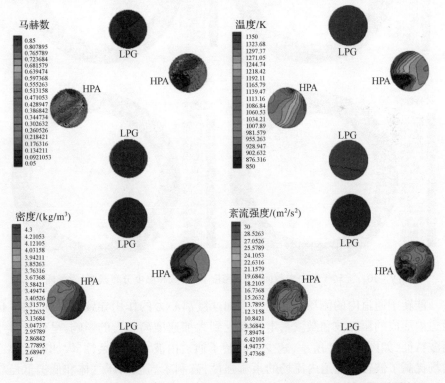

图9-9 HPA和LPG出口截面的马赫数、温度、密度、紊流强度分布云图(附彩插)

的转速高速旋转的,以波转子中径 101.5mm 计算获得通道内流体的离心加速度达 $3.142 \times 10^4 g$,波转子内流体是在大加速度场下流动的,这将会导致通道内的流体远离波转子中轴线即沿波转子径向移动,从图 9-10 所示的波转子轴向中截面压力、密度、马赫数和温度分布云图可以看到,大加速度离心力造成波转子通道内流动沿径向是非均匀的,导致波转子排气端口内流场复杂,图 9-11 所示的转子和排气端口交界面密度和马赫数分布云图可以验证,在交界面上造成的分布不均还与波转子通道旋转时序工作有关,因此,在进行波转子设计时需要考虑波转子旋转通道与静止进排气端口的内外侧密封要求不同,并且在进行排气端口 HPA 和 LPG 设计时也需要有针对性地考虑流线型设计。

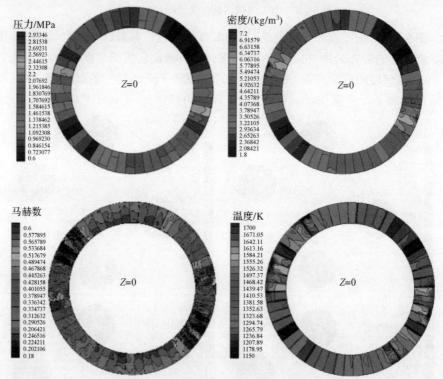

图 9-10　波转子轴向中截面压力、密度、马赫数和温度分布云图(附彩插)

波转子通道内的流场虽然受到大加速度离心力的作用导致非对称结构,但通道内形成的压缩波和激波基本没有受到大加速度离心力的影响,呈现三维平面波特征,如图 9-12 所示,减少了波转子通道内波系的复杂性,大加速度离心力场提高了波转子通道内流场的紊流强度,有利于高温高压气体和低温低压气体快速进行能量交换。

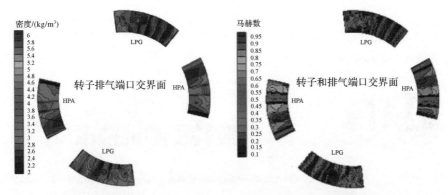

图 9-11 转子和排气端口交界面密度和马赫数分布云图(附彩插)

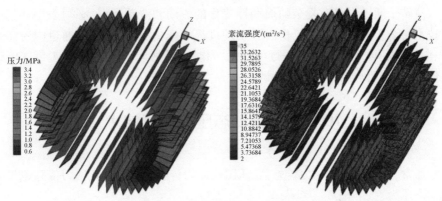

图 9-12 波转子通道轴向剖面压力和紊流强度分布云图(附彩插)

参考文献

[1] HU D P, LI R F, LIU P Q, et al. The loss in charge process and effects on performance of wave rotor refrigerator[J]. International Journal of Heat and Mass Transfer, 2016, 100: 497-507.

[2] WELCH G E. Two-dimensional computational model for wave rotor flow dynamics[R]. NASA, 1996.

[3] 姜冬玲. 波转子内部流动的数值研究[D]. 北京: 北京航空航天大学, 2007.

[4] 李凤超, 温泉, 李瑞明, 等. 高转速外燃波转子二维非定常流动数值仿真[C]. 第三届国际航空发动机论坛, 上海, 2021.

[5] 刘琛源, 刘火星. 波转子非定常泄漏流动机理[J]. 航空学报, 2017, 38(5): 96-109.

[6] PIECHNA J, CERPA R, MARCIN S. Numerical analysis of the wave topping unit for small turbojet[C]. ASME Turbo Expo 2010: Power for Land, Sea and Air, Glasgow, 2010.

[7] LAROSILIERE L M. Wave rotor charging process: effects of gradual opening and rotation[J]. Journal of Propulsion and Power, 1995, 11(1): 178-184.

[8] DENG S, OKAMOTO K, TERAMOTO S. Numerical investigation of heat transfer effects in small wave rotor[J]. Journal of Mechanical Science and Technology, 2015, 29(3): 939-950.

第10章 波转子测试技术

波转子通道内存在复杂的周期性变化的流动和波系发展，必须采用动态测量技术。为了掌握波转子工作时各物理过程的变化规律，需要对通道内射流状态、激波运动以及火焰传播进行可视化，同时需要测量通道内压力、温度等定量参数，本章介绍常用的波转子测试技术。

10.1 高频动态压力测试技术

通常，使用应变式压力传感器、压阻式压力传感器和压电式压力传感器来测量动态压力[1]。

1. 应变式压力传感器

应变式压力传感器以弹性变形为基础，被测压力作用在传感器的弹性元件上，使弹性元件产生弹性变形，并以变形量大小来度量压力大小。由于卸载时弹性变形可以恢复，因此应变式传感器能测量压力变化的全过程。目前常用的应变片有金属丝式应变片、金属箔式应变片、金属薄膜应变片。

2. 压阻式压力传感器

最初的压阻式压力传感器使用半导体应变片作为敏感元件，它们在物理上可以做得很小，但仍然具有一个较高的标称电阻。半导体应变计可以实现比金属薄膜桥高30倍的灵敏度，但它们对温度较为敏感，而且很难进行补偿。对于精密的应用场合，它们不如更稳定的金属薄膜器件应用广泛，但在灵敏度很重要而且温度变化很小的场合，它们可能具有一定优势。

硅压阻式压力传感器包含1个敏感元件，它由1个硅芯片、1个圆薄形硅膜片和4个压电晶体管组成。硅表面埋有4个几乎完全一样的固态电阻器，并连成半桥或惠斯通电桥。压力施加到膜片上时，电桥失去平衡，如果对电桥加激励电压(恒流或恒压),便可得到与被测压力成比例的输出电压。充油封装结构的传感器量程可达 0~60MPa,工作温度为 -55~125℃,精度为 0.5%~0.1%。烧结型结构能够将弹性元件与被测介质直接接触,易小型化,适于动态压力测量,量程可达 0~80MPa,工作温度、精度与充油封装结构相同,固有频率从几百赫到几千赫不等,可用于武器系统的气流模型试验、爆炸压力测量及发动机动态测量。目前,压阻式压力传感器的零点漂移已经小于 5×10^{-3} FS/℃(FS 为传感器的满量程),阻抗几十欧到几千欧不等。

3. 压电式压力传感器

压电式压力传感器常用于动态压力测量,主要优势有以下几项:高线性度,量程范围大,固有频率可达 100Hz~400kHz,可重复性高,稳定性高,宽工作温度范围,对电场和磁场不敏感等。

压电式压力传感器大多是利用正压电效应制成的。正压电效应是指当晶体受到某固定方向外力的作用时,内部就产生电极化现象,同时在某两个表面上产生符号相反的电荷;当外力撤去后,晶体又恢复到不带电的状态;当外力作用方向改变时,电荷的极性也随之改变;晶体受力所产生的电荷与外力的大小成正比。逆压电效应又称电致伸缩效应,是指对晶体施加交变电场引起晶体机械变形的现象。用于电声和超声工程的一般是逆压电效应制造的变送器。

基于压电效应的压力传感器的种类和型号繁多,按弹性敏感元件和受力机构的形式可分为膜片式和活塞式两类。膜片式主要由本体、膜片和压电元件组成。压电元件支撑于本体上,由膜片将被测压力传递给压电元件,再由压电元件输出与被测压力呈一定关系的电信号(见压电式压力传感器)。这种传感器的特点是体积小、动态特性好、耐高温等。现代测量技术对传感器的性能提出越来越高的要求,现代传感器要求在没有水冷却的情况下使用,因此如果由于某种原因冷却系统发生中断,传感器也不会受损害。

图 10-1 所示为一种单通道波转子压力传感器的安装方式[2],波转子通道表面安装两个动态压力传感器 PCB 113B32,其中一个传感器安装在压力探头组件上,该组件位于燃烧室顶部,以免燃烧造成传感器的热损伤;另一个传感器平齐地安装在燃烧室的端壁上,因为在测量段火焰前沿还没有到达端壁。图 10-2 示意性地给出了压力数据采集系统,主要包括信号触发盒、信号调理仪、压力传感器、数据采集卡以及计算机组成。

DAQ 触发盒 SCXI 1302 和信号调理器 SCXI 1530 一起放在机箱 SCXI 1000 中。SCXI 1302 从同步电路接收触发信号,SCXI 1530 向压力传感器提供 24V 的激励电压,放大信号,并降低信号的噪声。装配在计算机中的 M 系列数据采集设备 PCI 6251 将 SCXI 1000 与计算机连接起来。使用 National Instruments

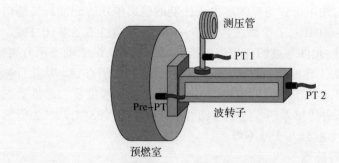

图 10-1　压力传感器的安装方式

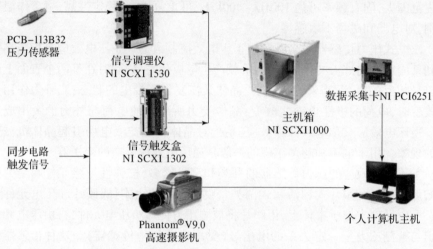

图 10-2　压力数据采集系统

LabVIEW 2013 开发虚拟仪器(VI),控制压力数据采集系统的硬件。VI 的主要功能是识别触发事件,并开始将压力数据记录为制表符分隔的测试文件。使用 VI 的前面板可以控制输入通道数、采样速率和样本数。

如图 10-1 所示,使用了 3 个由 PCB 压电电子公司制造的动态压力传感器,PCB 111A26 安装在前置室上,两个 PCB 113B32 中的一个安装在压力探头上,压力探头带有安装在主室前部的隔离管,另一个齐平安装在主室的后壁上。所有 3 个传感器都以 500kHz 的采样率记录压力。表 10-1 列出了动态压力传感器规格中需要考虑的一些特性。在进行实验之前,所有传感器都通过 PCB 压电元件进行校准,以获得灵敏度信息,从而将传感器释放的电压数据转换为精确的压力数据。传感器的谐振频率决定了频率上限,即大约 20% 的传感器谐振频率是可用的频率响应,测量误差为 5%。如果目标频率接近传感器的共振频率或更高,则测量的压力幅值将高度失真。上升时间是指当受到压力阶跃变化的激励时,传感器输出从其最终值的10%上升到其最终值的90%的时间长度。传感器的上升时间越短,对压力变化的响应越快。

表10-1 PCB参数

参数	Pre-PT(111A26)	PT1和PT2(113B82)
测量范围	0~3447.38Pa	0~34473.79Pa
灵敏度	1.438mV/Pa	1.450mV/Pa
谐振频率	≥400kHz	≥400kHz
上升时间	≤1.5μs	≤1.5μs
放电时间常数	≥50s	0.3~1.0s
操作温度范围	-73.3~135℃	-73.3~135℃
温度灵敏度系数	0.36%/℃	0.18%/℃
最大闪温	1648.89℃	1648.89℃
触发电压	20~30V(直流电)	20~30V(直流电)

放电时间常数(DTC)控制传感器的低频响应,这是传感器的输出电压下降到其峰值的37%所需的时间,以响应输入压力的阶跃增加。频率下限等于0.16/DTC。压电式压力传感器不适于静态压力测量,因为当没有输入变化时,压电晶体产生的电荷减少输出。然而,考虑到DTC的特性,它能够测量准静态压力。此类测量的一般经验法则是,输出信号损失与DTC前10%所经过的时间具有一一对应的关系。例如,如果某个传感器的DTC为50s,则在最初的5s内,原始输入信号的10%会衰减,也就是DTC的10%。对于当前研究中采用的压力传感器,111A26的DTC为50s,113B32的DTC为1s。因此,如果允许有5%的误差,每个传感器能够分别在2.5s和50ms内测量静态压力。

虽然传感器的最大工作温度135℃远低于燃料混合物的火焰温度,但燃烧过程是瞬时的,时间尺度为毫秒量级,因此应考虑热冲击和相关信号误差的影响,而不是最大工作温度。加热压电式压力传感器的膜片和外壳会使外壳膨胀,松动内部晶体上的预载力,导致负信号输出。所有压电式压力传感器实际上都对热冲击敏感,因此有许多方法可以将热冲击的影响降至最低,例如在传感器套筒上安装水冷通道等。

初始采集的信号由于变频信号、振动等干扰的影响,一般不能直接使用,需要进行滤波处理,图10-3给出了转速为900r/min时实验取得的压力信号的原始数据,并进行频谱分析,发现峰值压力在600kPa以上,主频高达6000Hz,与波转子实际压力和频率差别较大,这是由于振动引起的高频扰动信号,需要进行信号处理。由于转动主频为120Hz,其他信号均是主频的倍频扰动,频率均是120Hz的倍数,因此需要进行信号处理。这里介绍两种信号处理方法,并进行比较。

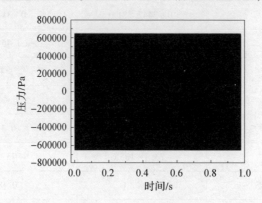

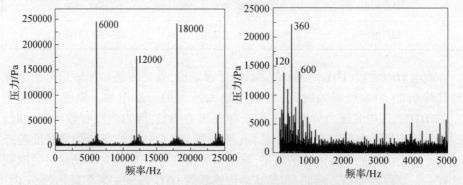

图10-3 压力信号的原始数据与频谱分析

1) 平滑处理

Savitzky-Golay(S-G)法:对局部数据进行多项式回归。其能有效保留数据的原始特征,可以提高光谱的平滑性,并降低噪声的干扰。S-G平滑滤波的效果,随着选取窗宽的不同而不同,可以满足多种不同场合的需求。

2) 低通滤波处理

设定一个频率点,当信号频率高于这个频率时不能通过,在数字信号中,这个频率点也就是截止频率,当频域高于这个截止频率时,全部赋值为0。因为波转子的转动频率是已知的,将低通滤波截止频率设定为转动频率以上,则可以在保留主频的基础上,滤去高阶高频扰动。

图10-4给出了不同窗宽下平滑处理以及不同截止频率下的低通滤波处理的对比,可见对于数据的平滑处理,随着窗宽增加,即局部处理的数据增加,得到的压力曲线峰值逐渐减小。而对于低通滤波处理,压力峰值曲线随着截止频率的上升逐渐增加,这是因为实验中干扰信号都是高频信号,增加了截止频率导致一部分高频扰动混入主频信号中。而截止频率低于主频后,主频信号被滤去,压力曲线失真。截止频率130Hz和200Hz信号处理后数据对应峰值压力差异不大,这表示在高于主频的一定范围内滤波,信号处理结果基本一致。截止频率130Hz、200Hz与平滑处理的窗宽300Hz对应处理后数据峰值压力接近,这表示平滑处理也可以得到实际的压力峰值,但是对应不同转速下,窗宽无法进行定量确定,因此如果在不同转速下确定滤波截止频率,信号处理采用低通滤波可能更好。

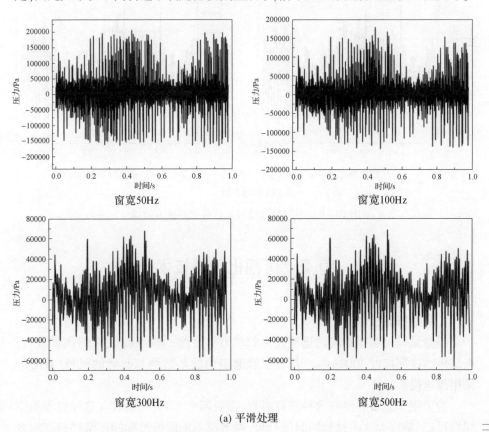

(a) 平滑处理

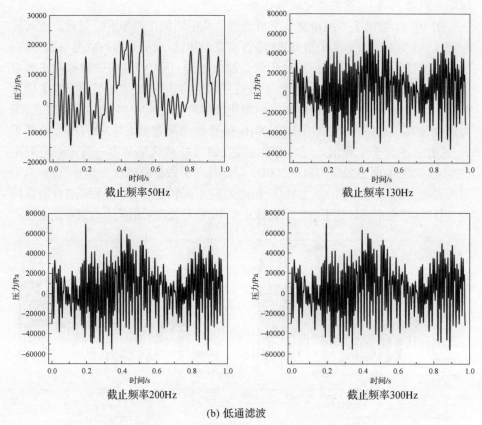

(b) 低通滤波

图 10-4　不同信号处理方法得到的压力曲线

10.2　可视化测量技术

1. 高速摄影技术

燃烧是一种在短距离内迅速发生的动力学过程。举例来说，在爆震燃烧时，火焰传播速度接近 2000m/s。若要了解通道内波系结构和燃烧的机理，就必须采用高速摄影方法。

为了便于观察和研究这种特殊过程，需要两个工具：一是放大这一过程的空间标尺；二是放大这一过程的时间标尺，两者都不能影响过程的正常进行。前者靠光学显微技术；后者靠高速摄影技术（如果采用近视距摄影，也可同时达到放大空间标尺的目的）。

一般来说,在视距 250mm 处,人眼的空间分辨率为 0.1mm 左右,时间分辨率为 0.1s。采用高速摄影技术可以把以每秒几千幅或几万幅的速度拍摄的图像,用每秒几十幅或更慢的速度重放,用这种"快摄慢现"的手段来扩展人眼的时间分辨率。

按照拍摄速度可以将动片摄影分成几个档次:低于 10^2 幅/s 的摄影称为普通摄影;$10^2 \sim 10^3$ 幅/s 的摄影称为快速摄影;$10^3 \sim 4 \times 10^4$ 幅/s 的摄影称为次高速摄影;高于 4×10^4 幅/s 的摄影称为高速摄影[3]。

如果将高速摄影和阴影仪、纹影仪、干涉仪、全息技术、显微技术等相结合,就可构成高速阴影、高速纹影、高速干涉、高速全息和高速显微摄影等技术,其应用范围更为广泛。

图 10-5 给出了高速摄影拍摄到的两种燃料(乙烯和丙烷)在通道内的燃烧过程中的火焰发展形态[4]。这两种燃料的初始油气比、射流作用时间、喷管结构及射流点火的位置均保持一致,只是燃料种类不同。从图 10-5 的火焰发展形态看,丙烷燃烧过程火焰发展缓慢,燃烧区火焰亮度分布较均匀,且相对于乙烯火焰要暗淡;而乙烯的燃烧过程,火焰亮度明显增加,尤其是火焰锋面附近区域火焰亮度更加显著。火焰传播过程前期,火焰锋面明显发生褶皱变形,反应区出现一些由漩涡脱落而导致的高亮度离散点。种种迹象都说明了乙烯作燃料时,燃烧过程湍流燃烧的程度更高,而丙烷燃烧过程与层流火焰类似。

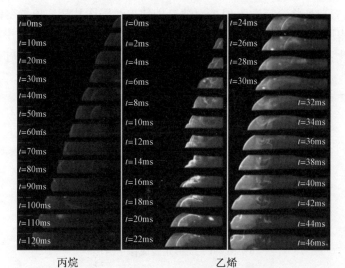

图 10-5 丙烷和乙烯燃烧性能对比

2. 纹影技术

纹影法是在平行光投影法的基础上结合刀口法发展而来的光学方法[5]，主要应用于观测透明介质中的折射率梯度分布。纹影法具有诸多优点：光线对研究对象无干扰、灵敏度高、观测区域大，被广泛应用于透明的气液相流体中因温度或者浓度造成的折射率梯度分布观测及液固体表面变形的试验研究。例如，纹影法可以观测高温火焰导致的周边空气温度或密度梯度的分布、气体因障碍物阻滞产生的压缩现象及透明光学元件的表面质量分布等。

纹影法是用于观测透明介质中折射率梯度分布的一种光学手段。试验观测区域内的流体中存有因传热或传质造成的温度浓度梯度或因界面对流造成的界面变形，垂直光线传播方向的液层将因此有折射率的梯度分布。平行光线穿过测试区域时会偏转向折射率大的区域，且对应位置的折射率梯度越大，光线偏折得越厉害，分布不均的折射率梯度使光线在各处的遮挡量也分布不均，反映到纹影图片上便是各处的亮暗分布。纹影图片中越亮或越暗是相应区域折射率梯度方向及大小的反映，同时也能够说明对应的温度或浓度梯度较大。

图 10-6 为纹影中平行光线经第二面凹面镜汇聚后的光路示意图。若测试区域无折射率梯度存在，光线未发生偏折，经凹面镜反射点 A、B、C 反射的平行光线将会在刀口处被均匀遮挡，得到亮暗均匀的纹影图像。若测试区域有折射率梯度，平行光将因不同的折射率梯度发生不同程度的偏折，经凹面镜反射汇聚后，光线在刀口处将会因向下偏折而被遮挡使得纹影图片相应位置变暗，或因向上偏折使得图片变亮。之后经高速摄影对切割后的光源采集图像，图片中所记录亮暗变化不仅能够直观地反映对流结构，也可根据灰度差值读取折射率梯度的比例值。

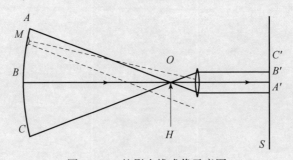

图 10-6 纹影光线成像示意图

Chowdhury MAZ[6] 在普渡大学的单通道内燃波转子实验台上，采用 CH_4、H_2 混合物作为燃料，进行相关试验，采集到的纹影图像如图 10-7 所示。压力数据记录到射流冲击在 48.554ms 左右到达通道末端,末端压力曲线记录到了激波到达造成的压力增加。从纹影图片可以看到,初始射流汇聚成激波,并在通道末端反射。激波在通道末端反射后,与火焰发生了激波 – 火焰相互作用,激波作用于火焰,压缩火焰锋面,使得火焰前沿稍有后退。这增加了反应速率,促使产物的体积膨胀,并产生反射压缩波,这些压缩波再次压缩火焰锋面,形成了一个反馈机制。

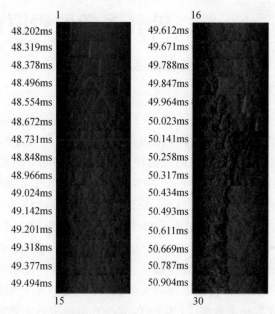

图 10 – 7　普渡大学单通道内燃波转子纹影试验数据试验

参考文献

[1]威尔逊. 传感器技术手册[M]. 林龙信,等译. 北京:人民邮电出版社,2009.

[2]PAIK K. Experimental Investigation of Hot – Jet Ignition of Methane – Hydrogen Mixtures in A Constant – Volume Combustor[D]. West Lafayette:Purdue University,2016.

[3]LINDEBOOM R,SMITH G,JESION D,et al. Application of high speed imaging as a novel tool to study particle dynamics in tubular mem – brane systems[J]. Journal of Membrane Science,2011,368(1/2):95 – 99.

[4]巩二磊. 内燃波转子工作过程及燃烧特性研究[D]. 南京:南京航空航天大学,2016.

[5]SETTLES G S. Schlieren and Shadowgraph Techniques:Visualizing Phenomena in Transparent Media[M]. Berlin:Springer Press,2006.

[6]CHOWDHURY M A Z. Traversing Hot Jet Ignition Delay of Hydrocarbon Blends in a Constant Volume Combustor[D]. West Lafayette:Purdue University,2018.

第11章 波转子数值模拟方法

在波转子发动机的研究过程中,除了理论分析、实验研究以外,波转子发动机非定常流动工作过程中的数值模拟也是一个重要的研究方向,利用计算机进行高精度仿真,为波转子发动机的性能预测和气动热力学分析提供有效的工具。

随着高速数字计算机的出现,研究者开始将某些物理问题抽象为计算机能够运行的语言并进行精确数值求解,由此出现了计算流体力学(computational fluid dynamic,CFD)这一学科,计算流体力学是流体力学的一个分支,是结合流体力学、数值数学和计算机科学的一门交叉学科[1]。经过几十年的演练与完善,现阶段的计算流体力学已经与理论研究、实验研究呈现三足鼎立的局面。首先,利用现有的CFD软件可以验证以往的大多数工程问题进而更好地完善方案或者为此类工程问题建立模型数据库;其次,利用CFD方法进行实验前方案论证,减少材料、人力以及财力的浪费,同时根据仿真结果快速更改实验方案以达到减少实验周期的目的;最后,CFD已经成为各行各业降低成本,提高核心竞争力的有效手段。

对于波转子发动机,其主要工作部件由一个个定容通道组成,由于通道高速旋转,直接测量其内部流场特性参数以及流场结构难度很大。因此,从提出波转子的概念开始,数值模拟一直是验证和完善实验数据的主要手段。

非定常流动、复杂波系传播与燃烧反应一直是波转子的研究重点,涉及激波、燃烧波,以及波系和化学反应耦合特性,因此,需要在控制方程中加入化学反应源项以描述化学能的释放。激波与火焰相互作用、高速旋转下的非定常流动以及端口开关产生的复杂波系,使得波转子工作情况十分复杂。射流以及燃烧波叠加形成的激波,能够实现突跃式压缩,激波的厚度与分子的自由程为同一量级,约为几十微米,而波转子的转动周期约为几十毫秒,因此化学反应和非定常流动的特征时间差了好几个数量级,计算中需要采用更细的网格以避免化学反应的刚性问题。

第 11 章 波转子数值模拟方法

本章针对波转子内的工作过程,总结其数值模拟方法,对国内外涉及的控制方程、数值方法、边界条件和化学反应模型等内容进行介绍。关于 CFD 的研究已经成熟,本章重点介绍针对波转子发动机的工程应用型数值研究。

11.1 控制方程

波转子内时刻发生着复杂的流动和物理化学反应,因此难以确定某一瞬态的流动值。但燃烧时发生的湍流流动、燃料掺混燃烧以及传质传热过程,从本质上说,即为三维非稳态、湍流、多相多组分、对流换热、热传导、辐射换热、化学反应及其相互作用的过程。而这些均须服从流动控制方程、质量守恒方程、能量守恒方程、动量守恒方程以及组分守恒方程这些方程的基本守恒定律,具体如下。

笛卡儿坐标系下,化学非平衡的 $N-S$ 方程有如下形式:

$$\frac{\partial Q}{\partial t} + \frac{\partial E}{\partial x} + \frac{\partial F}{\partial y} + \frac{\partial G}{\partial z} = \frac{\partial E^v}{\partial x} + \frac{\partial F^v}{\partial y} + \frac{\partial G^v}{\partial z} + S \tag{11-1}$$

其中

$$Q = \begin{bmatrix} \rho \\ \rho u \\ \rho v \\ \rho w \\ \rho E \\ \rho c_s \end{bmatrix}, \quad E = \begin{bmatrix} \rho u \\ p + \rho u^2 \\ \rho uv \\ \rho uw \\ (p+\rho E)u \\ \rho c_s u \end{bmatrix}, \quad F = \begin{bmatrix} \rho v \\ \rho uv \\ p + \rho v^2 \\ \rho vw \\ (p+\rho E)v \\ \rho c_s v \end{bmatrix}, \quad G = \begin{bmatrix} \rho w \\ \rho uw \\ \rho vw \\ p + \rho w^2 \\ (p+\rho E)w \\ \rho c_s w \end{bmatrix}$$

$$S = \begin{bmatrix} 0 \\ 0 \\ 0 \\ 0 \\ 0 \\ \omega_t \end{bmatrix}, \quad E^v = \begin{bmatrix} 0 \\ \tau_{xx} \\ \tau_{xy} \\ \tau_{xz} \\ u\tau_{xx} + v\tau_{xy} + w\tau_{xz} + q_x + \sum_{s=1}^{ns} \rho D_s h_s \frac{\partial c_s}{\partial x} \\ \rho D_s \frac{\partial c_s}{\partial x} \end{bmatrix}$$

$$F^v = \begin{bmatrix} 0 \\ \tau_{xx} \\ \tau_{yy} \\ \tau_{yz} \\ u\tau_{xx} + v\tau_{yy} + w\tau_{yz} + q_y + \sum_{s=1}^{ns} \rho D_s h_s \dfrac{\partial c_s}{\partial y} \\ \rho D_s \dfrac{\partial c_s}{\partial y} \end{bmatrix}$$

$$G^v = \begin{bmatrix} 0 \\ \tau_{xz} \\ \tau_{yz} \\ \tau_{zz} \\ u\tau_{xz} + v\tau_{yz} + w\tau_{zz} + q_z + \sum_{s=1}^{ns} \rho D_s h_s \dfrac{\partial c_s}{\partial z} \\ \rho D_s \dfrac{\partial c_s}{\partial z} \end{bmatrix}$$

式中:ρ 为气体密度;p 为气体压力;u 为 x 方向速度;v 为 y 方向速度;w 为 z 方向速度;E 为单位质量总内能;c_s 为第 s 种组分质量分数;D_s 为第 s 种组分扩散系数;h_s 为第 s 种组分的质量绝对焓;τ_{ij} 为剪切应力张量相,$i,j = x,y,z$,一般计算公式如下:

$$\tau_{xx} = (\mu + \mu_t)\left[-\frac{2}{3}(\nabla \cdot \vec{V}) + 2\frac{\partial u}{\partial x}\right], \quad \tau_{xz} = \tau_{zx} = (\mu + \mu_t)\left[\frac{\partial u}{\partial z} + \frac{\partial w}{\partial x}\right]$$

$$\tau_{zz} = (\mu + \mu_t)\left[-\frac{2}{3}(\nabla \cdot \vec{V}) + 2\frac{\partial w}{\partial z}\right], \quad \tau_{xy} = \tau_{yx} = (\mu + \mu_t)\left[\frac{\partial u}{\partial y} + \frac{\partial v}{\partial x}\right]$$

$$\tau_{yy} = (\mu + \mu_t)\left[-\frac{2}{3}(\nabla \cdot \vec{V}) + 2\frac{\partial v}{\partial y}\right], \quad \tau_{yz} = \tau_{zy} = (\mu + \mu_t)\left[\frac{\partial v}{\partial z} + \frac{\partial w}{\partial y}\right]$$

$$\nabla \cdot \vec{V} = \frac{\partial u}{\partial x} + \frac{\partial v}{\partial y} + \frac{\partial w}{\partial z}$$

式中:q_x、q_y、q_z 分别为 $q_x = (K + K_t)\dfrac{\partial T}{\partial x}$、$q_y = (K + K_t)\dfrac{\partial T}{\partial y}$、$q_z = (K + K_t)\dfrac{\partial T}{\partial z}$。

11.2 滑移网格技术

波转子通道高速旋转,需要采用动网格技术来模拟由区域边界上的运动导致区域形状随时间变化的流场。动网格模型可应用于单相流或多相流(以及多物种流)模型,可以指定一个规则的运动,根据边界的新位置,在每个时间步上自动处理体积网格的更新。如果模型包含移动和非移动区域,需要通过将它们分组到生成的初始体积网格中各自的面和网格来识别这些区域。此外,由于邻近区域的运动而变形的区域也必须在起始体积网格中分成单独的区域,不同区域之间的边界不必是共形的。对于一般边界移动的控制体,对于任意标量 ϕ 其控制方程如下:

$$\frac{\mathrm{d}}{\mathrm{d}t}\int_V \rho\phi \mathrm{d}V + \int_{\partial V}\rho\phi(\boldsymbol{u}-\boldsymbol{u}_g)\cdot \mathrm{d}\boldsymbol{A} = \int_{\partial V}\Gamma\nabla\phi\cdot \mathrm{d}\boldsymbol{A} + \int_V S_\phi \mathrm{d}V \quad (11-2)$$

式中:ρ 为流体密度;$\boldsymbol{u}$ 为流动速度矢量;$\boldsymbol{u}_g$ 为动网格速度矢量;Γ 为扩散系数;S_ϕ 为 ϕ 的源项;∂V 表示控制体的边界;$\boldsymbol{A}$ 为面积向量。

利用一阶差分公式,时间导数项可以写成:

$$\frac{\mathrm{d}}{\mathrm{d}t}\int_V \rho\phi \mathrm{d}V = \frac{(\rho\phi V)^{n+1} - (\rho\phi V)^n}{\Delta t} \quad (11-3)$$

第 $n+1$ 项体积:

$$V^{n+1} = V^n + \frac{\mathrm{d}V}{\mathrm{d}t}\Delta t \quad (11-4)$$

式中:$\frac{\mathrm{d}V}{\mathrm{d}t}$ 为控制体积的体积时间导数。为满足网格守恒定律,控制体积的体积时间导数为

$$\frac{\mathrm{d}V}{\mathrm{d}t} = \int_{\partial V}\boldsymbol{u}_g\cdot \mathrm{d}\boldsymbol{A} = \sum_j^{n_f}\boldsymbol{u}_{g,j}\cdot \boldsymbol{A}_j \quad (11-5)$$

式中:n_f 为控制体上的面数;$\boldsymbol{A}_j$ 为面积向量。每个控制体表面上的点积 $\boldsymbol{u}_{g,j}\cdot \boldsymbol{A}_j$ 计算如下:

$$\boldsymbol{u}_{g,j}\cdot \boldsymbol{A}_j = \frac{\delta V_j}{\Delta t} \quad (11-6)$$

利用二阶差分格式,时间导数可以写成:

$$\frac{\mathrm{d}}{\mathrm{d}t}\int_V \rho\phi \mathrm{d}V = \frac{3(\rho\phi V)^{n+1} - 4(\rho\phi V)^n + (\rho\phi V)^{n-1}}{2\Delta t} \quad (11-7)$$

$$(\boldsymbol{u}_{g,j}\cdot \boldsymbol{A}_j)^{n+1} = \frac{3}{2}(\boldsymbol{u}_{g,j}\cdot \boldsymbol{A}_j)^n - \frac{1}{2}(\boldsymbol{u}_{g,j}\cdot \boldsymbol{A}_j)^{n-1} = \frac{3}{2}\left(\frac{\delta V_j}{\Delta t}\right)^n - \frac{1}{2}\left(\frac{\delta V_j}{\Delta t}\right)^{n-1}$$
$$(11-8)$$

滑移网格是一般动网格的一种特殊情况,其中节点在给定的动态网格区域内进行刚性运动。此外,多个细胞区通过非共形界面相互连接。随着网格运动的及时更新,非共形界面同样也更新,以反映每个区域的新位置。值得注意的

是，如果想让流体从一个网格流到另一个网格，必须规定网格运动，使通过非共形界面连接的区域保持相互接触（即沿着界面边界滑动），界面的任何没有接触的部分都被视为壁面。

滑移网格也采用一般的动网格守恒方程形式，由于滑移网格中的网格运动是刚性的，所有单元保持其原始形状和体积。因此，体积的时间变化率为零，式(11-4)简化为

$$V^{n+1} = V^n \tag{11-9}$$

式(11-3)简化为

$$\frac{\mathrm{d}}{\mathrm{d}t}\int_V \rho\phi \mathrm{d}V = \frac{[(\rho\phi)^{n+1} - (\rho\phi)^n]V}{\Delta t} \tag{11-10}$$

式(11-5)简化为

$$\sum_j^{n_f} \boldsymbol{u}_{g,j} \cdot \boldsymbol{A}_j = 0 \tag{11-11}$$

11.3 数值方法

波转子存在高速旋转的通道，流场是非定常流动的，流动状态属于湍流流动。针对湍流问题，目前常用的数值模拟方法主要包括直接模拟方法(DNS)、大涡模拟方法(LES)和雷诺(Reynold)平均方法(RANS)。DNS 是直接对流动的控制方程进行求解的一种方法，故其计算结果较贴近真实值，但是该方法的计算量庞大，且更适用于求解中等雷诺数以下的湍流问题，故不适用于本章研究。LES 将存在于流场中的各尺度湍流分量划分为大、小两种尺度，而后对大尺度湍流分量进行控制方程的直接求解，而小尺度湍流分量则通过建立数值模型进行近似求解，虽然此方法相较于 DNS 计算量大幅减少，但针对本章所用模型而言，其仍需占用大量计算资源。RANS 通过将非稳态控制方程进行时间平均处理，可将式中的瞬时变量转化为时均变量和脉动变量的叠加，相较于 DNS 和 LES，RANS 的计算量最小，且在工程问题的求解上具有足够的精度，故数值模拟优先选用此方法。

根据雷诺应力的形式和量纲，假定雷诺应力正比于平均流动速度梯度，从而用平均流动变量替换掉湍流脉动变量，减少了 RANS 方程未知数。基于涡黏性假设，方程中引入了新的变量，涡黏性系数(湍流黏性系数)。涡黏性系数是形式类比，表征了流动的扩散性，而没有摩擦耗散性。基于涡粘假设，众多湍流模型的核心是寻求涡黏性系数的求解方法。湍流模型可根据微分方程的个数分为零方程模型、一方程模型、二方程模型和多方程模型。采用经过详细验证的湍流

模型对湍流建模至关重要,同时,湍流-化学相互作用模型的选择在湍流燃烧模拟中也起着重要的作用。

1. 可实现的 $k-\varepsilon$ 模型

二方程湍流模型通过解决两个单独的输运方程来确定湍流长度和时间尺度,自 Launder 和 Spalding 提出标准 $k-\varepsilon$ 模型以来,$k-\varepsilon$ 模型已经成为工程流体计算的主力军[2]。可实现的 $k-\varepsilon$ 模型在标准 $k-\varepsilon$ 模型的基础上实现了两个改进:可实现的 $k-\varepsilon$ 模型包含了湍流黏度的替代公式;从均方涡量脉动的精确输运方程出发,导出了耗散率的修正输运方程。

"可实现"意味着该模型满足雷诺应力的某些数学约束,与湍流物理一致。在求解包含射流和混合流的管内流动时有较高的精度,故而在综合考虑计算成本以及计算精度之后,本次湍流模型选用可实现的 $k-\varepsilon$ 模型,并定义壁面处为标准壁面函数。基于波希尼斯克(Boussinesq)假设,雷诺应力的表达式为

$$-\rho \overline{u'_i u'_j} = \mu_t \left(\frac{\partial u_i}{\partial x_j} + \frac{\partial u_j}{\partial x_i} \right) - \frac{2}{3} \left(\rho k + \mu_t \frac{\partial u_i}{\partial x_i} \right) \delta_{ij} \quad (11-12)$$

式中:u_i 为时均速度;δ_{ij} 为单位函数;μ_t 为湍流黏度,其表达式为

$$\mu_t = \frac{C_\mu \rho k^2}{\varepsilon} \quad (11-13)$$

式中:k 为湍流动能;ε 为湍流耗散率;C_μ 为一个与应变率相关的经验系数,它们的表达式分别为

$$k = \frac{\overline{u'_i u'_j}}{2} = \frac{\overline{u'^2} + \overline{v'^2}}{2} \quad (11-14)$$

$$\varepsilon = \frac{\mu}{\rho} \overline{\left(\frac{\partial u'_i}{\partial x_k} \frac{\partial u'_j}{\partial x_k} \right)} \quad (11-15)$$

$$C_\mu = \left(4.0 + \frac{A_s k U^*}{\varepsilon} \right)^{-1} \quad (11-16)$$

k 和 ε 的输运方程分别为

$$\rho \frac{\partial k}{\partial t} + \rho u_i \frac{\partial k}{\partial x_j} = \frac{\partial}{\partial x_j} \left(\mu \frac{\partial k}{\partial x_j} + \frac{\mu_t}{\sigma_k} \frac{\partial k}{\partial x_j} \right) + \mu_t \frac{\partial u_i}{\partial x_j} \left(\frac{\partial u_i}{\partial x_j} + \frac{\partial u_j}{\partial x_i} \right) - \rho \varepsilon \quad (11-17)$$

$$\frac{\partial (\rho u_i \varepsilon)}{\partial x_i} = \frac{\partial}{\partial x_i} \left(\mu \frac{\partial \varepsilon}{\partial x_i} + \frac{\mu_t}{1.2} \frac{\partial \varepsilon}{\partial x_i} \right) + C_1 S \rho \varepsilon - \frac{C_2 \rho \varepsilon^2}{k + \sqrt{v\varepsilon}} \quad (11-18)$$

2. 剪切应力输运模型(SST) $k-\omega$ 模型

SST $k-\omega$ 湍流模型由 Menter 建立[3],在湍流黏度的定义中考虑了湍流剪切应力的输运,因此在更多类流动中(如逆压梯度流动、翼型、跨声速激波)比标准

$k-\omega$ 模型更加精确可靠。该模型将近壁区域 $k-\omega$ 模型的刚性和准确性与远场 $k-\varepsilon$ 模型的自由流无关性有效地进行了结合。该湍流模型的方程如下:

$$\frac{\partial}{\partial t}(\rho k)+\frac{\partial}{\partial x_i}(\rho k u_i)=\frac{\partial}{\partial x_j}\left(\Gamma_k\frac{\partial k}{\partial x_j}\right)+G_k-Y_k \quad (11-19)$$

$$\frac{\partial}{\partial t}(\rho\omega)+\frac{\partial}{\partial x_i}(\rho\omega u_i)=\frac{\partial}{\partial x_j}\left(\Gamma_\omega\frac{\partial k}{\partial x_j}\right)+G_\omega-Y_\omega+D_\omega \quad (11-20)$$

式中:G_k、G_ω 分别为 k、ω 的生成项;Γ_k、Γ_ω 分别为 k、ω 的有效扩散率;Y_k、Y_ω 分别为由湍流带来的 k、ω 的耗散;D_ω 为交叉扩散项。有效扩散率 Γ_k 和 Γ_ω 分别定义为

$$\Gamma_k=\mu+\frac{\mu_t}{\sigma_k},\quad \Gamma_\omega=\mu+\frac{\mu_t}{\sigma_\omega} \quad (11-21)$$

式中:σ_k、σ_ω 分别为 k、ω 的湍流普朗克数,通过在涡黏度 μ_t 的定义中添加限制器来获得准确的输运特征:

$$\mu_t=\frac{\rho k}{\omega}\frac{1}{\max\left[\frac{1}{\alpha^*},\frac{SF_2}{a_1\omega}\right]} \quad (11-22)$$

式中:S 为应变率大小;G_k、G_ω 分别定义为

$$G_k=-\rho\overline{u'_i u'_j}\frac{\partial u_j}{\partial x_i},\quad G_\omega=\frac{\alpha\alpha^*}{\nu_t}G_k \quad (11-23)$$

3. 压力的隐式算子分割算法

压力的隐式算子分割(pressure implicit with splitting of operators,PISO)算法是 Issa[4] 于 1986 年提出的,起初是针对非稳态可压流动的无迭代计算所建立的一种压力速度计算程序,后来在稳态问题的迭代计算中也较广泛地使用了该算法。PISO 算法与压力耦合方程组的半隐式(SIMPLE)算法的不同之处在于:SIMPLE 算法是两步算法,即一步预测和一步修正,而 PISO 算法增加了一个修正步,共包含一个预测步和两个修正步,在完成了第一步修正得到 (u,v,p) 后寻求第二次改进值,目的是使它们更好地同时满足动量方程和连续方程。PISO 算法由于使用了预测、修正、再修正三步,从而可加快单个迭代步中的收敛速度。PISO 算法的精度取决于时间步长,在预测修正过程中,压力修正与动量方程计算所达到的精度分别是 $3(\Delta t^3)$ 和 $4(\Delta t^4)$ 的量级。可以看出,使用越小的时间步长,可取得越高的计算精度。当步长比较小时,不进行迭代也可保证计算有足够的精度。计算步骤如下。

1) 预估步——与 SIMPLE 算法相同

估计压力场 p^*,求解动量方程:

$$u_p^* = \frac{1}{A_p^u}\left(\sum_{nb} A_{nb}^u u_{nb}^* + S^u\right) + (B^u p_\xi^* + C^u p_\eta^* + D^u p_\zeta^*)$$

$$v_p^* = \frac{1}{A_p^v}\left(\sum_{nb} A_{nb}^v v_{nb}^* + S^v\right) + (B^v p_\xi^* + C^v p_\eta^* + D^v p_\zeta^*)$$

$$w_p^* = \frac{1}{A_p^w}\left(\sum_{nb} A_{nb}^w w_{nb}^* + S^w\right) + (B^w p_\xi^* + C^w p_\eta^* + D^w p_\zeta^*) \quad (11-24)$$

得到 u^*、v^*、w^* 和 U^*、V^*、W^*。

2) 第一校正步——基本和 SIMPLE 算法相同

依照 SIMPLE 算法，求解压力修正方程，得到第一校正步的修正压力 p'，确定一次修正后压力 $p^{**} = p^* + p'$，再根据下列的速度修正公式得到第一校正后的速度：

$$\begin{cases} u_p^{**} = u_p^* + B^u p_\xi' + C^u p_\eta' + D^u p_\zeta' \\ v_p^{**} = v_p^* + B^v p_\xi' + C^v p_\eta' + D^v p_\zeta' \\ w_p^{**} = w_p^* + B^w p_\xi' + C^w p_\eta' + D^w p_\zeta' \end{cases} \quad (11-25)$$

3) 第二校正步——PISO 算法特点

根据第一校正步得到的修正后的压力 p^{**} 和相应的速度 u^{**}、v^{**}、w^{**}，再求二次压力修正方程，得到二次修正压力 p''：

$$A_p p_p'' = A_E p_E'' + A_W p_W'' + A_N p_N'' + A_S p_S'' + A_T p_T'' + A_B p_B'' + m_p'' \quad (11-26)$$

然后，令二次压力 $p^{***} = p^{**} + p''$，二次修正后速度可按下式求得：

$$u_p^{***} = u_p^{**} + \frac{1}{A_p^u}\sum_{nb} A_{nb}^u (u_{nb}^{**} - u_{nb}^*) + (B^u p_\xi'' + C^u p_\eta'' + D^u p_\zeta'')$$

$$v_p^{***} = v_p^{**} + \frac{1}{A_p^v}\sum_{nb} A_{nb}^v (v_{nb}^{**} - v_{nb}^*) + (B^v p_\xi'' + C^v p_\eta'' + D^v p_\zeta'')$$

$$w_p^{***} = w_p^{**} + \frac{1}{A_p^w}\sum_{nb} A_{nb}^w (w_{nb}^{**} - w_{nb}^*) + (B^w p_\xi'' + C^w p_\eta'' + D^w p_\zeta'')$$

$$(11-27)$$

把经过修正的压力 p^{**} 处理成一个新的估计压力 p^*，$u^{***} = u^*$，$v^{***} = v^*$，$w^{***} = w^*$，再返回到第一步重复全部过程，直至求得收敛的解。

4. 消息传递接口并行计算

在波转子的三维数值模拟中，由于计算规模大，通常采用并行计算方法。消息传递接口（message passing interface，MPI）是一种消息传递库接口规范[5]。MPI 主要解决在消息传递并行编程模型中以何种方式在节点内或者节点间进行消息传递的问题，表现为数据在操作系统的帮助下，从一个封闭的进程内存空间传递到另一个封闭的进程内存空间。其中，区域分解、拼装、任务拆分、组合均需要使用者自行实现,MPI 仅提供通信函数,但是由于其并行效率通常较高,且能够实现跨节点并行计算,实用性非常好,因而得到广泛应用。

MPI 通信主要分为阻塞式通信和非阻塞式通信。阻塞式通信是指通信的双方只有在成功通信结束后才会继续执行后续语句,其应用较为简单,但是容易出现消息死锁,更多的情况下会导致并行效率的下降。而非阻塞式通信是指通信指令下达后,通信进程可以进行其他与待通信量无关的计算,与此同时等待通信的完成。由于阻塞式通信过程中可以有通信和计算的重叠,其并行效率往往较阻塞式通信高。因而在复杂问题的求解中,推荐使用非阻塞式通信并重叠计算以充分利用通信等待时间,提高并行效率。

11.4 化学反应模型

1. 涡耗散概念(EDC)模型

EDC 模型是基于在中高雷诺数流动中,燃烧反应主要发生在不连续的湍动能耗散区这样的物理假定而发展起来的[6]。

在中高雷诺数流动范围内,耗散区主要集中于高应变区范围,仅占物理流动区域内很小的部分,在此范围内燃烧的湍动能均耗散成热,EDC 模型可以在湍流反应流动中合并详细的化学反应机理。模型假设将反应过程控制容积看作燃烧器,分为两个不同的区域:精细结构(fine structure)和周围流体(surrounding fluid),在单入口和出口理想反应器假设下,其控制方程为

$$\frac{1}{\tau^*(1-\gamma^*)}(Y_i^* - Y_i) = \frac{\omega_i^* W_i}{\rho^*} \quad (11-28)$$

$$\frac{1}{\tau^*(1-\gamma^*)}\left[\sum_{i=1}^{m}(Y_i^* h_i^* - Y_i h_i)\right] = \frac{1}{\rho^*}\sum_{i=1}^{m}(h_i^* \omega_i^* W_i) \quad (11-29)$$

式中:γ^* 为燃烧器容积比例;ρ^* 为反应区流体密度;$\gamma^* = C_\xi \left(\frac{\nu\varepsilon}{k^2}\right)^{\frac{3}{4}}$ 其中,ν 为运动黏度,$C_\xi = 2.1377$;τ^* 为划分区域后,反应区内的停留时间。

γ^* 计算公式如下:

$$\gamma^* = C_\tau \left(\frac{\nu}{\varepsilon}\right)^{\frac{1}{2}}$$

式中:$C_\tau = 0.408$。

EDC 模型的组分守恒方程为

$$\frac{\partial}{\partial t}(\rho Y_i) + \frac{\partial}{\partial x_j}(\rho u_j Y_i) = \frac{\partial}{\partial x_j}\left(\rho D_{i,m}\frac{\partial Y_i}{\partial x_j}\right) + w_i \qquad (11-30)$$

初始反应速率会受到 Arrhenius 方程控制,以组分物种 i 为例,在给定周围区域的温度和物种的质量分数后,经过给定的 τ^* 时间后的物种质量分数记为 Y_i^*,此时该物种的生成率(或源项计算公式)可表示(ρ 为周围流体的密度)为

$$\bar{\omega}_i = \frac{\rho(\gamma^*)^2}{r^*[1-(\gamma^*)^2]}(Y_i^* - Y_i) \qquad (11-31)$$

EDC 模型的特点为湍流反应中会考虑详细的化学反应机制,因而数值积分计算量大,计算速度较慢,但是适用于快速化学反应假定无效的情况以及各种燃烧模式。

2. 一步化学反应模型

反应物通过一步化学反应就转化成反应产物,并且反应过程不可逆,这个化学反应为一步化学反应。当两个或多个原子或分子相互碰撞时,一个假设的一步化学反应中能量最大的位置称为过渡态,过渡态与初始态之间的能量差是化学反应的能量势垒。一步化学反应只有一个过渡态,这个过程叫作基本化学反应。与反应物或生成物相比较,化学反应的过渡态是不稳定的,它或者继续从生成物中生成,或者转变成反应产物[7]。一步化学反应模型忽略了燃烧过程中真实存在的复杂中间产物和完整的化学反应机制,因此它具有数学表达式简单、节约计算资源的优点,经常被用来进行大规模的数值模拟。由生成物到产物,表达式为

$$A \longrightarrow B \qquad (11-32)$$

式中:A 为反应物;B 为生成物。

生成物 B 的生成速率等于反应物 A 的减少速率,反应速率可以写为如下 Arrhenius 形式:

$$\dot{\omega} = -K\rho Y \exp\left(-\frac{E_a}{RT}\right) \qquad (11-33)$$

式中:K 为指前因子;E_a 为活化能;R 为气体常数;T 为温度。单位质量混合物总能量表达式为

$$e_c = \frac{p}{\rho(\gamma-1)} + \frac{1}{2}(u^2+v^2+w^2) + YQ \qquad (11-34)$$

式中:Q 为反应热;Y 为燃料反应度,介于 0~1;u、v、w 为速度分量;p 为压强;ρ 为密度;γ 为比热比。

一步化学反应模型因表达式简单,求解较容易,对数值格式不需要特殊处理,可以模拟爆震的一些简单问题。但是,一步化学反应有明显的缺点,由于计

算过程中比热比和气体常数不发生变化,模拟得到的热力学参数存在较大的误差。目前一步化学反应大多用来对波系和燃烧进行定性研究。

3. 多步化学反应模型

由于燃烧过程是由多个基本化学反应组成的,因此多步化学反应模型对燃烧过程中复杂中间产物和完整的化学反应机制进行简化。它相对于一步化学反应而言最主要的优点是能够模拟燃烧过程中的点火延迟。由于多步化学反应模型考虑了反应前后化学组分的变化,气体的比热比和气体常数都是变化的,因此获得的热力学参数更加准确。在三步化学反应化学动力学中,可以用链激发、链分支和链终止来描述化学反应进程。三步支链化学反应模型[8]可表达为

$$A \longrightarrow B, \quad A+B \longrightarrow 2B, \quad A \longrightarrow C \qquad (11-35)$$

式中:A 为反应物;B 为链自由基;C 为产物,三步支链化学反应模型将化学反应中实际存在的部分链分支反应考虑在内,但相关化学反应参数比较难获得。

4. 基元化学反应模型

基元化学反应模型将整个化学反应过程分解为一系列的基元反应,描述了参与化学反应的原子或分子通过一系列链分支反应生成最终产物的过程。在基元化学反应模型中,每个反应都是有限速率并且可逆的,其使用的动力学和热力学参数都来自实验数据或理论计算。因此基元化学反应模型能准确模拟激波传播过程中涉及的化学反应过程。

包含 N 个组元的基元化学反应过程可以简写为

$$\sum_{K=1}^{N} \psi'_{nk} X_K \longleftrightarrow \sum_{K=1}^{N} \psi''_{nk} X_K \qquad (11-36)$$

式中:X_K 为第 K 个组分的摩尔分数;ψ'_{nk}、ψ''_{nk} 分别为第 n 个基元化学反应中第 K 个组分正、逆反应计量系数。其中组分 K 的生成率/消耗率 $\dot{\omega}_K$ 可以表达为

$$\dot{\omega}_K = W_K \sum_{n=1}^{N} (\psi''_{nK} - \psi'_{nK})(k_{fn} \prod_{K=1}^{I} X_K^{\psi'_{nK}} - k_{bn} \prod_{K=1}^{I} X_K^{\psi''_{nK}})$$

式中:W_K 为第 K 个组分的相对分子质量;k_{fn}、k_{bn} 分别为第 n 个基元化学反应的正、逆反应速率常数。第 n 个正反应常数由 Arrhenius 方程给出:

$$k_{fn} = A_{fn} T^{\beta_{fn}} \exp\left(-\frac{E_{fn}}{RT}\right) \qquad (11-37)$$

式中:A_{fn} 为指前因子;E_{fn} 为活化能;R 为气体常数;T 为温度;β_{fn} 为温度的指数。逆反应速率常数根据反应平衡常数计算。

11.5 二维简化内燃波转子数值仿真算例

单通道二维内燃波转子计算模型,主要是用于模拟内燃波转子的点火以及火焰在波转子通道内传播的过程,计算模型如图 11-1(a)所示,主要包括单个波转子通道以及射流点火器组成,波转子通道绕轴旋转,点火器处于静止状态,需要指出的是波转子通道与点火器之间存在开有端口的密封板,密封板处于静止状态,当波转子通道端口与密封板端口对齐时,热射流可以通过端口进入波转子通道内,其余时间波转子通道由密封板保持密封状态,点火时,波转子通道已经填充好预混气。

图 11-1　单通道二维内燃波转子计算模型示意图

在简化的过程中,如图 11-1(a)所示,沿虚线方向抽取波转子通道的中径面,然后将抽取出来的中径面展开建立二维平面模型,这样就将波转子通道的空间旋转运动简化为二维平面的移动运动。忽略密封板的结构取而代之的是用交界面边界条件来模拟,交界面边界条件能够模拟出这样一种过程,两部分接触时,流体可以自由通过接触面,各自不接触的地方处于封闭状态。这样就很好地模拟出波转子通道、密封板以及射流点火器之间的运动关系。

整个模拟过程忽略了内燃波转子的混气填充过程、预压缩过程以及燃气的排放过程。单独将单个内燃波转子通道提取出来考察混气填充完成时到热射流点火过程结束这一阶段。这个阶段涉及热射流点火过程、各种复杂波系的发展过程和火焰的发展过程。

简化后的计算模型如图 11-1(b)所示。通道 1 和通道 3 主要用于配合热射流发生器产生连续、稳定的热射流,主要燃烧过程发生在通道 2 中。通过赋予边界条件模拟射流点火器。整个计算域的尺寸与 11-1(a)所示的单通道内燃波转子模型尺寸保持一致。

11.5.1　波与火焰相互作用过程

单通道二维内燃波转子计算模型主要考察内燃波转子的点火及火焰传播过

程,采用预混气的形式,也就是不考虑内燃波转子的混气填充过程。同时,本章中也忽略了高温燃气的一个排放过程,如图 11-2 所示。将三维的通道旋转运动简化为二维的平移移动,整个计算域总长度为 227mm,射流点火器与通道水平同时相对通道有一个垂直方向的移动,移动速度为 85.032m/s。通道 1、通道 3 主要用于配合射流发生器产生连续、稳定的热射流,主要燃烧过程发生在通道 2 中。通道 2 中充满常温常压下的预混气,C_2H_4、O_2、N_2 的质量分数分别为 0.169、0.579、0.252。射流发生器采用压力入口边界条件,压力为 151987.5Pa,温度为 2000K,组分为燃烧产物。整个计算域采用 Gambit 软件划分网格,网格尺寸为 0.4mm。

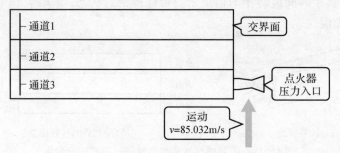

图 11-2 单通道二维内燃波转子计算模型

关于热射流燃烧产物的确定采用 Chemkin 软件的绝热燃烧相平衡模型。本章采用乙烯在起始温度为 298K,起始压力为 0.1MPa,化学恰当比条件下的燃烧相平衡状态为燃烧产物组分。计算所得各组分浓度如表 11-1 所列。

表 11-1 乙烯绝热燃烧相平衡组分及质量分数

组分	质量分数	组分	质量分数
H_2	0.00334	O	0.0701
H	0.00343	OH	0.0629
CO_2	0.197	H_2O	0.069
CO	0.197	O_2	0.127

如图 11-3 所示,给出了内燃波转子通道内从 $t=3.144$ms 热射流进入波转子通道时刻到 $t=3.912$ms 形成稳定爆震波时刻整个过程中波与火焰相互作用过程。可以发现,波与火焰相互作用过程主要分三个阶段:第一个阶段,在 t 为 $3.144 \sim 3.498$ms 时间内波与火焰始终由一种波引领着火焰传播,同时波与火焰

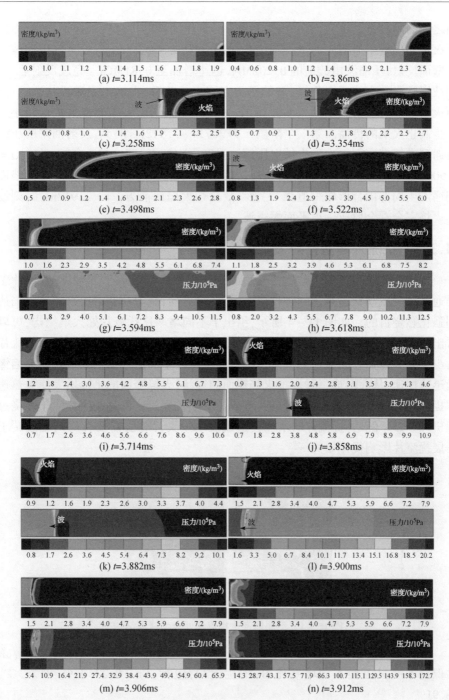

图 11-3 波转子通道内波与火焰的相互作用过程

面之间的距离不断拉大。在 $t=3.498\mathrm{ms}$ 时刻压缩波的传播接近通道末端,而此时火焰面仍处于通道中间处。第二个阶段,t 为 $3.522\sim3.618\mathrm{ms}$ 时刻压缩波完成壁面反射,压缩波由此前的 $0.202\mathrm{MPa}$ 迅速增加至 $0.81\mathrm{MPa}$。完成反射后,压缩波以膨胀的方式反向传播,波的压力在减小。此后,火焰出现滞止状态,一方面火焰受前方反射回来的压缩波作用,另一方面火焰前方未燃混气浓度较小进一步制止火焰的传播。第三个阶段,t 为 $3.714\sim3.912\mathrm{ms}$ 时刻,反射回来的压缩波遇到进气端壁面再次发生反射压缩波强度再次恢复至 $1.013\times10^6\mathrm{Pa}$ 左右,$t=3.900\mathrm{ms}$ 时刻火焰锋面出现局部热点的情况,$t=3.906\mathrm{ms}$ 时刻压缩波与火焰面相遇发生局部耦合形成一道强"弓形"激波在火焰面前方。$t=3.912\mathrm{ms}$ 时刻波与火焰完全耦合形成一道平面爆震波。

11.5.2 扰流片堵塞比对波与火焰的影响

扰流片的应用范围十分广泛,流动、燃烧以及换热方向十分常见,扰流片主要通过改变流动状态来达到各种要求,在燃烧方向,扰流片通常用来加速火焰达到强化燃烧目的。如图 11-4 所示,给出了不同堵塞比扰流片处火焰结构,可以看出,在没有扰流片时火焰锋面呈平面状,火焰传播速度相对平稳,加入扰流片后由于火焰传播方向流通面积的急剧减小使得处于扰流片结构喉道处的火焰锋面迅速加速,从而形成一种撕扯火焰锋面的现状,火焰锋面的迅速增大使放热速率提升,进一步加速了火焰的传播,形成正反馈机理。这就是扰流片强化燃烧过程机理[8-9]。但是,扰流片的增加会造成流动损失,因此,需要针对内燃波转子开展扰流片影响规律研究。

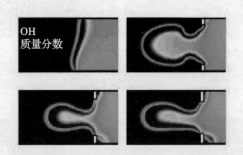

图 11-4 不同堵塞比扰流片处火焰锋面结构

本节主要考察扰流片堵塞比对单通道二维内燃波转子的影响,因此计算条件保持不变只更换不同堵塞比 Br 的扰流片,包括:Br = 0/23.35%,31.13%,38.91%。

Br = 23.35%,31.13%,38.91% 的扰流片波与火焰传播规律类似,图 11-5

所示为 Br = 23.35% 时波转子通道内波与火焰相互作用过程。图 11 - 5 中以 OH 质量分布云图来表示火焰的分布,从图中可以看出,$t = 3.12\mathrm{ms}$ 时射流点火器与波转子通道接触,此时,射流点火器流体区域与波转子通道流体区域连通,流体可自由通过,高温热射流进入波转子通道,可以看出通道入口区立即产生 OH 离子,但是不能确定这些 OH 离子是由高温热射流点燃波转子通道内的预混气产生的还是由高温热射流携带的 OH 离子产生的,尽管如此,由 11.6.3 节中射流组分简化部分可知,此刻高温热射流确实点燃了通道内的预混气。热射流携带的动量在进入波转子通道时同时会形成射流冲击波,从图 11 - 5 中可以看出,射流冲击波影响的区域面积大于射流能量影响的区域,也就是此刻冲击波是位于火焰面前方,暂且取 OH 质量分数前缘为火焰前锋面。历经 0.076ms,火焰面发展成 $t = 3.198\mathrm{ms}$ 时刻所示的形状,可以确定这段时间火焰锋面以球面向周围传播,但是仍可以看出轴向传播的距离大于径向,分析射流点火器的运动状态可知,热射流轴向动量大于径向动量,因此,轴向火焰传播距离大于径向火焰传播距离,射流冲击波由于撞击通道的上壁面在壁面处出现局部滞止,提高了该处的压力,此刻压力波进一步领先火焰锋面。$t = 3.234\mathrm{ms}$ 时刻,火焰呈现矩形分布轴向距离远大于径向传播距离。有两个原因:一是径向上火焰接近壁面火焰前方产生的压缩波遇到壁面会反射,反作用于火焰锋面使得火焰传播受阻;二是轴向射流遇到前方障碍物,射流方向发生偏折,火焰传播发生轴向滞止,使得火焰锋面平直,此时,压缩波已越过障碍物,在障碍物后方产生局部滞止提高了该处的压力,同时,压缩波与火焰锋面的距离进一步增大。$t = 3.264\mathrm{ms}$ 时刻火焰开始越过第一个障碍物,热射流动量带来的冲击作用在减弱的同时,由于火焰处于火焰加速初始阶段火焰锋面出现流动疲惫状态,火焰越过障碍物后出现"滴落"状,但很明显可以看出火焰越过障碍物时火焰锋面出现撕裂状,这是由于障碍物的存在使得流通面积减小处于喉道处流体出现加速状,这也是障碍物加速流体的机制。同时,径向火焰接近壁面使火焰与壁面之间间隙的压力得到提高,$t = 3.234\mathrm{ms}$ 压力波越过障碍物后会与上、下壁面发生碰撞产生上、下两个高压区。$t = 3.330\mathrm{ms}$ 时刻火焰经由障碍物的加速作用后火焰得到充分释放,火焰锋面面积急剧增大热释放率急剧增加,反过来又加速火焰传播,形成一种正反馈机制。此时,压力波与火焰锋面的位置首次出现减小的趋势,压力波经过叠加由 $t = 3.198\mathrm{ms}$ 时刻的 101325Pa 逐渐增加到 202650Pa 左右。$t = 3.360\mathrm{ms}$ 时刻压力波先遇到障碍物,火焰还处于障碍物后方,经由障碍物的加速作用压力波与火焰锋面的距离再次增大,同时障碍物前后方均出现局部高压区,后方是滞止作用产生的,前方是碰撞与反射作用产生的。$t = 3.390\mathrm{ms}$ 时刻火焰经由障碍物的快速加速作用后火焰锋面与压力波的距离又一次减小,

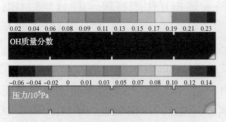

(a) $t=3.126$ms

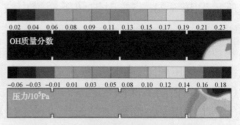

(b) $t=3.198$ms

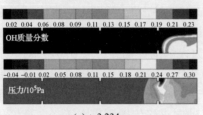

(c) $t=3.234$ms

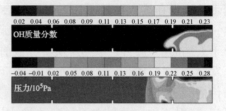

(d) $t=3.264$ms

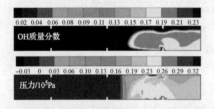

(e) $t=3.330$ms

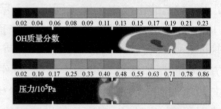

(f) $t=3.360$ms

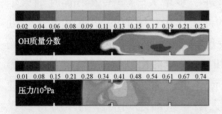

(g) $t=3.390$ms

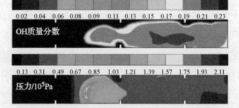

(h) $t=3.414$ms

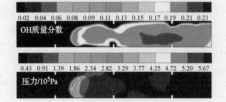

(i) $t=3.420$ms

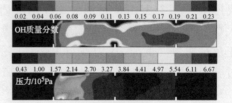

(j) $t=3.426$ms

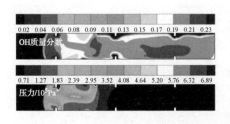
(k) $t=3.432$ms

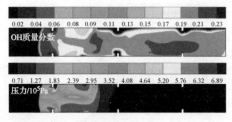
(l) $t=3.438$ms

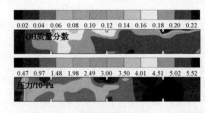
(m) $t=3.456$ms

图 11-5　Br=23.35%时波转子通道内波与火焰相互作用过程

此时压力波为 405300Pa 左右。$t=3.414$ms 时刻火焰锋面处出现局部高温高压区域,通常称为高温热点,也就是产生爆震燃烧的前夕。$t=3.420$ms 时刻火焰锋面处已出现一道"弓形"激波,激波压力可达到 4MPa 左右,同时激波与火焰锋面出现部分耦合现象,相关文献称之为未充分发展的爆震波。$t=3.426$ms 时刻部分耦合的爆震波迅速充满整个通道,同时在爆震波与上下壁面接触处形成两个局部高压区,可以认为这是爆震波在发展的过程中与壁面发生碰撞产生的。此时,爆震波的"弓形"率有所减小。$t=3.432$ms 时刻爆震波的"弓形"率进一步减小,在 $t=3.438$ms 时刻爆震波由"弓形"变成平面,这个过程中爆震波完成了由未充分发展到充分发展,波与火焰实现了完全耦合。$t=3.456$ms 时刻爆震波与前方的壁面发生碰撞,迅速产生一个高压区,爆震波的压力约为 2MPa 而反射产生的高压区压力 4MPa,极大地提高了波转子通道内的压力。从整个模型可以看出点火及火焰的传播过程采用爆震燃烧模式,但与传统的爆震管不同的是,传统爆震管一端封闭另一端处于敞开状态,而波转子通道在完成点火过程后波转子通道两端均处于封闭状态,部分学者称这种燃烧室为定容燃烧室,爆震发动机利用的是爆震波的反推力,而波转子主要利用爆震燃烧形成了高温、高压燃气。很明显内燃波转子可以很好地作为增压燃烧装置。

图 11-6 统计了四种不同堵塞比扰流片工况下波与火焰传播速度的变化规律。分别为火焰和波的速度随时间的变化、波与火焰的速度随位置的变化以及波与火焰的位置随时间的变化。可以看出 Br=0 工况下,同一时刻波的传播速

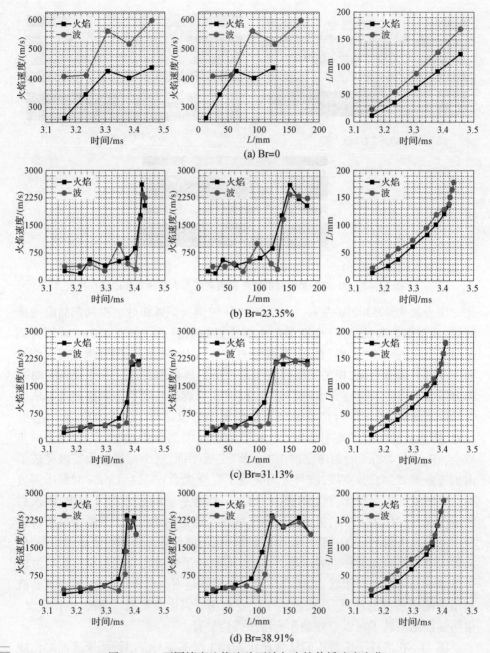

图 11-6　不同堵塞比扰流片下波与火焰传播速度变化

度始终大于火焰的传播速度,火焰传播速度出现先加速后减速再加速的三个阶段,结合图 11-3 分析认为主要是初始时火焰传播速度受射流冲击作用大,火焰出现初始阶段快速加速过程,之后射流作用减弱火焰传播速度出现短暂的减小,之后火焰出现自身加速过程。与此同时,火焰前方的压缩波表现出与火焰同样规律的先加速后减速再加速的过程。从波与火焰的位置和时间的关系图中可以看出随着时间的变化波与火焰之间的距离增大。整个过程火焰最大传播速度可达到 420m/s,可以认为波转子通道内的燃烧处于快速燃烧模式。Br = 23.35%,31.13%,38.91% 工况下火焰与波的传播特性类似,均完成了火焰追赶波并实现了完全耦合的过程。可以看出 Br = 23.35% 工况下统计出的最大波与火焰传播速度较 Br = 31.13%,38.91% 工况大,分析原因主要是 Br = 23.35% 工况下波与火焰的耦合位置发生在扰流片 2 处提高了火焰的传播速度。

Br = 31.13%,38.91% 工况下波与火焰的耦合均发生在扰流片 2 的前方,此时的火焰传播速度与理论 V_{cj} 接近。同时由于 Br = 38.91% 工况下波与火焰耦合较早能够明显地看出爆震波速度的衰减过程然后形成稳定的爆震波速度。可以得出结论:一是扰流的存在能够在较短的时间和距离内实现波与火焰的耦合,由于内燃波转子通道两端均处于封闭状态,即使没有扰流片的存在,波与火焰也会在波来回传播中与火焰面发生耦合,但此时耦合的位置一定处于波转子通道末端处。二是随着扰流片堵塞比的增加波与火焰耦合的位置一直在提前。

11.5.3 氧化剂中 N_2 稀释度对波与火焰的影响

内燃波转子燃料采用乙烯和空气,化学物反应式为 $C_2H_4 + 3(O_2 + \beta N_2)$,其中 β 为氧化剂中 N_2 的体积分数与 O_2 之比,通常情况认为空气的 $\beta = 3.76$。相关文献表明:氮气的稀释度比当量比对爆震燃烧的 DDT 过程影响还要大,爆震波能否在有限的距离内成功触发与氮气的稀释度有很大关系。赵炜在《射流孔径对爆震敏感性的影响》一文中描述了这样一个结论:无论射流孔径如何变化,氮气含量高于 68% 都不能成功起爆,氮气含量低于 65% 都可以成功起爆[10]。针对内燃波转子通道距离过短的问题,尤其有必要进行不同氮气稀释度对内燃波转子点火及火焰传播特性的影响研究。

本节主要考察氧化剂中 N_2 稀释度对单通道二维内燃波转子的影响,因此计算条件保持不变只改变不同氮气稀释度,包括 0.5、0.8、1.0、1.5、2.0。

图 11-7 给出了不同氮气稀释度下波转子通道内波与火焰传播特性的影响,最直观的影响是工况在 $t = 3.438$ms 时刻波与火焰实现了完全耦合,而在

0.8、1.0、1.5、2.0工况下直到 $t=3.522\text{ms}$ 时刻火焰锋面仍没有追赶上前方的压力波。同时,从火焰的传播上看,随着氮气稀释度的增加,燃烧后释放的 OH 离子浓度在减小,这在一定程度上表明燃烧强度在减小。从传播距离上看,随着氮气稀释度的增加火焰传播的距离也在减小。燃烧波最大在火焰锋面处,同时随着氮气稀释度的增加火焰锋面处的燃烧波在减小。因此,从爆震波触发的条件上看,正是因为火焰与压力波处产生的强燃烧波促使爆震波产生,当产生的燃烧波足够大时,会形成一道强激波,然后强激波压缩火焰面前方的未燃混气提高了未燃混气的温度和压力,进一步提高火焰的传播速度,使火焰很快追上前方的强激波,形成强激波携带燃烧化学反应区,也就是说形成了爆震波。

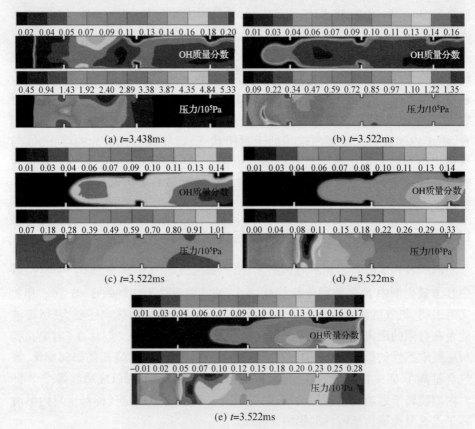

图 11-7　不同氮气稀释度下波转子通道内波与火焰传播特性

图 11-8 给出了不同氮气稀释度下内燃波转子波与火焰的传播速度,图中 $\beta=0.5$ 的曲线对应的火焰和波的速度对应右侧坐标轴,主要原因是波转子完成了波与火焰的耦合使火焰和波的传播速度急速上升,为了方便显示。从图中可

以看出火焰与波的传播速度规律不是很明显,主要原因是其波与火焰的传播速度受多方面的影响,多种因素互相作用。

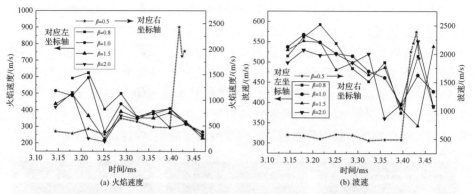

图 11-8 不同氮气稀释度下内燃波转子波与火焰的传播速度

11.5.4 热射流组分对波与火焰的影响

内燃波转子实际系统中一个很重要的部件是射流点火器,用于产生高温连续、稳定的热射流,目的是用于内燃波转子的高能量、持续点火。如图 11-9 所示,热射流为燃烧腔内的高温燃气,之前学者通常采用预燃室燃烧产生热射流或者直接采用惰性气体热射流,用于计算模拟,如 Baronia 等[11]通过预燃室燃烧产生高温燃气射流,点燃波转子通道,模拟热射流发生器点燃波转子通道过程。这两者存在一个区别,预燃室产生的高温燃气射流是随时间变化的,而热射流发生器产生的射流是稳定的、持续的。

图 11-9 热射流发生器工作过程实拍

本节主要考察热射流组分的简化对单通道内按波转子简化的影响,因此计算条件保持不变只更换不同组分射流,包括燃烧产物、N_2、Ar。

关于燃烧产物的确定采用 Chemkin 软件的绝热燃烧相平衡模型。本章采用乙烯在起始温度为298K,起始压力为0.1MPa,化学恰当比条件下的燃烧相平衡状态为燃烧产物组分。计算所得各组分质量分数如表11-1所列。

图11-10以温度云图来表示不同热射流组分下的火焰传播过程,给出了热射流进入波转子通道2($t=0.132$ms)到火焰在波转子通道内加速传播至$t=0.552$ms时刻的火焰传播过程。从图中可以看出,不同组分的热射流对于内燃波转子的燃烧过程模拟影响十分大,采用燃烧产物热射流,波转子通道在$t=0.552$ms时刻前实现了爆震燃烧,而采用氮气热射流和氩气热射流没有实现爆震燃烧,同时相同的时间内采用氮气热射流火焰传播的距离远大于氩气射流。究其原因可以发现不同组分热射流对内燃波转子的点火过程影响很大。

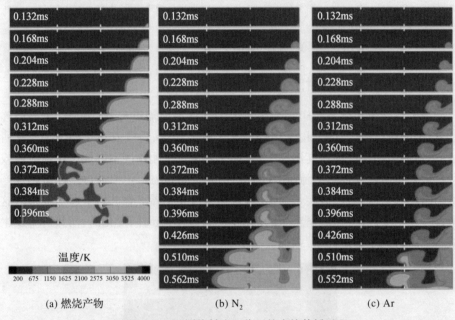

图11-10　不同热射流组分下的火焰传播过程

通过燃烧产物的生成来定义燃料的着火过程,由于燃烧产物热射流中含有OH基,为了不影响对着火过程的判断,本章采用HO_2基作为燃烧生成基。图11-11给出三种不同热射流组分下的内燃波转子的着火过程,从图中可以看出,采用燃烧产物热射流在射流进入波转子通道后直接点燃通道内的预混气,而采用氮气热射流和氩气热射流明显存在一个燃料的着火延迟时间,根据着火延迟时间的定义,采用氮气热射流的着火延迟时间约为1.38×10^{-4}s,氩气射流的着火延迟时间约为2.46×10^{-4}s。正是因为点火延迟时间的不同,采用燃烧产物热射流初始火焰面才以圆弧形向四周传播,氮气和氩气热射流则以射流形成的

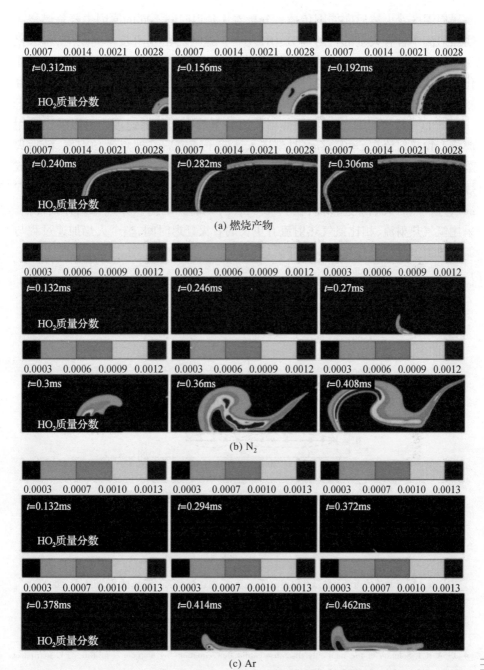

图 11-11 不同热射流组分下的内燃波转子的着火过程

漩涡周围区着火然后向周围传播。分析着火延迟时间不同的原因主要是燃烧产物热射流中含有大量的自由基 H、OH、O……这些自由基直接参与反应,省去化学反应链初始反应。而氮气和氩气热射流均为惰性气体物质不参与反应,因此化学反应链初始阶段需要经过一定的活化能积累阶段。氩气相对于氮气比热容较小,释放能量的速率要慢因此其着火延迟时间要长。

图 11-12 给出了三种不同热射流组分下的火焰传播速度。可以看出采用燃烧产物热射流在 $t=0.13$ ms 时刻进入波转子通道后立即点燃预混气,随后火焰传播速度不断增加在 $t=0.375$ ms 时刻火焰传播速度达到 v_{cj} 理论速度值,形成爆震燃烧,整个过程持续时间较短。采用氮气热射流,有个约 2.45×10^{-4} s 时间滞后过程然后火焰加速传播,在 $t=0.7$ ms 时刻前火焰仍以爆燃燃烧方式传播。采用氩气热射流,相比氮气热射流有更长的着火延迟时间,整个火焰加速过程与氮气热射流相似只是存在一个滞后过程。

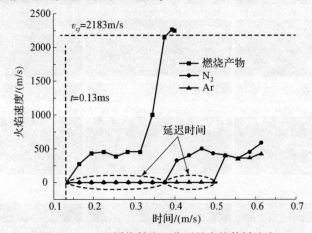

图 11-12 不同热射流组分下的火焰传播速度

参考文献

[1] 安德森 J D. 计算流体力学基础及其应用[M]. 吴颂平,刘赵淼,译. 北京:机械工业出版社,2007.
[2] 王福军. 计算流体动力学分析:CFD 软件原理与应用[M]. 北京:清华大学出版社,2004.
[3] MENTER F R. Two-Equation Eddy-Viscosity Turbulence Models for Engineering Applications[J]. AIAA Journal,1994,32(8):1598-1605.
[4] ISSA R I. Solution of the implicitly discretised fluid flow equations by operator-splitting[J]. Journal of Computational Physics,1986,62(1):40-65.
[5] 张云泉. 2015 年中国高性能计算机发展现状分析与展望[J]. 科研信息化技术与应用,2015,6(6):83-92.

[6] 张俊霞, 冯青. 耦合详细反应机理的 EDC 燃烧模型[C]. 第三届工程计算流体力学会议, 哈尔滨, 2006.
[7] RUDI VAN ELDIK K A. Connors: Chemical Kinetics: The Study of Reaction Rates in Solution[M]. New York: VCH Publishers, Inc., 1990.
[8] SHORT M, QUIRK J J. On the nonlinear stability and detonability limit of a detonation wave for a modle three-step chain-branching reaction[J]. Journal of Fluid Mechanics, 1997, 33(25): 89-119.
[9] WITT B D, NICOLAI H, WARNER N P. The embedding of gauged N=8 supergravity into d=11 supergravity[J]. Nuclear Physics B, 1985, 255: 29-62.
[10] 赵炜. 热射流起爆及其在脉冲爆震发动机上应用的技术研究[D]. 南京: 南京航空航天大学, 2015.
[11] BARONIA D, NALIM M R, AKBARI P. Numerical Study of Wave Rotor Ignition and Flame Propagation in a Single-Channel Rig[R]. Cincinati, 2007.

第12章 波转子关键技术挑战及展望

自 21 世纪以来,波转子发动机研究取得了不少进展,这使得人们对波转子关键技术研究产生了浓厚兴趣,并开始着眼将波转子应用于更多的技术领域,例如,超紧凑径向波转子等。本章对波转子前沿技术进行了总结和展望,有利于读者对波转子前沿热点研究有更深入的认识。

12.1 高效密封技术

对于先进的战斗机来说,在发动机转速和涡轮转子进口温度保持不变的情况下,高压涡轮封严使泄漏量减少 1%,则推力增加 0.8%,耗油率降低 0.5%。由此可见气路封严对提高发动机的性能十分重要。与传统航空发动机的二维轴对称泄漏流相比,波转子在圆周方向也存在较大的压力梯度,泄漏具有独特的三维流动特征,泄漏情况更为复杂。

波转子的流动损失主要包括转子与静子之间泄漏损失、工质掺混损失、沿程黏性损失和激波损失等。通常,泄漏损失在总损失中的占比最大,占比近 30% 甚至更高[1]。为了有效降低泄漏损失,一方面,间隙宽度越小越好,需要准确评估热膨胀量,以预留最小的转子、静子间隙,或采用移动端盖等特殊结构,使各个运行状态下轴向间隙尺寸保持不变;另一方面,需要采取必要的封严措施,如篦齿密封和刷式密封等。因此在波转子设计过程中,密封技术是至关重要的。下面介绍国内外波转子已有的密封方案。

1. 接触式密封

接触式密封在波转子中应用范围比较广泛,一般在波转子通道和静止盘之间安装一层移动端盖,通过移动端盖与转子的相对距离来调节泄漏间隙。图 12-1 展示了美国航空航天局(NASA)早期设计的一种波转子密封方案[2],

移动端盖通过推力轴承轴向限位,推力轴承和转子之间布置石墨环,并通过石墨环厚度调整移动端盖的前后位置。

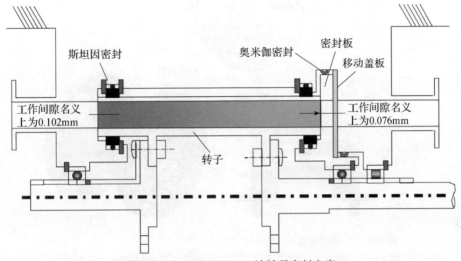

图 12-1　NASA SE-17 波转子密封方案

图 12-2 给出了南京航空航天大学八通道内燃波转子移动端盖密封结构[3],其中在转子部件的进、出口分别布置前密封盘和后密封盘,两个密封盘与转子部件同心,前密封盘、后密封盘上气流通道部分开口。密封盘分为固定端盖和移动端盖两个部分,固定端盖通过螺栓固定在密封盘座上,移动端盖通过 6 个由内外套筒结构组成的密封间隙调节装置,确定了固定端盖和移动端盖之间的周向位置,移动端盖则在密封间隙调节装置中弹簧的作用下仍可以沿轴向移动,确保其一侧平面与波转子端面密切接触,从而实现接触密封的效果。

除了使用弹簧提供预紧力外,还可以通过前后气流压差和液体压差来调节移动端盖轴向位置,实现对泄漏间隙的细微调控,NASA 在早期研究中,还提出使用磁力驱动的移动端盖密封。这些密封方案都是围绕如何精确控制移动端盖来提出的。当然,接触密封通过直接接触来防止泄漏,又不能损伤转动部件,只能选择一种较软的且自带润滑功能的材料。石墨环的密封效果好,寿命长,泄漏量小,甚至完全不泄漏,尤其是在高温、高压、高转速条件下仍能保证可靠的密封性能,因此常被用来作为封严材料。

2. 非接触式密封

非接触式密封即密封端面与转动端面不直接接触,主要包括篦齿封严和蜂窝密封等结构。

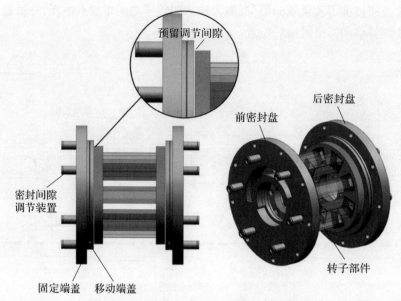

图 12-2 南京航空航天大学八通道内燃波转子密封盘结构示意图

1) 篦齿封严

篦齿封严结构是现今应用最广泛的非接触型封严结构,对航空发动机的稳定工作和安全起重要作用。篦齿封严结构主要应用在工作叶片的叶尖、静子级间、燃气隔离、内部冷却空气系统以及主轴承部位滑油密封系统等领域。

篦齿有许多不同的分类方法,如衬套类型、齿形、倾斜角度、流通类型和排列方式等,如图 12-3 所示。从封严衬套方面考虑,可以将篦齿分为平滑衬套篦齿、凹槽衬套篦齿、凸台衬套篦齿和蜂窝衬套篦齿等。若从齿形上考虑,篦齿可以分为梯形篦齿、矩形篦齿和三角形篦齿等。从篦齿倾斜角度方面考虑,篦齿可以分为直通型篦齿、前倾型篦齿和后倾型篦齿。若从流通类型方面考虑,则可将篦齿分为直通型篦齿、上台阶型篦齿和下台阶型篦齿等。从篦齿的排列方式方面考虑,可以将篦齿分为直通型篦齿、错齿型篦齿和对齿型篦齿。

按照流通类型的分类方法,航空发动机中使用较多的为直通型篦齿结构。在一些特殊的位置和环境下,也会用到台阶型(上台阶型或者下台阶型)篦齿结构。流体在不同的篦齿结构中,流动状态是不同的,能量的耗散情况也是不同的,也就是说,不同的篦齿结构拥有不同的密封性能。这就要求我们对不同篦齿密封结构的封严特性有所研究,并了解它们的结构特点。

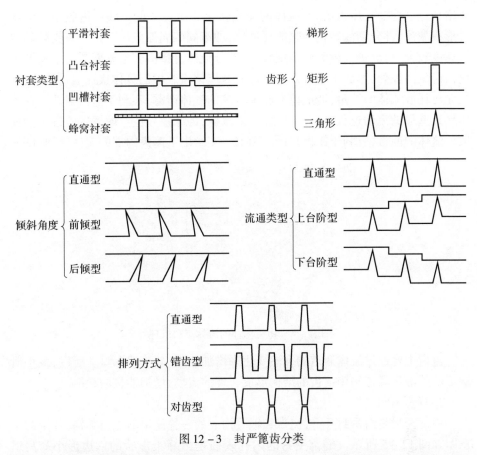

图 12-3 封严篦齿分类

直通型篦齿的结构比较简单,加工相对容易,但是密封性较差,仅适用于低速和低压差的工况条件。带有前倾角的直通型篦齿结构的密封性由于无倾角的篦齿结构,可用于低、中压差的流路密封。台阶型篦齿结构较为复杂,不易加工,密封性能要优于前两者,适用于低、中压差的工况。对于错齿型篦齿结构,热力学过程较为完善,接近理想状态,结构简单,密封性能较好,多用于轴向尺寸小、径向空间大的高压密封,如高压压气机出口等。

篦齿封严结构主要安装在有压差的动静转子间隙之间,利用篦齿尖与封严环面之间的间隙节流和齿腔中涡流来增加通道的流阻[4],从而加速流体的能量耗散,减少流经篦齿的流体的流量。篦齿封严中涉及摩擦效应、齿尖节流效应、齿腔涡流效应和透气效应。在气体流经篦齿齿尖间隙时,通道横截面积迅速减小,流体速度则增加,压力减小,压力势能转化为动能,此为齿尖的节流效应。流体经过齿尖后以一定的角度射流流入齿腔。在这个过程中,由于通道的面积急速增加,速度减小,压力增大,流体的动能转化为压力势能。随后齿腔中的流体会形成湍流,部分动能转化为热能耗散掉,即齿间的涡流效应。由于齿尖处的流体速度较大,射流进入齿腔的角度较小,部分流体直接沿着上壁面流入下一节的篦齿齿尖间隙处,形成了透气效应。透气效应使齿腔中的气体快速通过篦齿,不能充分耗散流体的能量,造成篦齿腔中较多的气体泄漏,不利于篦齿封严。在流体接近壁面的流动过程中,会与壁面产生摩擦,即摩擦效应。摩擦效应进一步耗散了流体的能量,有利于篦齿封严。图 12-4 给出了篦齿内部的流体流动机理。

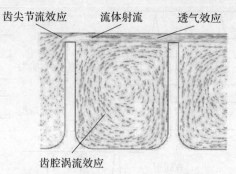

图 12-4 篦齿内部的流体流动机理

篦齿主要通过流体通道的突然变化来增加流阻,减小泄漏量。所以,减小泄漏量的关键步骤是利用篦齿的结构形成合理的流场,增加能量的耗散。

2) 蜂窝密封

蜂窝密封是由密封环、蜂窝带和轴等构成的一种简单的密封结构,其结构示意图如图 12-5 所示。蜂窝密封的内孔表面是由蜂巢形状的六边形小蜂窝组成,密封环一般为圆环形,材质为含铬(Cr)的合金钢,其外圆与密封体相连,内圆则与蜂窝带通过钎焊连接在一起。蜂窝带是由一片片冲压成型的箔片组成,各箔片是靠激光点焊机焊接在一起,蜂窝带箔片由镍基高温合金制成。

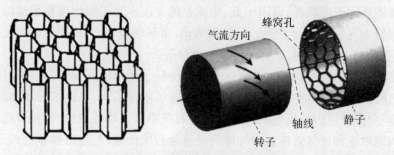

图 12-5 蜂窝密封结构示意图

蜂窝密封是针对高温、高压恶劣工况提出的一种先进密封技术，不仅具有优良的结构特性和密封特性，其可磨耗性使该密封结构还具有良好的动态特性，增加了转子运行的可靠性。作为新型密封技术，蜂窝密封在航空发动机压气机和涡轮转子气路封严中已有工程实际应用，对提高航空发动机的效率和推重比有积极作用，如在 F16、苏 27、歼 10 等先进战机及一些现代民用航空发动机中的转子密封和端区泄漏流动控制中都有应用。

蜂窝密封的密封原理与迷宫密封的工作原理有着本质的区别，迷宫密封是通过多次的节流和膨胀的工作原理起封严作用的，在迷宫密封中，流体的环向流动是转子自激振动的主要原因，而蜂窝密封的六边形网状结构起摩阻封严的作用，蜂窝带可以有效阻止工质的环向流动，可以降低轴系自激振动。轴的高速旋转带动转轴表面的流体切向流动，而密封两侧的压差使流体沿轴向流动，切向流动和轴向流动的综合作用使蜂窝孔表面形成了强烈的气旋，在整个蜂窝带表面会形成无数个气旋小气泡，从宏观上看，宛如在蜂窝带表面形成一层具有很强张力及弹性的气膜，形成了很大的阻力，阻碍了后面流体向前流动，产生了良好的封严效果[5]。

12.2 液态燃料快速混气形成技术

现代涡轮喷气发动机大多以航空煤油为燃料，以航空煤油为燃料具有以下优点：密度适宜，热值高，燃烧性能好，能迅速、稳定、连续、完全地燃烧，且燃烧区域小，积炭量较少，不易结焦；低温流动性好，能满足寒冷低温地区和高空飞行对油品流动性的要求；热安定性和抗氧化安定性好，可以满足超声速高空飞行的需要；洁净度高，无机械杂质及水分等有害物质，硫含量尤其是硫醇性硫含量低，对机件腐蚀小。

将内燃波转子应用于航空发动机，采用液态燃料是必然选择。然而，与气态燃料相比，燃油从小孔喷注到混气形成段后，需要发生复杂的液滴破碎和雾化过程才能形成有效混气。射流雾化过程可分为两个阶段：首先，液态燃料从小孔中喷出，形成圆柱形液膜射流，由于液体工质和气体之间的剪切力相互作用，液膜表面受到扰动，液膜破碎成不同大小的液滴；其次，在二次雾化阶段，大液滴在外力作用下又逐渐破碎细化成更小的液滴。

图 12-6 设计了三种内燃波转子进气段雾化方案，其中 L1 方案采用支管顺喷方案，L2 方案和 L3 方案采用气动雾化方案，相较于 L1 方案，后两种方案取消了多个支管供油，采用了两侧供油的方案，通过两侧供油将油环充满燃料，最后

通过油环壁面的小孔将燃油注入混气形成段,并与来流高温空气掺混雾化蒸发。L3 方案较 L2 方案增加了内部的溅油环装置,燃油注入油环后与来流进行一次雾化,之后从油环上的小孔喷出并进行二次雾化,三种方案的喷孔总面积相同。

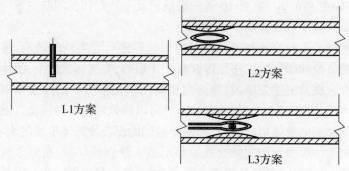

图 12-6　三种内燃波转子进气段雾化方案

采用离散相模型(DPM)进行了模拟,设置喷嘴为平口雾化喷嘴,图 12-7 所示为三种方案对应的液滴停留时间和粒子直径分布,可见对于液滴停留时间和粒子直径分布,结果均为 L2 方案 > L3 方案 > L1 方案,这是由于支管喷注方案孔径较大,液滴的破碎雾化过程较预混预蒸发方案有所推后,而后两种方案由于均会在进气端口产生或多或少的燃料回流,显然增加了粒子停留的时间。

图 12-8 给出了三种喷注方案对应的进气端口出口截面处索特尔平均直径(SMD)及液滴不均匀度分布,可见 L1 方案对应 SMD 最大,这也是由于支管方案孔径较大,达到相同的雾化效果需要的时间更长,支管方案雾化不均匀度也最高,这是由于燃料和空气掺混效果没有预混预蒸发方案好。L2 方案对应 SMD 最小,其雾化均匀性也是三者中最好的。

图 12-9 给出了不同喷注方案对应的燃料分布云图,可以看出,L2 方案对应的燃料作用范围最大,由于在进气端口内的回流扩散,燃料几乎占据了整个出口截面,L1 方案雾化效果最差,导致出口截面燃料较少且集中于截面中间半径处。L3 方案对应的出口燃料分布最佳,对两边隔离段扫气过程影响最小。

同样,将混气形成段与内燃波转子整体模型进行耦合,首先基于 DPM 模型,形成了通道内的混气分布,接着基于总包反应,模拟了不同方案下的火焰传播过程。给出了同一时刻不同方案的燃油颗粒直径分布,如图 12-10 所示,可见从喷油口喷出的煤油在初始阶段会形成比较均匀的油膜,随后在高速气流的作用

第 12 章 波转子关键技术挑战及展望

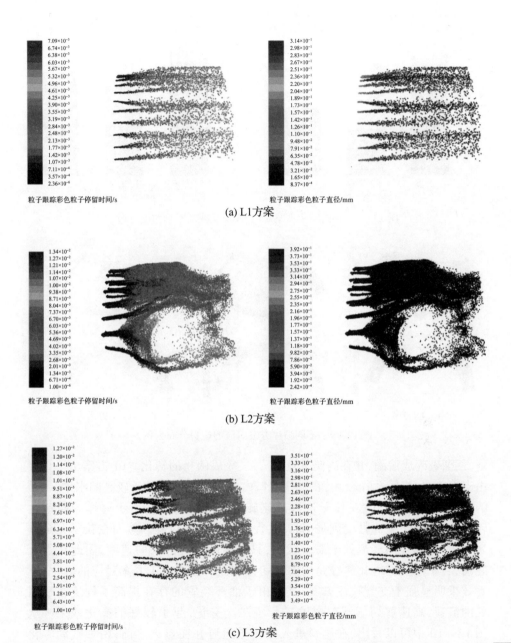

(a) L1方案

(b) L2方案

(c) L3方案

图 12-7 液态燃料液滴停留时间和粒子直径分布（附彩插）

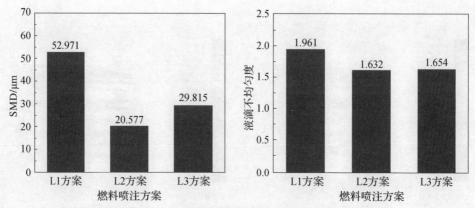

图12-8 不同喷注方案对应SMD及液滴不均匀度分布

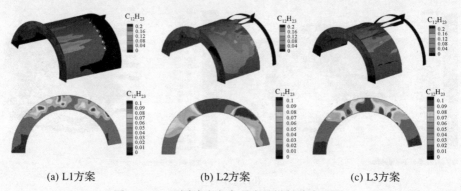

图12-9 不同喷注方案对应的燃料分布云图

下,逐渐破碎成液滴,并在高温下发生蒸发,完成两相的转化。L1方案由于直接由支管喷注,支管孔径较大,在进气端口内粒子直径一直处于较高的水平,主要的雾化破碎过程发生在粒子进入高速旋转的通道之后。由于通道的高速运转,粒子在通道壁面处受到强剪切力,促进了其破碎过程。然而在粒子完全进入通道后,通道内气流处于滞止状态,只有跟随旋转的周向速度,因此在点火之前,粒子主要的雾化途径是周向剪切力作用。L2和L3方案对应的雾化、蒸发效果明显强于支管喷注方案,这是由于油环装置的存在提高了气流在喉道处的流速,高速剪切气流对燃油进行了二次雾化,起了较好的雾化效果。从图12-10中可以看出,在燃料进入波转子通道并在点火之前,两种气动雾化方案均能够实现有效的蒸发,燃油颗粒明显减少,其中L2方案雾化效果略优于L3方案。

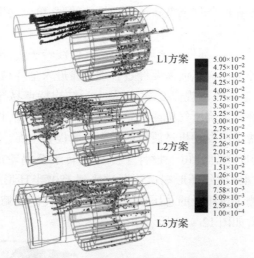

图 12-10 同一时刻不同方案的燃油颗粒直径分布

最后在上述三种液态燃料喷注方案上,进行燃烧验证。支管喷注方案由于雾化效果较差,并不能成功实现射流点火。L2、L3 方案对应的温度云图如图 12-11 所示,可见两者液态燃料喷注方案均可成功点火,其中通道内火焰传播以不同截面的温度场进行展示,L2 方案雾化效果均匀更好,因此在整个通道内都可以实现稳定的火焰传播。总的来说,气动雾化方案均可实现快速雾化,有助于短距离点火,可以实现有效的混气形成质量,火焰传播速度在 80m/s 左右,可用于内燃波转子液态燃料混气形成装置。

(a) L2方案   (b) L3方案

图 12-11 内燃波转子液态燃料点火验证(附彩插)

12.3 低损失过渡段匹配技术

将波转子嵌入基准发动机以后,基准发动机的主要部件需要适当改变,以满足发动机的匹配要求。理论上,采用波转子增压循环后,基准发动机的三大部件中只能保持一个部件不变,目前,国外研究较多的是保持基准发动机的压气机和涡轮不变,并验证了在此条件下波转子发动机总效率、单位功率和耗油率等综合性能最佳[6]。

燃气涡轮发动机三大部件以全环结构为主,而波转子进、出气端口都是部分环形结构,从部分环形出口气流需要经过合理过渡进入全环结构,波转子非定常流动会导致过渡通道内流动规律复杂,以及本身结构特点易导致气流分流和出口流场不均,这些都会影响压气机或涡轮的稳定工作。因此,将波转子应用于现代航空发动机,波转子向发动机过渡段的匹配技术极为重要。

国外的艾利逊发动机公司[7]设计了三种波转子至涡轮的过渡段结构,如图 12 – 12 所示,从 45°部分环形端口逐渐过渡到 180°半环形端口,进行了三维定常流动分析,预测了过渡段的总压损失和离心力诱使流场畸变影响,揭示了过渡段内非均匀流场,如图 12 – 13 所示。

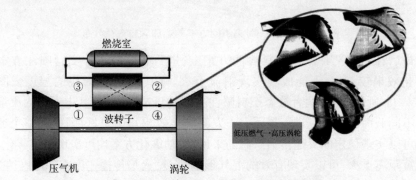

图 12 – 12 波转子至涡轮的过渡段结构特点

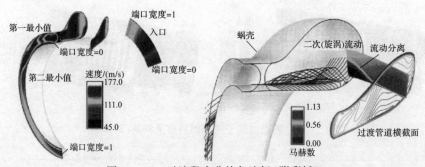

图 12 – 13 过渡段内非均匀流场(附彩插)

NASA 格林研究中心[8]研究了从波转子低压出口至燃烧室进口过渡段内流场特性,过渡段是进口 86°和出口 180°的环形筒,如图 12 – 14 所示,过渡段内流场呈现非对称性,出口气流速度存在角度,这将导致燃烧室进口流动复杂,因此,火焰筒头部流动复杂,需要根据流场特点设计合理的火焰筒头部,匹配合适的燃油喷射系统。

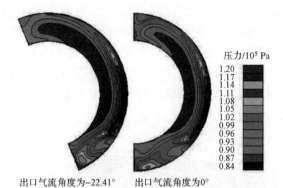

出口气流角度为-22.41°　　出口气流角度为0°

图12-14　波转子至燃烧室过渡通道截面上压力分布云图(附彩插)

12.4　超紧凑径向流波转子技术

1. 径向流内燃波转子原理及优势

径向流内燃波转子燃烧室是等容燃烧技术在推进系统中的一种全新体现。最早于2004年由密歇根州立大学和华沙工业大学的联合研究项目中提出[9],由于其超紧凑的结构设计,将是未来很有前景的一种波转子结构形式。

典型径向流内燃波转子燃烧室结构如图12-15所示。最初的径向流内燃波转子作为独立的动力设备,仅包含唯一的转子部件,即曲线型波转子燃烧室,其内外侧分别布置不同功能及尺寸的气流端口。可燃混气沿内侧的进气端口进入波转子通道,在波转子通道内组织等容增压燃烧过程。随着燃烧的进行,工作介质热焓增加,其作用力作用在波转子叶片上,推动波转子旋转维持顺序工作,

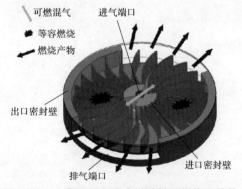

图12-15　典型径向流内燃波转子燃烧室结构

同时波转子旋转轴功被提取。当波转子通道旋转到排气端口时,燃烧尾气排出。可见,早期的径向流波转子同时承担燃烧室和轴功输出的双重任务。为了充分提取燃料燃烧释放的功率,在密歇根州立大学研究的基础上,又发展出含有涡轮转子的结构[10],如图12-16所示,增加了涡轮转子和喷管结构。在波转子和涡轮转子的双重作用下,燃气功率提取更充分,从而实现更高的循环热效率。

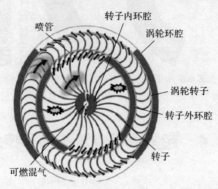

图12-16　含涡轮转子的径向流内燃波转子发动机

将径向流内燃波转子嵌入航空发动机,具有以下优势:

1)循环热效率更高

从热力学角度来看,径向波转子(RDE)同样遵循汉弗莱循环,理想情况下,燃烧在恒定体积下进行,如图12-17所示。在燃气涡轮发动机的理想布雷顿循环中,热量增加发生在恒压条件下。对于相同的峰值温度和增压比,RDE发动机燃烧后的压力要高得多,循环效率更高。因此,在膨胀过程中的落压比也要高得多,从而使发动机提取的轴功显著增加,而RDE周期性地填充新鲜空气,能够

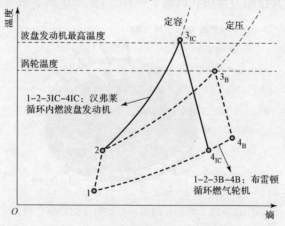

图12-17　径向波转子热力循环过程

降低通道壁温。此外,燃气涡轮发动机在超微尺度下效率较低,约为50%,而在大尺度下为70%~90%,超微型波转子的压缩效率在70%~86%[11],可认为与大型压缩机或涡轮机的效率相当,并且比超微型压缩机的效率高出约50%。

2) 结构紧凑,发动机尺寸明显减小

就减少航空发动机 NO_x 排放和发动机尺寸而言,减少燃烧室长度是很有利的。据估计,燃烧室长度每减少2.5cm,就会减少0.4%的发动机重量[12]。然而,燃烧室长度必须足以提供火焰稳定、燃烧以及与稀释空气的混合。由于反应时间不足,短燃烧室可能导致未燃烧的碳氢化合物和一氧化碳排放增加。未燃烧的燃料颗粒可能逸出燃烧室并继续在涡轮中燃烧,从而带来一系列挑战,如有限的涡轮叶片寿命、结构完整性以及由此带来的发动机健康和可靠性。径向波转子的设计使得工作流体垂直旋转轴,具有更紧凑的结构,从而提供了比传统波转子更高的功率密度,因此大大减少了发动机重量。时序工作过程伴随燃料填充、点火、燃烧和排气过程,并不需要提供稳定燃烧所需的燃烧室长度。考虑到完整的发动机结构,可以将离心压缩机嵌入装置的中心,形成紧凑发动机,并且由3个运动部件(压缩机、旋转盘和涡轮)组成,具有有限的轴系,降低了发动机维修的复杂性和总成本。

3) 更高的功率输出

根据 Frechette 等提出的"立方 – 平方定律"[13],发动机的功率密度(功率与质量比值)是与特征长度成反比的,径向流波转子沿发动机轴向长度紧凑,因此径向结构单位质量下能够提供更大的功率。此外,径向结构可以利用离心力大大改善扫气过程。在径向波转子结构中,通道形状可以设计成弯曲通道(图12 – 18),在相同的直径下,弯曲通道能提供更长的燃烧时间以及波系的发展时间,而且可以利用流体在弯曲通道内角动量的变化提取更多的轴功,甚至可以实现自驱动。此外,可以在波转子出口加上一级涡轮机构来提高对尾气的利用率,增大输出功率。

图12 – 18　径向波转子弯曲通道设计

4) 发动机组合方式多样、用途广泛

(1) 单层或多层径向内燃波转子结构。

图12 – 19 所示为单层与多层径向内燃波转子结构[9],燃料从进气端口进入,空气和燃料分层混合,通道两端关闭后,通过通道上方固定位置的点火器点燃通道内的混合物,燃料混合物在通道内定容燃烧,燃烧过程从通道的中心富油部分开始,并传播到通道的内外端。由于燃烧热释放增加了通道内的压力,对于

弯曲的通道,在气流扫气过程中对轮盘产生扭矩,这可以用于自驱动旋转。如果扭矩足够大,可以通过在排气端口布置轴或者发电机进行轴功提取。如果能产生与脉冲爆震发动机一样的爆震燃烧,那么这个循环可以自吸气而不需要外部涡轮机械。理论上如果气流速度足够大,则该结构不仅可以实现不依靠外部动力旋转,而且可以实现自吸气、自排气过程,还可以输出发动机功率,以及作为小功率发动机或者应用于发电机装置。

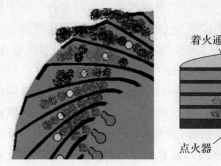
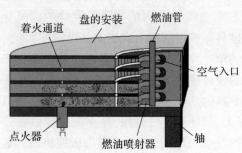

图 12-19　单层与多层径向内燃波转子结构

多层径向波转子可以叠加在一起,从而匹配不同的空气流量,可以通过关闭若干进气端口使得只有特定层工作,从而适应不同的空气流速,却不需要改变通道内波形模式。这种多层径向内燃波转子可用于制冷、燃气涡轮发动机和内燃机增压等。

(2) 多级径向内燃波转子发动机。

径向内燃波转子发动机(RWE)将径向波转子集成到径向流涡轮机中,可直接将气体燃烧能量转换为轴功率,图 12-20 给出了具有单级和双级涡轮的 RWE 布局[14]。离开通道的热气体被排气端口导向叶片引入横流径向涡轮中,该涡轮在转子机匣外表面安装了脉冲式叶片。该涡轮作为一个自由动力涡轮,以输出轴动力的形式利用废气中的可用能源。对于典型的燃气涡轮发动机,径向向心(或径向进气)涡轮用于将气流从发动机外部移动到发动机内部。然而,在 RWE 中,涡轮将气流从发动机内部移动到发动机外部,其特征是径向离心涡轮。RWE 具有几个关键的技术优势,使其对 1~500kW 低质量流量要求的发电机组具有吸引力。

(3) 径向内燃波转子集成涡轮机械。

将径向流叶轮机械放置在波转子的内外围,并以一定的角度使叶轮机械的外围与多层波转子的所有排气端口相连接。采用这种方式,在叶轮和波转子之间不需要任何的导管、收集器、蜗壳、扩散器或喷嘴,就可以实现外围的连续流出

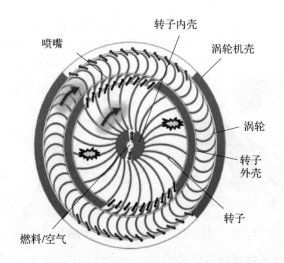

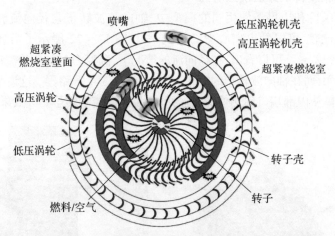

图 12-20　具有单级和双级涡轮的径向内燃波转子结构

和流入。这消除了管道损耗,从而提高了装配效率。图 12-21 所示为径向内燃波转子集成涡轮机械的示意图。压气机位于波转子内圈,这种设计取消了扩压器,因为可以被波转子通道内预增压过程取代。波转子与涡轮存在一定夹角,可以通过改变叶轮和波转子之间的角度来选择若干波转子通道,排气端口可以是与叶轮外围相接的连续斜槽。由于排气端口是静止的,它们可以与涡轮的壳体形成一个部件。这种波转子装置具有内部压气机,可用于制冷和热泵装置中。

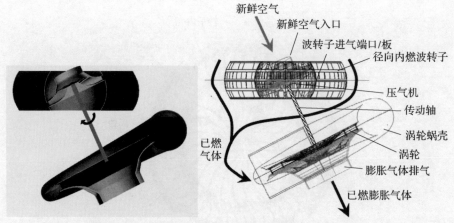

图 12-21　径向内燃波转子集成涡轮机械的示意图

2. 径向流波转子数值模拟研究

在初始条件和边界条件相同的模型中,轴向流波转子与径向流波转子经过一个周期的比较,可以看出离心力的影响[15]。图 12-22 展示了沿通道的热气体穿透能力的差异。可以看出,在径向流的情况下,温度为 1300K 的流动几乎全部到达右侧壁面,而在轴向波转子的情况下,它只走了 3/4 的路程。这说明离心力有助于驱动气体从内部端口到达外部端口,验证了径向流波转子扫气效果更好。

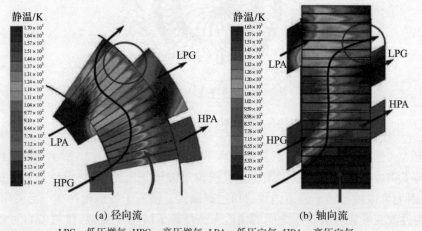

(a) 径向流　　　　　　　　　(b) 轴向流

LPG—低压燃气;HPG—高压燃气;LPA—低压空气;HPA—高压空气。
图 12-22　轴向流和径向流波转子静温分布的比较(附彩插)

图 12-23 给出了具有速度分布的静压云图,展示了流经每个端口的方向,红色箭头表示正向流动端口,在不同的流动方向上,由于离心力的影响,存在一定的流动差异。在低压部分,可以看到模型内的空气存在很好的流动分

层。这些波型与波转子气体动力学理论一致，并清楚地展示了压缩波和膨胀波的影响。由于离心力的影响，模型内空气具有较好的热流扫气特性。对于这两种模型，大部分热气体通过 LPG 端口排出。通过研究速度等高线图，可以看到，为了更好地引导流动，避免回流或不期望的流动方向，可以进一步改进端口的几何形状。例如，通过使壁面相对于通道倾斜，调整端口以匹配流速的切向分量。

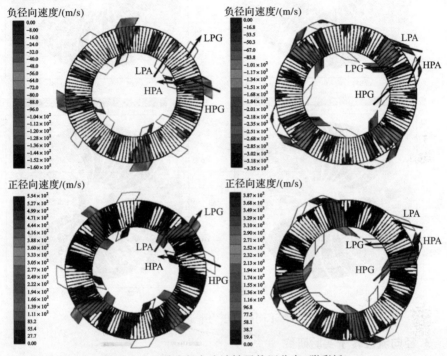

图 12-23　逆流径向流波转子静压分布（附彩插）

图 12-24 所示为不同进气压力下通道内压力云图，可以看出随着进气端口的打开，受通道弯曲壁面曲率效应的影响，通道内产生两个局部的低压区，而随着进气压力的提高，低压区面积增大。当排气端口关闭后，气流撞击排气端口壁面产生压缩波，回传的压缩波在通道内传播使通道内压力上升，低压区面积逐渐被耗散；随着压缩波不断在通道内反射和汇聚，通道内压力不断提高，这有利于点火和火焰传播。由于受到弯曲壁面曲率效应的影响，在刚开始进气时通道内产生局部的小涡，随着通道的旋转，涡逐渐向通道尾部发展并且涡的面积逐渐增大。从图 12-24 中可以看出，随着进气压力的提高，弯曲壁面处旋转效应增强，导致涡的面积增大。由于涡的面积增大，通道内压力耗散增强，产生更大的局部低压区，并且涡的位置随着进气压力的提高逐渐靠近排气端口。

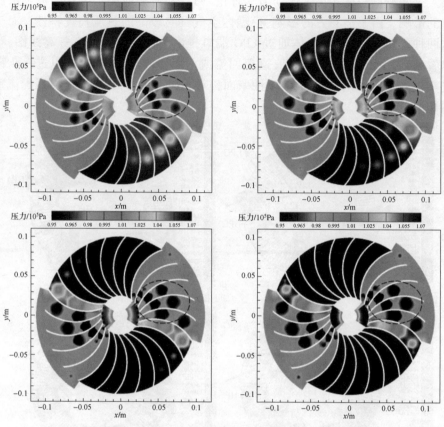

图 12-24　不同进气压力下通道内压力云图

3. 径向流波转子实验研究

密歇根州立大学的一个研究团队建立了一个带有测量模块的实验系统[16],用于开发、测试和演示实际尺寸的径向流内燃波转子原型机(WDE)。该测试设备包括计算机控制系统、诊断技术和功率测量系统。采用先进的数据采集和控制设备,系统有500多个通道可用于监测和控制。实验室为防爆型,远程控制室允许对发动机参数进行监控、记录和控制。

图 12-25 是测试台的图片,包括底座、驱动组件和供应管线。WDE 安装在一个 58.42cm 的方形铝制底座上,底座高度为 96.52cm。变速起动机位于通过轴与转子连接的旋转盘下方。测试前,将转子装配好,并与起动电机对齐。关于光学燃烧诊断,建造了一个带有光学入口的小型试验台,位于密歇根州立大学的激光诊断实验室。设计并制造了具有6个光学端口的 WDE,用于在波转子发动机运行期间记录 WDE 通道内的高速图像、红外图像和激光诊断。光学窗口还允

许观察和测量火焰发展期间转子行进的角距离,以及分析燃烧产物的膨胀气体。

WDE 点火系统同时使用 4 个火花塞,每个火花塞的功率约为 330mJ。它们既可以安装在外环上,也可以安装在顶板上。该系统由两个集成的磁传感器装置(MSD)点火控制模块、一个霍尔磁性传感器和一个定制的磁性正时盘组成。正时盘可以确保当它经过火花塞时,在每个通道的中间正好有一个火花。这基本上是一个电机角度/位置传感器,可用于跟踪许多系统变量,包括与主数据采集系统(DAQ)接口时的位置和速度。图 12-25 展示了安装在旋转轴上的传感器盘。每个传感器盘都有一个与 WDE 中每个通道对齐的磁铁,该磁铁被设计成直接连接到 MSD 点火模块磁传感器。WDE 转子可以更换传感器盘,以适应具有不同通道数量的转子。

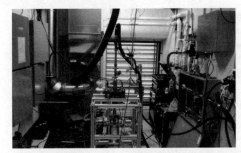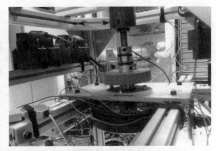

图 12-25 密歇根州立大学径向流内燃波转子实验系统及点火瞬间

图 12-26 展示了高速摄像机记录的图片,记录了来自以 1000 帧/s 记录的视频的 6 个连续帧。在这里,可以看到火焰在两个相邻的通道中单独发展。在 2s 内,大约发生了 800 起点火事件。研究完整的视频发现,只有一两帧显示窗口下没有火焰。这些通道可能在窗口之前完成燃烧,或者根本没点燃。如果它们被点燃,爆燃速度可以比视频中看到的速度更快。

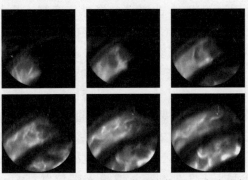

图 12-26 多窗口 WDE 高速成像的一系列照片

加州理工学院介绍了一种利用旋转阀的新设计[17]，该设计可以克服径向流内燃波转子运行中的一些技术挑战，并减少复杂的物理过程，包括旋转通道中出现的密封问题。

图12-27展示了这种旋转阀结构(RWE)的分解图和组装图。它强调了每个部分是如何堆叠在对方的顶部，构建成一个紧凑的磁盘形状的实验件。使用集成在底板中的几个支撑将发动机的底板与顶板分开。这些支撑的高度控制着顶板与旋转部件之间的间隙。

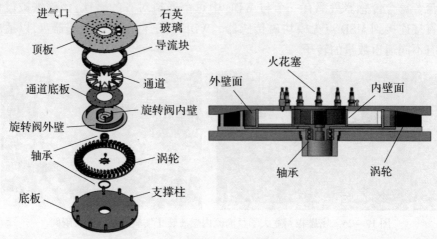

图12-27　RWE的分解图和组装图

该发动机通过将预混的燃料/空气混合物轴向输送到发动机的中心，混合物进入一个空腔，空腔使用几个内部圆形通道将燃料在几个燃烧通道之间平均分配。这种设计允许通过打开/关闭空腔通道来控制燃烧通道的数量。燃烧部分由12个等间距的通道组成，并设计了两种通道结构：收敛直通道和弯曲通道。与收敛直通道相比，弯曲通道允许燃烧产物有更长的停留时间。每个燃烧通道使用喷嘴导向叶片(NGV)将燃烧的气体引导到涡轮叶片中。所有燃烧通道和NGV的导流块都安装在顶板和通道底板之间，任何安装在顶板上的部件都是静止的部件，而安装在底板上的部件都在旋转。涡轮是一个直径为58.4cm的部件，有41个叶片。为了保持恒定的流场截面积，随着半径的增加而不断降低涡轮叶片的高度。涡轮通过直径为10cm的轮毂安装在固定板。轮毂由放置在底板中心的内球轴承支撑，底板将支撑涡轮机的重量。旋转阀壁和涡轮以不同的速度绕公共轴线沿相反方向旋转。点火器位置可变，在距离每个通道的起点1/3处和靠近通道末端位置都装有点火器，将12个热电偶安装在涡轮排气口，1个热电偶安装在燃料/空气混合物入口处的T

形连接处以监控回火,另外有 3 个压力传感器放置在与热电偶相同的 3 个通道中。

图 12-28 展示了旋转阀壁以 400r/min 旋转,当量比为 0.42,空气质量流量为 150g/s 的收敛直通道结构的测试结果。在该测试中,在将空气输送到通道后,涡轮在最初的 4s 内稳定加速。当发动机在时间 $t=4.5s$ 点火时,涡轮转速的斜率增加,代表加速。在 9s 的燃烧时间中,涡轮转速从大约 90r/min 增加到 210r/min。燃烧停止后,斜率恢复到只有空气推进的速率。这证明了径向流波转子燃烧增压对涡轮的做功效果显著。

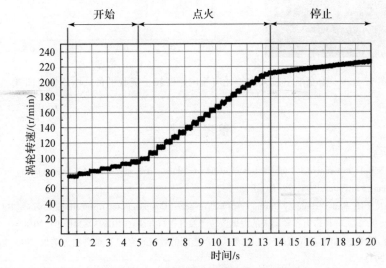

图 12-28　涡轮转速随时间的变化曲线

南京航空航天大学在径向流内燃波转子的研究基础上,也建立了径向流内燃波转子实验平台,并初步实现了高速旋转状态下的增压燃烧,如图 12-29 所示。径向流内燃波转子实验平台主要包括径向波转子主体部分(径向流波转子通道、进气端口和排气端口)、顶板、空气管路、燃料进气管、空气流量计、乙烯浮子流量计、压力传感器、点火器、传动轴、主轴电机、皮带轮、水冷系统以及试验台架等。

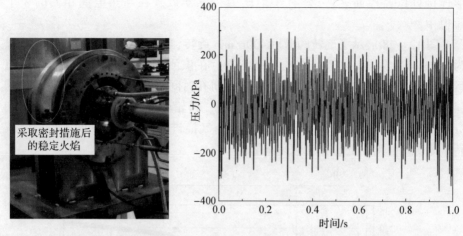

图 12-29 南京航空航天大学径向流内燃波转子实验平台及增压燃烧曲线

参考文献

[1] WILSON J. An experimental determination of losses in a three-port wave rotor[J]. Journal of Engineering for GasTurbine and Power,1998,120(10):833-842.

[2] SNYDER P H. Seal Technology Development for Advanced Component for Airbreathing Engines[R]. 2008.

[3] 李建中,巩二磊.一种带有移动端盖的内燃波转子及其密封方法:CN106939834B[P].2018-05-04.

[4] 孔晓治,刘高文,陈凯.齿位置对压气机级间封严影响的数值研究[J].航空动力学报,2015,30(12):2925-2933.

[5] 晏鑫,李军,丰镇平.蜂窝密封内流动传热及转子动力特性的研究进展[J].力学进展,2011,41(2):201-216.

[6] WELCH G E. Wave-Rotor-Enhanced Gas Turbine Engine Demonstrator[R]. NASA,1999.

[7] SNYDER P H. Wave Rotor Demonstrator Engine Assessment[R]. NASA,1996.

[8] SLATER J W. Design of a Wave-Rotor Transition Duct[P]. AIAA 2005-5143.

[9] PIECHNA J,AKBARI P,IANCU F,et al. Radial-flow wave rotor concepts,unconventional designs and applications[R]. Anaheim:IMECE, 2004.

[10] AKBARI P, TAIT C J, BRADY G M, et al. Enhancement of the radial wave engine[C]. AIAA Propulsion and Energy Forum, Indianapolis,2019.

[11] IANCU F,AKBARI P,MÜKLLER N. Feasibility Study of Integrating Four-Port Wave Rotors into Ultra-Micro Gas Turbines(UμGT)[C]. 40th AIAA/ASME/SAE/ASEE Joint Propulsion Conference and Exhibit, Fort Lauderdale,2004.

[12] BLUNCK D,SHOUSE D,NEUROTH C,et al. Experimental and Computational Studies of an Ultra-Compact Combustor[C]//proceedings of the ASME Turbo Expo 2013:Turbine Technical Conference and Exposition, San Antonio, 2013.

[13] FRECHETTE L G. Development of a microfabricated silicon motor-driven compression system[D]. Cambridge:Massachusetts Institute of Technology,2000.

[14] AKBARI P,POLANKA M D. Performance of an Ultra-Compact Disk-Shaped Reheat Gas Turbine for Power Generation[C]. AIAA Propulsion and Energy Forum 2018 Joint Propulsion Conference, Cincinnati, 2018.

[15] IANCU F,PIECHNA J,MÜLLER N. Radial Ultra-Micro Wave Rotors(UWR):Design and Simulation[C]. Asme International Mechanical Engineering Congress & Exposition. Atlanta,2006.

[16] PARRAGA-RAMIREZ P,VARNEY M,TARKLESON E,et al. Development of a Wave Disk Engine Experimental Facility[C]// Aiaa/asme/sae/asee Joint Propulsion Conference & Exhibit,Atlanta,2012.

[17] AKBARI P,BRADY G M,SELL B C,et al. Experimental Investigation of a Radial Wave Engine Utilizing a Rotary Valved Pressure Gain Combustor[J]. J. Eng. Gas Turbines Power,2021,143(4):041027-041035.

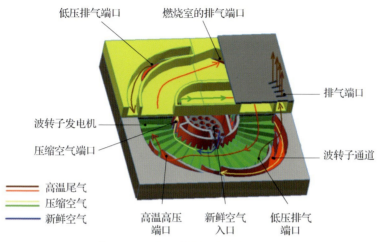

图 1-29 径向流波转子结构示意图

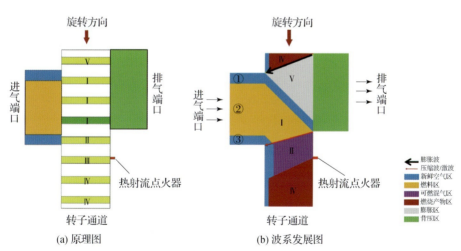

图 5-3 多通道内燃波转子周向展开图以及波系发展示意图

彩 1

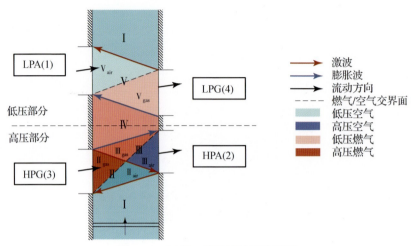

图 5-6 四端口外燃波转子波系图

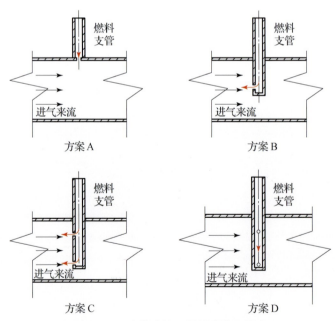

图 6-13 内燃波转子燃料喷嘴的形式

彩 2

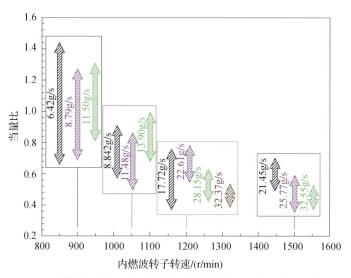

图 8-15 不同转速及进口流量条件下内燃波转子稳定工作的油气比范围

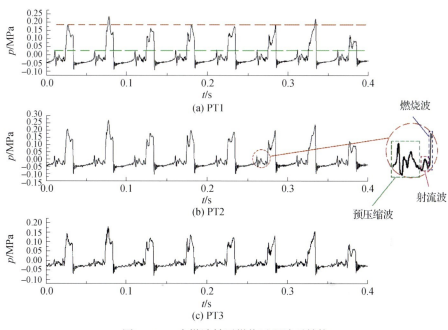

图 8-16 内燃波转子燃烧过程波系结构

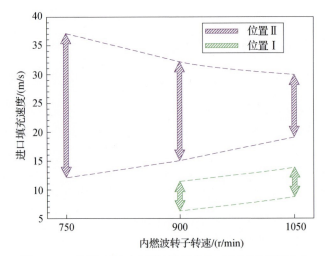

图 8-34 作用时序对内燃波转子稳定工作速度范围影响

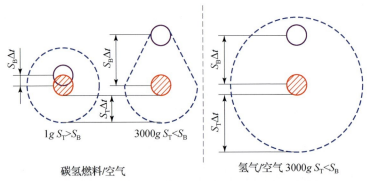

图 8-43 离心力场对火焰传播速度的影响机制示意图

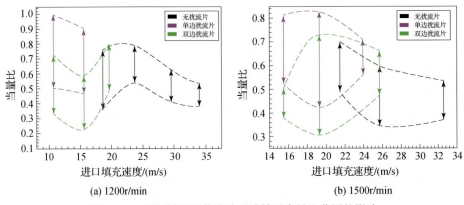

(a) 1200r/min (b) 1500r/min

图 8-58 不同转速下扰流片对波转子当量比范围的影响

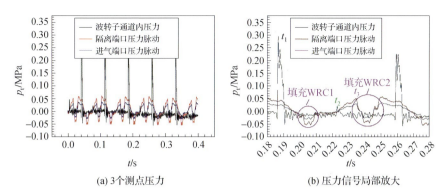

(a) 3个测点压力　　　　　　　(b) 压力信号局部放大

图 8-64　内燃波转子不协调工作的原因分析

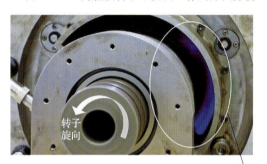

图 8-70　旋转通道内燃烧过程瞬间

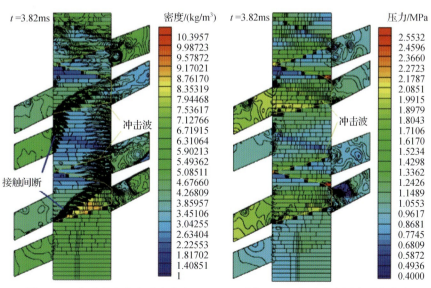

图 9-3　多通道内密度时空分布　　　图 9-4　多通道内压力时空分布

彩 5

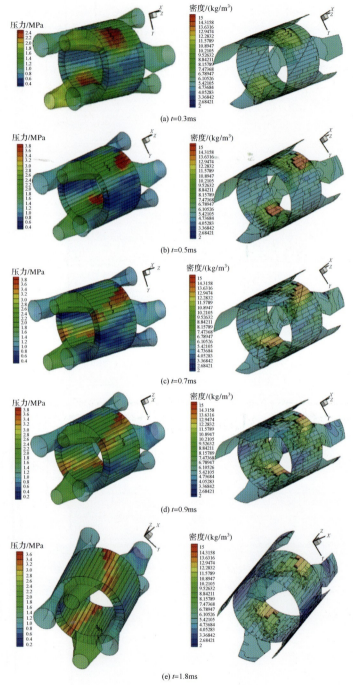

图 9-6 三维波转子通道内压力和密度分布云图

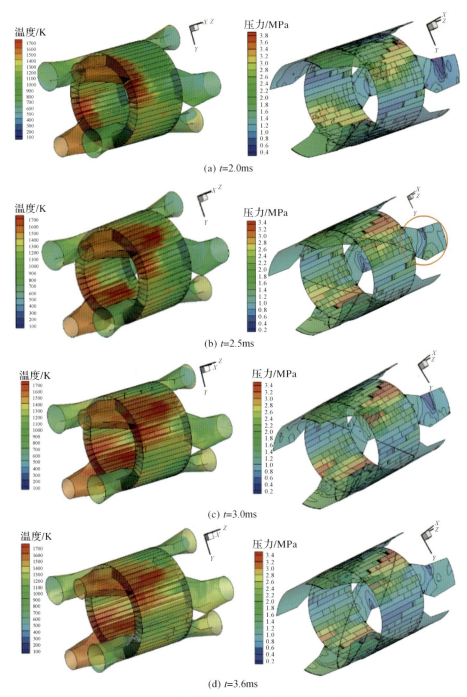

图9-7 波转子通道内温度和压力分布云图

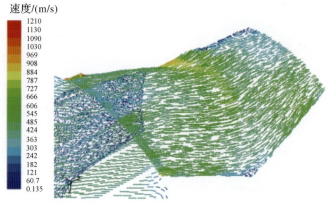

图 9-8 HPA 通道内速度矢量图

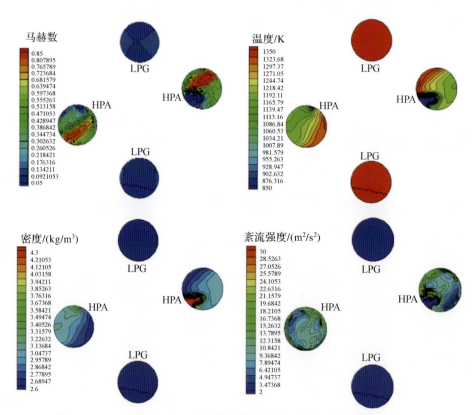

图 9-9 HPA 和 LPG 出口截面的马赫数、温度、密度、紊流强度分布云图

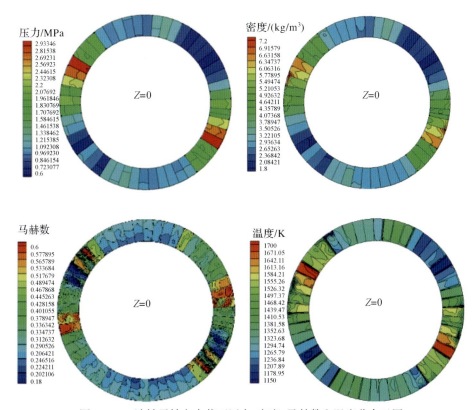

图 9-10 波转子轴向中截面压力、密度、马赫数和温度分布云图

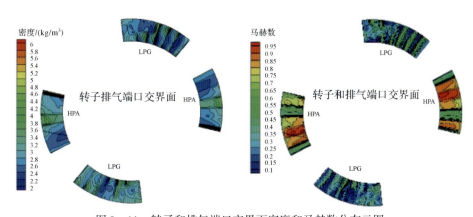

图 9-11 转子和排气端口交界面密度和马赫数分布云图

彩 9

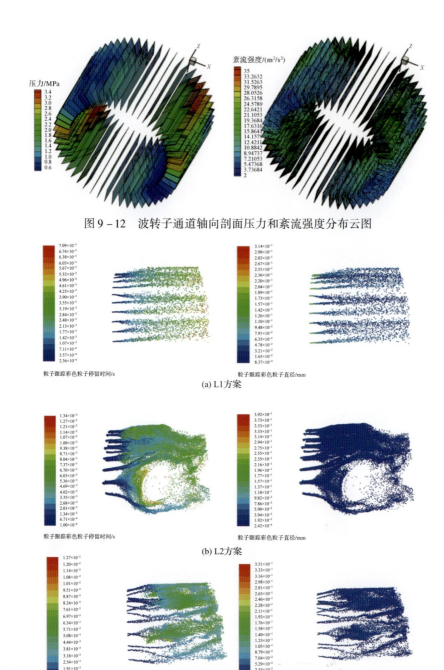

图 9-12 波转子通道轴向剖面压力和紊流强度分布云图

(a) L1方案

(b) L2方案

(c) L3方案

图 12-7 液态燃料液滴停留时间和粒子直径分布

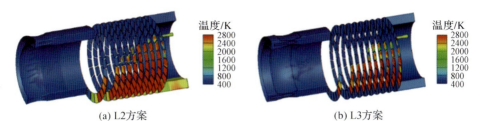

(a) L2方案　　　　　　　　　　(b) L3方案

图 12-11　内燃波转子液态燃料点火验证

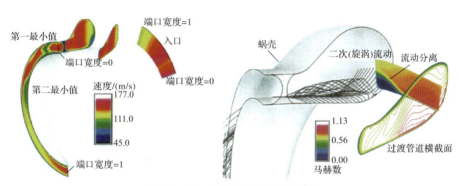

图 12-13　过渡段内非均匀流场

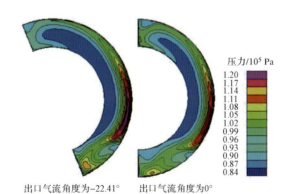

图 12-14　波转子至燃烧室过渡通道截面上压力分布云图

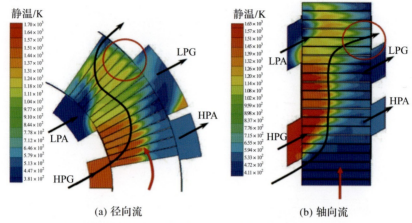

(a) 径向流　　　　　　　　(b) 轴向流

LPG—低压燃气;HPG—高压燃气;LPA—低压空气;HPA—高压空气。

图 12-22　轴向流和径向流波转子静温分布的比较

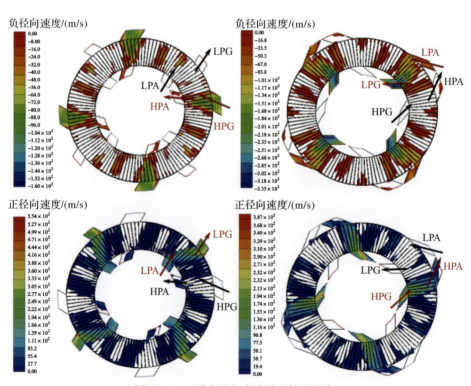

图 12-23　逆流径向流波转子静压分布